THE GLOBOTICS UPHEAVAL
Globalization, Robotics, and the Future of Work

GLOBOTICS

グロボティクス

グローバル化+ロボット化がもたらす大激変

リチャード・ボールドウィン
Richard Baldwin

高遠裕子 訳

日本経済新聞出版社

THE GLOBOTICS UPHEAVAL

Japanese edition published by arrangement with
The Wylie Agency（UK）LTD

目次

第1章　はじめに　9

第1章　はじめに

ハンググライダーは究極のスリルを味わえるスポーツだが、思ったほど危険ではない。「パイロットの安全は万全」をモットーとする全米ハンググライダー&パラグライダー協会のおかげだ。コロラドを拠点とする同協会は、オンラインで事故を通報するウェブサイトを立ち上げるため、カリフォルニアのハザーセージ・テクノロジー社と契約を結んだ。問題は、ハザーセージ社に必要なスキルをもつ人材がいなかったことだ。

ハザーセージ社のフランシス・ポッター社長は心配していなかった。必要な人材なら数日のうちに揃えられる。しかも、社内で抱えるよりずっと低いコストで。ポッターが頼りにしたのはオークション・サイトのイーベイに似たフリーランサーのマッチングサイト、Upwork（アップワーク）だ。このサイトを使ってパキスタンのラホールのエンジニアを採用した。ポッターは海外のフリーランサーが大のお気に入りだ。

「本当に優秀な人材がチャンスを探していて、面白そうなプロジェクトには乗ってくる。アップワークを使えば、一般の企業でも意欲と能力がありながら手つかずの世界中の人材にアクセスできる。そうした人材は、シベリアの地下室やカンボジアの一般家庭、パキスタンの小さなオフィスにいる」と書いている。[1]

何が問題なのか。要するにアメリカの労働者が国際的な賃金競争に直接さらされているのだ。（仮想の）アメリカのオフィスで働いているのは、スキルが高くコストの低い外国人労働者だ。海外のフリーランサーを使うのは、その場にいるようにはいかないかもしれないが、ポッターも証言するようにコストが格段に安い。

これは、テレコミューティング（情報通信技術を利用した在宅勤務）がグローバル化し、テレマイグレーション（情報通信技術を利用した遠隔移民）という現象が起こっているものと考えられる。

遠隔移民――グローバル化の新たな局面

こうした「テレマイグランツ（遠隔移民）」は、グローバル化の新たな局面を開きつつある。彼らはこれから、専門職・ホワイトカラー・サービス職で生計を立てている大勢の先進国の人々に国際競争の痛みと果実、そしてチャンスをもたらすだろう。だが、先進国の人々はそれへの備えができていない。

最近まで、サービス職や専門職のほとんどはグローバル化による影響を免れてきた。対面でのやりとりが必要だったこと、そして、国内のサービスの買い手のところに海外のサービス事業者を連れてくるのがきわめてむずかしく、多額のコストがかかったためだ。グローバル化はモノづくりに携わる人たちの問題だった。中国からコンテナ船で運ばれてくる製品との競争を余儀なくされたからだ。サービスはコンテナ船で運ぶのには適さないので、海外との競争にさらされるホワイトカラーはほとんどいなかった。しかし、デジタル技術がこの現実を急速に変えつつある。

その昔――デジタル技術の暦では2015年のことだが――言葉の壁や通信技術の制約から、遠隔移民はごく少数のセクターや出身国にかぎられていた。海外のフリーランサーは「そこそこの英語」を話す必要があり、標準化された作業に従事するだけだった。遠隔移民はウェブ開発では一般的で、バックオフィス業務にも多少はいたが、それ以外はほとんど見られなかった。二つの点で状況は変わった。

機械翻訳と人材の津波

第一に、機械翻訳が人材の津波を一気に引き起こした。2017年に機械翻訳が主流になって以降、携帯端末をもち、インターネットに接続可能で、スキルさえあれば、誰でも欧米のオフィスとつながり、仕事ができるようになった。

この動きを増幅しているのが、高品質のインターネット接続の急速な普及だ。時給10ドルもあれば立派なミドルクラスになれる国の人々が、まもなく同僚になるか、取って代わる存在になる、ということだ。

中国だけで年間８００万人もの大卒者が生まれているが、その多くは中国国内では仕事がないか、安い給与しかもらえない。グーグル翻訳などの機械翻訳ソフトを使えば、彼ら全員が「そこそこの英語」を話せるようになった今、豊かな国の特別だった人々は、それほど特別でなくなったことに俄に気づくことになる。

この事実を、よくよく考えてもらいたい。

こうした海外人材の大波は、欧米をはじめとする高賃金国で、ミドルクラスの繁栄を支えてきた良質で安定した雇用を直撃している。もちろん、インターネットには両面の作用があり、豊かな国の最もスキルの高いプロフェッショナルにはチャンスが広がる。だが、そこまでスキルのない人々にとっては、単に賃金競争が激しくなるだけになる。

第二に、ビデオ会議システムや拡張現実（ＡＲ）など、通信技術の飛躍的向上によって、遠隔地にいてもさほど遠いとは感じなくなりつつある。柔軟なチーム編成や、（Slack、Asana、Microsoft 365など）の革新的な協業ソフトの導入は、遠隔移民を在宅大量移民に変えつつある。

そして、それだけにとどまらない。

サービス・セクターの労働者は、新たに「遠隔知能（ＲＩ：リモート・インテリジェンス）」と競争しなければならなくなったわけだが、まさに同時に、人工知能（ＡＩ）との競争にも直面している。要するに、ＲＩとＡＩが同じ仕事を同時に担うように登場してきたのであり、それを牽引しているのは同じデジタル技術なのだ。

ホワイトカラー・ロボット——自動化の新たな局面

Amelia（アメリア）はスウェーデンの銀行ＳＥＢのオンラインと電話の相談窓口で働いている。ご想像どおり金髪に青い目をしていて、若干のつくり笑顔が自信に満ちた表情を和らげている。なんとAmeliaは、ロンドンのインフィールド区やチューリッヒのＵＢＳ銀行でも働いている。しかも、３００ページのマニュアルを30秒で暗記し、20ヵ国語を話し、数千本の通話を同時に処理できる。

Ameliaはいわゆる「ホワイトカラー・ロボット」だ。Ameliaの製作者チェタン・デュベは、インドの遠隔移民を使うより、人間の知能を複製したロボットで欧米の労働者を代替するほうがよほど効率的だと確信し、ニューヨーク大学の教授職を辞して起業した。Ameliaで、それに近い状況が実現できたと考えている。

この状況を直視すれば、問題の本質が見えてくるはずだ。それは思考するコンピューターとの賃金ゼロの競争だ。Amelia型の人工知能ロボットは、高速ラップトップ・コンピューターや改良されたデータベース・システムとは違って、労働生産性を高めるわけではない。労働者に取って代わることを目的に設計されている。それがビジネスモデルだ。Amelia型のロボットは、本物の労働者並みに優れているわけではない。だが、格段にコストが安いのだ。ＳＥＢが証明しているように。

こうした思考するコンピューターが、自動化の新たな局面を開きつつある。農場や工場の労働者ではなくオフィスで働く人々に、自動化の功罪両面をもたらしつつある。だが、こうした人たちは準備ができていない。

ホワイトカラー、サービス・セクター、専門職の多くは、認知機能という人間の独占的な能力によって最近まで自動化から守られてきた。コンピューターは考えることができなかったので、原子物理学を教えることであれ、フラワーアレンジメントであれ、その中間であれ、およそ考えることが必要な仕事には人間が必要だった。自動化の脅威にさらされたのは、頭ではなく手を使って作業する人たちだった。デジタル技術がそれを変えた。

AIの一形態「機械学習」が、コンピューターに読む、書く、話す、微妙なパターンを認識する、といった、かつてなかった能力を与えた。これらの新たな能力の一部は、オフィスで使えることがわかり、Amelia のようなホワイトカラー・ロボットがオフィスの一部の業務で熾烈な競争相手になった。

こうした新たな形態のグローバル化（グローバリゼーション）と、新たな形態のロボット化（ロボティクス）の組み合わせを、「**グロボティクス**」と呼ぼう。グロボティクスは、これまでとはまったく異なるものだ。

最も際立つ過去との違いは、製造業や農業ではなくサービス分野で働く人々に影響を与えている点だ。就業者の大半をサービス分野で働く人々が占めている現在、これは大問題だ。これ以外にも、そこまで際立っていないが、無視できない重要な違いがある。

なぜ、今回は違うのか

自動化もグローバル化も1世紀も前からある話だ。グロボティクスが過去と違う大きな理由は二つある。襲来のスピードが凄まじいこと、そして極端に不公正に見えることだ。

データの処理、伝送、保存の能力が爆発的に増大しているため、グロボティクスは爆発的なペースで進んでいる。だが、「爆発的」とはどういう意味か。科学者が定義する爆発とは、システムが調節できる能力を超えるペースで、システムにエネルギーが注入されることを指す。システムが閉鎖されていなければ、あるいは閉鎖システムが破られれば、局所的に圧力が高まり、衝撃波が起こり、広がっていく。この衝撃波は、「消滅する前に相当な距離」を伝わる。科学では、こう淡々と定義されている。[2]

グロボティクスは、雇用破壊を通じて我々の社会・政治・経済システムに圧力をかけている。しかもそのスピードは、雇用転換によってシステムがその圧力を吸収できるペースを上回るほど速い。こうした動きは、敵愾心《てきがいしん》や暴力行為を抑える社会的仕組みを壊す恐れがある。その結果、相当遠くまで押し寄せる衝撃波になる可能性がある。

掘り下げてみると、爆発の可能性は、雇用破壊によってシステムに注入される破壊的エネルギーと、雇用創出によってその衝撃をシステムが吸収するエネルギーのスピードの差にかかっている。雇用破壊は、デジタル技術の爆発的なペースで進む。かたや人間の知恵で進む雇用創出は、常のごとく、ゆっくりとしたペースでしか進まない。

雇用破壊と雇用創出のスピードの恐ろしいほどのミスマッチこそが、真の問題である。波の進む方向が問題なのではない。サービス・セクターの自動化は避けられないものであり、長い目でみれば歓迎すべきことだからだ。

だが、なぜ、今回の技術の衝撃波は、農業から工業へ、工業からサービス業へと経済を転換させてきた過去の衝撃波に比べて、はるかに速いのだろうか。奇妙に思えるかもしれないが、答えは物理学にある。

別次元の物理学

過去のグローバル化と自動化は、ほぼモノに関わることであり、モノを製造し、運搬することに関わることだった。このため最終的には、モノ（物質）に適用される物理の法則の制約を受けた。サービス・セクターのグローバル化と自動化は、情報（電子と陽子）——情報の処理・伝達に関わるものである。そのためグロボティクスは、最終的に、物質ではなく、電子や陽子に適用される物理の法則に関連づけられることになる。これによって可能性が変わる。

世界の貿易量を18ヵ月で倍にするのは、物理的に不可能だ。この量を扱えるインフラがなく、インフラを整備するには数ヵ月ではなく数年かかる。これに対して、世界の情報量は数十年にわたって2、3年ごとに倍増してきた。今後もそうありつづけるだろう。

これだけスピードの差が出るのは、関係する物理学の違いによる。工業や農業のグローバル化と自動化を減速化させた物理学の法則の多くを、電子は破ることができる。これが、今回の技術の衝撃波が、過去の自動化、グローバル化の引き金になった技術の衝撃波とは根本的に異なる理由の一つである。だからこそ、過去の教訓を現在のグローバル化やロボット化にあてはめる際には細心の注意を払って歴史的経験を扱わねばならない。そして、サービス・セクターの雇用破壊が大方の想像以上に速い理由も、まさにここにある。

だが、スピードは、大問題の一つに過ぎない。二つ目の大問題は、欧米のミドルクラスが、遠隔移民とホワイトカラー・ロボットという、グロボットのどちらのタイプに対しても、不公正な競争相手とみなすようになる、という事実である。

途方もなく不公正

不公正な競争ほど、人々を怒らせ、暴力的な反応に駆り立てるものはない。ルールや制約という社会の網の目に組み込まれたとき、人は「狂気に蓋をできる」と社会学者は言う。全員がルールどおりにプレーするからこそ、ゲームに興じることができる。だが、どれかルールが破られると、蓋が外れて狂気が飛び出し、さらにルールが破られる。

これを、グロボットのグローバル化の観点から考えてみよう。

海外との競争が外国製品の形であらわれた古いグローバル化と違って、今回のグローバル化の波は、オフィスに遠隔移民の形であらわれる。我々は彼らと顔を合わせ、彼らの物語を知ることになる。人間味はあるが、彼らが我々の給与と福利厚生を脅かすという基本的事実が変わるわけではない。

こうした新たな競争相手は、少なくとも我々と同額の税金を支払うわけではないし、住宅費や医療費、教育費、交通費を負担するわけではないこともあって、低い報酬に甘んじる。同じ労働法規や就業規則に従うこともない。退職手当や有給休暇を求めることはないし、年金積立も要らず、育児休暇も必要ない。社会保障や医療保険など社会政策を支える税金を支払うこともない。

遠隔移民がこうした便宜を求めないという事実によって、欧米の人々がそれを求めることはきわめて困難になる。そして、グロボットのロボットの部分も、同じように不公正になると考えられる。

ホワイトカラー・ロボットなら賃金はゼロだし、福利厚生も使いこなすことはない。「考えるコンピューター」に休暇や昼休み、疾病休暇を強要することはできない。就業規則の対象ではなく、労働組合に参加することもない。必要とあれば毎日24時間休みなく働くことができ、いくらでもクローンをつくることができる。業界では「デジタル・ワーカー」と呼ばれているが、じつはコンピューター・ソフトに過ぎない。

要するに、AIロボットや遠隔移民との競争は、おそろしく不公正に思えるということだ。だからこそ、グロボットは、欧米のサービス・セクターの労働者の購買力を損なう、大企業による無節操な搾取だというポピュリストの指弾を招きやすい。

雇用の場をめぐる競争の論理から、遠隔移民と認知コンピューターの存在そのものが、職場の安定や福利厚生、賃金に打撃を与えることとなる。おそらく、すでにそうなっている。

グロボティクスによる破壊的変動

雇用を中心とする今日の資本主義において、繁栄のベースになっているのは良質で不安のない雇用――そして、その上に築かれた安定的なコミュニティである。こうした雇用の多くが存在するのが、グロボットによって破壊されるセクターである。そして、雇用をめぐる議論は喧しい。予想される雇用喪失の規模は、10に1つの数百万人単位から、10のうち6つの数億単位に及ぶ莫大な規模まで幅がある。数百万の雇用が失われ、コミュニティが崩壊するとき、それまでと同じようにおとなしくしているわけにはいかないだろう。

反動の仲間たち

トランプ大統領やイギリスの欧州連合（EU）離脱に賛成票を投じ、2016年の反動を主導した人々は、自動化やグローバル化の雇用破壊力を知っている。彼らやその家族、コミュニティは、何十年も前から、国内ではロボットと、海外では中国との競争にさらされてきた。金銭的には八方塞がりの状態が続いている。将来に明るさは見えない。とくにアメリカでは、経済的苦境が続いている。こうした有権者にとって、2016年以降にアメリカとイギリスで採用された政策は脳の悪性腫瘍に頭痛薬のアスピリンを処方するような対処療法に過ぎない。ポピュリストを支持する有権者の多くは、自分たちのコミュニティが文化的にも脅かされつづけていると感じている。トランプ大統領やブレグジット推進派の政治家は、「パンとサーカス」で有権者を宥《なだ》めすかし、自尊心をくすぐっているに過ぎない。

こうしたポピュリストを支持する有権者は、２０２０年にさらに大きな変化を切望するだろう。そして、すぐにも多くの仲間を得ることになるだろう。

ポピュリズムに反対票を投じた高学歴の都市部の人々も、グローバル化と自動化がわが身に迫ってくれば、態度を豹変させることになるだろう。専門職、ホワイトカラー、サービス・セクター従事者は、この変化を鈍化ないし反転させようとするだろう。グロボットから身を守るシェルターを声高に要求するだろう。おそらく、その運動は反進歩主義ではなく、嵐から身を守るささやかなシェルターという意味で、「シェルタリズム」と呼ばれるようになるのではないだろうか。

さまざまなシナリオが考えられるなかで、これはその一つに過ぎないが、２０１６年に「トランプの壁」の反対側にいた人々は、２０２０年にはまったく違う壁の同じ側にいることに気づくだろう。そうした先例の一つとして思い浮かぶのは、環境保護主義者と労働組合という、かつて対立関係にあった、性格の大きく異なるグループを結合した１９９０年代の反グローバル運動である。グロボティクスによる激変を特徴づける「壁」がどんなものになるかはわからない。反グロボティクスの壁かもしれないし、反テクノロジーの壁かもしれないし、反企業の壁かもしれない。あるいは有権者たちはそれぞれ孤立し、怒りにまかせて運動に参加し、大混乱を引き起こすかもしれない。政治力学が複雑なため、こうしたことを予測するのはむずかしいが、今後起こりうることのヒントはすでに得られている。

先進国の多くの人々は、怒りや焦り、脆さといった感覚をすでに共有している。ホワイトカラーが同じ痛みを共有しはじめたとき、なんらかの形の反動は避けられない。彼らの想像力に訴えるポピュリストの政治家が一人いればいい。じつは、すでにブルーカラーとホワイトカラーの怒りを結集しようとしているポピュリストがいる。アンドリュー・ヤンだ。

２０２０年の大統領選に名乗りをあげているヤンは、アメリカに必要なのは、大量失業と暴力的な反動を食い止める斬新な政策だと主張している。「自動運転車だけで、社会は不安定になる。……たった一つのイノベーションで、街中で暴動が起こりうる。小売りやコールセンター、ファストフード、保険会社、会計事務所の労働者にも、同じことが起きようとしている」[3]。ニューヨーク・タイムズ紙のケヴィン・ルース記者いわく、ヤンは「大穴以上」を狙っている候補だが、ヤンが掲げたテーマは、当選の見込みがある候補が取り入れていくだろう。「大統領候補のアンドリュー・ヤン」のビデオで、ヤンはこう訴える。子供たちは、「チャンスがどんどん減り、一握りの企業と個人が新たなテクノロジーの果実を刈り取る一方、それ以外の人々はチャンスがなかなか見つからず、職を失っていく」国で育つことになる、と。

これは、誰もが懸念すべき問題である。反動がどんなものになるかはわからないが、ファンタジー小説をドラマ化した『ゲーム・オブ・スローンズ』のラムジー・スノウがいみじくも言ったとおり、「これが幸福な結末になると考えているなら、注意が足りない、ということだ」。

破壊的変動と反動

前回の大激変――19世紀の工業化による急激で先の見えない進歩――が生みだした世界では――土地をもたない労働者にとって、職を失うことは貧困、さらには餓死を意味した。最終的には大多数のためになる工業化の進め方を学んだわけだが、その過程で二度の世界大戦と大恐慌を経験した。世界各地の個人や国が、反動の一環としてファシズムや共産主義を称揚した。人々は権威と公正、経済的な保障を約束するポピュリストを当選させた――現在と同じように。

新たな変動、すなわちグロボティクスがもたらす破壊的な変動は、急激に広がる可能性がある。なぜなら、グロボットは世界全体が直面する難題だからだ。こうした極端な事態を回避するため、各国政府はグロボティクスが、分断ではなく好ましい発展をもたらすと思えるようにしなければならない。グローバル化とロボット化がもたらす新局面は、大多数の人々に公正で平等で包摂的だとみなされなければならない。我々には備えが必要である。

破壊的変動に備える――仕事（ジョブ）ではなく、労働者を守る

グロボティクスが進む方向が悪いわけではない。問題はそのスピードと不公正さだ。政府は雇用喪失に労働者がうまく対応できるよう支援し、転職を促し、仮にペースが速すぎるとわかれば、全般にペースを落とす必要がある。

第一のステップは、人々が状況に適応しやすくするための政策の強化である。まったく新たな政策が必要なわけではない。再訓練プログラム、所得支援、配置転換支援など、ヨーロッパでう

まくいっている調整政策をテコ入れすればいい。

第二のステップは、急速な雇用喪失について、有権者の大多数が政治的に受け入れられる形を見つけることだ。暴力的な反動を回避したい政府は、いずれにせよ訪れる変化に対して、政治的支持を維持する方法を見いださねばならない。政治は直観とリーダーシップ、さらには具体的な政策を伴う繊細なアートだが、何を用いるにせよ、政治指導者は果実と痛みを分け合う方法、少なくとも誰もが勝者になるために戦うチャンスはあると思えるような方法を見つけなければならない。

税制と再分配政策は間違いなくこのパッケージの一部だが、それが唯一の策ではありえないし、主要な策ですらない。人々の生活は仕事との結びつきが強いため、それだけで済ませるわけにはいかない。取り組むべきは、雇用を弾力的にすることが、労働者の経済不安に直結することがないようにすることだ。必要なのは、デンマークで採られているような政策だ。政府が企業による自由な採用、解雇を認めるが、解雇された労働者が新たな職を見つけるためのあらゆる支援を約束するのだ。

救いは、激変をくぐり抜けた暁に、世界ははるかにより良い場所になる、ということだ。

より人間的で、地域色を増す未来

19世紀においても20世紀においても、自動化とグローバル化で雇用は失われた。だが、人間の無尽蔵の創造力（クリエイティビティ）は、必要だとは思いもしなかった「ニーズ」を発明してきた。それゆえ、今日多くの人が就いている仕事は、19世紀のロンドンに生きたチャールズ・ディケンズにとっては訳のわからないものだ。曾孫の曾孫が、ウェブ開発やライフ・コーチ、ドローンのオペレーターをしていると聞かされたら、ディケンズはどう思うだろうか。

新たな雇用がサービス・セクターで生まれたのは、自動化とグローバル化から守られたセクターだったからだ。同じことが再び起きようとしている。新たな雇用は守られたセクターで生まれるだろう。だが、それは、どんな仕事だろうか。

新たな仕事がどんなものになるのかはわからないが、ＡＩとＲＩの競争優位を学ぶことによって、守られる仕事とはどのようなものか、かなりのことがわかる。ＲＩが得意なことを詳しくみると、遠隔移民との競争を勝ち抜いて残る仕事とは、顔と顔をつきあわせた交流が必要な仕事であることがはっきりする。心理学者は、対面での会議が、電子メールや電話、Skypeなどとかなり違うのはなぜかを研究している。対面での時間がはるかに有意義な理由の「秘密の源泉」は複雑だが、そのベースには、数百万年にわたって人間の脳を形作ってきた進化がある。

デジタル技術は、「その場にいる」者よりも優れた代替製品をつぎつぎと生みだしていくだろうが、今後も長きにわたって、一部の職場の作業では、「その場にいる」ことが重要なのは変わらないだろう。生き残る仕事、新たに登場する仕事は、そうした作業を数多く含むものになるだろう。その意味するところは単純だ。こうした仕事によって、コミュニティは地域色を強め、おそらくより都会的なものになるだろう。

Ameliaのような AＩロボットが得意とすることを調べていくと、AＩとの競争で生き残る仕事と、新たに生まれる仕事は、人間の強みを活かしたものになると予測できる。社会的知能、感情的知能、創造性、革新性、あるいは未知の状況への対処といった能力の習得では、機械はさほど成功しているわけではない。

社会的、感情的な推論、多くの人との協調、感情的に適切なふるまい、社会的、感情的な感知機能といった、職場で役に立つ社会的スキルを人間のトップレベル並みにAＩが習得するには50年程度かかると予測されている。つまり、人間のスキルのほとんどが、長期にわたってAＩから守られることを示唆している。その意味するところは単純だが奥深い。未来の仕事のほとんどで、人間らしさが重要になる、ということだ。

これらを総合的に考えると、長期的には楽観的になることができ、将来の経済は地域色を強め、より人間らしいものになると考えられる。

今後も守られるセクターとは、人が実際に集まって人間らしいことをするセクターだといえるだろう。仕事上、実際に同じ場所にいる者同士のあいだで、気遣いや理解、共感が深まり、それらを踏まえたマネジメントで仕事が分担され、創造性が発揮され、革新が行われる。そんな世界になるのではないか。

これは論理的な必然である。これら以外のことはすべてグロボットがやってくれるのだから。

こうした幸福な結末が、デジタル技術の最終的な到達点とみているが、迫りくる変化について考える出発点としては適切ではない。出発点とすべきは過去である。未来を理解するためのパスコードは、歴史の教訓のなかに隠れている。

4段階で進むグロボティクス転換

来るべき巨大な変化は、技術的、経済的、政治的、社会的要因がおそろしく複雑に絡み合ったものになる。この複雑さをある程度整理するには、この巨大な変化が4段階で進むものと捉え、転換、激変、反動、解決に分けて考えると有用だ。これらはいずれも、技術的なブレークスルーが契機となる。

ここでの「段階」は、連続的に進むという意味ではない。転換、激変、反動は同時並行で起こりえる。解決は、それに終止符を打つことを意味しない。過去は、そうした経過を辿った。

過去2回の技術の衝撃と社会の転換

「グロボティクス転換」は、社会を形づくる経済の大転換としては、過去3世紀で3回目となる。大転換（Great Transformation）と呼ばれる1回目で、社会は農業から工業へ、地方から都市へと転換した。始まりは１７００年代初頭である。第二の転換は、１９７０年代初期に始まり、工業からサービスに重心が移った。第一次の工業への転換と対比させて、「サービス転換」と呼ぼう。今回の「グロボティクス転換」も、基本的に標的はサービス・セクターである。遠隔移民やホワイトカラー・ロボットから「守られた」サービスや専門職に労働者を移すことになる。

これらの転換の引き金となった3回の技術の衝撃はかなり異なっており、その影響もかなり違ったものになる。

ごく単純化して要約すれば、大転換を引き起こしたのは蒸気革命と、それに続くあらゆるものの機械化である。機械化で動力としての馬は用済みになり、手工業にたずさわる人々のためのより良い道具が生まれた。エリック・ブリニョルフソンとアンドリュー・マカフィーが2014年の大著『ザ・セカンド・マシン・エイジ』で指摘しているとおりだ。[4] この転換は、主としてモノに関するものであり、農作物をつくることから工業製品をつくることへと転換を促した。オフィス業務の生産性は向上したが、それはもっぱら（オフィスの機械、電気など）工業化の果実によるものだった。

「サービス転換」が始まったのは1973年であり、コンピューター・チップの開発と、それに続く情報通信技術（ICT）の進展が背景にある。この技術の衝撃は経済を大きく異なる方向に推し進めた。あまりに異なっているため、ブリニョルフソンとマカフィーは、これを「セカンド・マシン・エイジ」と名づけたほどだ。

ICTは、手作業を伴う人々にはより良い代替物を、頭脳労働にたずさわる人々にはより良い道具（ツール）を生みだした。その結果、「スキルのねじれ」が起きた。テクノロジーは、頭を使って働く人の雇用を生みだし、手を使って働く人の雇用を破壊した。結果として進んだ脱工業化は、地域社会を荒廃させ、ブルーカラーに社会的、経済的に多大な困難をもたらした。とりわけ顕著なのがイギリスやアメリカで、労働者の円滑な移行支援に失敗している。

「グロボティクス転換」のきっかけは、第三の技術の衝撃、デジタル技術である。デジタル技術の衝撃は、蒸気機関やＩＣＴとは根本的に異なるが、蒸気機関とＩＣＴとの違いほどはっきりしているわけではなく、微妙である。

１９７０年代にコンピューターと集積回路（ＩＣ）が実用化されだした当時、自動化は「大分水嶺」を飛び越えた。これを特徴づける表現は何通りもある。モノから思考へ、手から頭へ、手作業から頭脳労働へ、筋肉から頭脳へ、有形から無形への変化。だが、どう評しようと、コンピューターにできるのはごく限定的な思考だけである。じつは、本当の意味でコンピューターが思考していたわけではない。プログラムと呼ばれる明示された一連の指示に従っていたに過ぎない。コンピューター・コードを厳密に遵守していただけだ。

デジタル技術によってコンピューターは、二度目の「大分水嶺」を越えようとしている。意識的な思考から無意識の思考への切り替えと考えるといい。かつてのコンピューターは分析的、意識的に考えることしかできなかった。それは我々人間が、こうしたタイプの思考に従うプログラムの書き方しか知らなかったからだ。コンピューターが、直観的、無意識的な思考ができなかったのは、人間が直観的にどう考えているのかを我々自身が理解していなかったからだ（いまだに理解していないが）。

いわゆる「機械学習」におけるブレークスルーによって、コンピューターがこの限界を飛び越えることが可能になった。２０１６年から２０１７年以降、コンピューターは、話し言葉の認識、言語の翻訳、レントゲン画像による診断など、ある程度直観的で無意識的な作業を、人間と同等かそれ以上の精度で行えるようになった。
機械学習は、コンピューターと、それが動かすロボットに、オフィスで重宝する新たなスキルを授けている。いまやコンピューターは、知覚、モビリティ、パターン認識を伴う作業で、人間の思考を真似できるようになった。大雑把にいえば、機械学習によってコンピューターは、ゼネラル・エレクトリック（GE）の伝説の元CEO、ジャック・ウェルチが言う「肚が教える」選択ができるようになったのだ。[5]

こうした新しいタイプの思考するコンピューターが登場したことの結果として、自動化はかつての工場の仕事からオフィスの仕事に及びつつある。同じデジタル技術で、海外の労働者が、その場にいながらにして我々のオフィスで作業をすることが容易になっている。こうした外国人労働者はあたかも同じ部屋にいて、同じ言語を話しているかのようになりつつある。

現在の転換と、過去2回の転換のもう一つの大きな違いは、タイミングである。「大転換」の最中のグローバル化は、自動化の開始から1世紀後に始まった。「サービス転換」の最中のグローバル化は、自動化が始まって20年後である。そして現在の「グロボティクス転換」では、グローバル化と自動化が同時期に始まり、しかも両方とも爆発的なペースで進行している。

過去のグローバル化と自動化は、素晴らしい成果をもたらした。ただ、進歩は痛みを伴った。今後は進歩と痛みの両方がもたらされることになるだろう。進歩を活用しつつ、痛みを緩和するのはたやすいことではない。ただ、過去の変動を検証することが、どう考えるべきかの指針になるはずである。

第Ⅰ部　歴史の転換、激変、反動、解決

第2章　大転換：我々は過去にも経験している

キャサリン・スペンスと幼子は、ロンドンのドックランズで飢え死にした。1869年のことである。1850年代に建設ブームでロンドンに移住したスペンス一家だが、1866年の金融危機で造船所が破綻し、キャサリンの夫が失業する。失業すれば、赤貧レベルの慈善団体に頼るか、おぞましい救貧院行きのどちらかを選択するしかない。キャサリンは慈善団体に頼った。飢え死にするのは2年半後のことである。

スペンス一家が犠牲となったのは、20世紀の偉大な思想家カール・ポラニーが名づけた「大転換」のせいだ。2世紀にわたって漸次的な変化が続いたが、これによりヨーロッパは、農村主体で領主が支配する地方経済から、さまざまなタイプの民主制による工業主体の都市型経済へと転換した。

「大転換」は、我々が暮らす現代社会を生みだしたという意味で、きわめて建設的なものだったが、それはまた、かなり破壊的でもあった。スペンス母子が亡くなった状況を見ると、恩恵と痛みの両面がある大転換の、痛みの側面が垣間見える。

「食料を買うには、服をすべて質に入れなければならなかった。家具の一部は、家賃代わりにブローカーに差し押さえられた」と検死官は記す。「一家が暮らす住宅は6世帯がひしめきあっていた。……検視官は、母子の遺体が横たわるベッドがボロ布でできていることに気づいた。……窓は壊れていて、一つは鉄のトレイを括り付けてあり、もう一つは板で囲ってあった」[1]。

スペンス一家のような人々――そして、彼らが生きた社会――は、自動化とグローバル化という「破壊力のある組み合わせ」がもたらす新しい経済的現実への備えができていなかったといえる。最大の問題は、変化がとてつもなく大規模で、当時としてはペースが速かったことにある。やはり猛烈なペースで進む雇用喪失が最大の懸案となっている今日の変動を考えるうえで、この時代は歴史の教訓を引き出す優れた手がかりになる。だが、「大転換」時代の教訓を扱うには、細心の注意が必要だ。当時の変化は、最近欧米でみられている変化、あるいは近い将来予想される変化に比べても、はるかに根本的な変化を伴うものだったからだ。

「大転換」の「大」に込められたもの

約1万2000年にわたって文明を支えたのは、6インチの厚さの表土と定期的な降雨である。大衆にとっての繁栄は、わずかな土地を手に入れられるかどうかに結びついていた。一方、エリート層の権力は、繁栄の果実の一部を奪取することと結びついていた。結果として、良質な農業用地を支配することが国の富の土台になった。貿易も産業もないわけではなかったが、それほど盛んだったわけではない。

人であれモノであれアイデアであれ、移動はおそろしく高くつき、おそろしく時間がかかるうえ、危険きわまりなかった。たとえばマルコ・ポーロは、イタリアを出発して中国に辿り着くまでに３年、復路は２年かかり、数百人の従者の多くが途中で亡くなっている。モノの移動はそこまで危険ではないが、同じくらい困難で高くついた。ローマの皇帝が手に入れた中国の絹の価格は、中国国内の１万倍以上だった。[2] アイデアですら簡単には伝わらない。たとえば２５００年前にインドで興った仏教は、中国と日本に伝わるのに１０００年近くかかっている。

モノ、アイデア、人の移動に関するこうした制約によって、人間の生活のあらゆる側面に「距離の束縛」が及んだ。人間は土地に縛りつけられているので、ほぼすべてのものが、歩いていける範囲内でつくらねばならなかった。その結果として生まれたのが、グローバリゼーションの対極の地域主義（ローカリズム）だった。無数の村々で行われる生産が世界の経済地図を支配し、工業化以前の世界の現実を規定していた。プラス面としては多様性がもたらされた。地域主義が何世紀も続いたからこそ、ドイツには５０００を超えるビールの銘柄があり、イタリアには３５０種のぶどうの品種がある。ラテン語という一つの言語がイタリア語、スペイン語、ポルトガル語、フランス語へと枝分かれして進化したのも、地域主義ゆえである。マイナス面は、ほとんどが経済的なものだ。

経済への影響で最も重要なのは停滞である。市場の規模が小さいがゆえに、イノベーションはむずかしく、大した価値をもたなかった。イノベーションがないなかで、自動化が起こるわけがない。生産性は伸び悩み、生活水準が停滞した。

人々を悲惨な状況に留めおいたのは地域主義ばかりではない。「マルサスの法則」が威力を発揮して悲惨な状況を強制した。新たに土地を耕し作物を増やし、新たな鋤を発明して生活水準が上がっても、一時的なものにとどまった。人口圧力によって1、2世代後には元の木阿弥で、凶作が1、2回も続けば、ほとんどの人が飢餓に陥った。

これが近代以前の成長である。経済成長は土地と労働を増やすことで達成され、1エーカーあたり、1時間あたりの収量を増やすことで達成されるわけではなかった。所得は上昇しても、やがてマルサスの法則による非情なフィードバック・ループに息の根を止められた。

1700年代後半のイギリスで始まった近代の成長は、マルサスの非情な法則を無効にするものだった。成長によって、労働者一人あたりの生産量が毎年少しずつ増え、それにより所得が毎年増えていった。20世紀になる頃には、欧米のほとんどの人々にとって、飢餓は遠いものになっていた。

これが「大転換」に「大」がつくゆえんだが、転換が一気に訪れたわけではない。すでに述べたように、大転換は以下の4段階で進んだとみるのが妥当である。技術が経済の転換を促し、経済の転換が経済的、社会的大変動を促し、大変動が反動を生みだし、反動が解決を生みだした。壮大な物語なのである。

技術の衝撃

1700年代に「熱かった」のは蒸気である。蒸気力は集中的に管理できる性質と、再生産が容易で最終的に持ち運びが可能になる事実があいまって、自律的で右肩上がりの好循環社会「幸福の螺旋」を生みだした。イノベーションが工業化を牽引し、工業化がイノベーションを牽引する。そしてその両方が所得を押し上げ、それがまたイノベーションと工業化を促進する、という循環が生まれたのだ。

蒸気が動力として実用化されたのは1712年のイギリスで、ニューコメンのエンジンで炭鉱から水を汲みだしたのが最初だ。こぎれいなハイテク機器だったわけではない。3階建ての建物を占拠し、大量の石炭を燃やし、たえず面倒をみなくてはならなかった。だが、一つ大仕事をした。動力から馬を要らなくしたのだ。ニューコメンの蒸気機関が数百頭の馬に取って代わり、コストを下げながら炭鉱を深く掘り、産出量を増やすことが可能になった。これは決定的に重要だった。

石炭は「大転換」の原動力であり、石炭産業の生産性向上が主回転となって幸福の螺旋を上昇させることになる。農村から都市への人口の大移動と、農業から工業への産業の転換に必要なエネルギー量は天文学的で、薪や水力、風力でそれを実現することは不可能であっただろう。[3]

次の150年にみられたのは、蒸気動力と機械化の「ワルツ」である。蒸気機関が強力になり、軽量化が進み、燃料効率が改善されたことで、機械工業の精度が高まった。それを受けて蒸気エンジンが改良されて、より良い機械の開発が容易になり、その価値が高まった。このプロセスは累積的だった。このプロセスで特筆すべきは、ニューコメンが動力から馬を駆逐してから半世紀後の1769年、ジェイムズ・ワットが蒸気エンジンを開発し、動力の単位がワットに変わったことだ。

この進歩は当時としては革命的で、とくに過去の停滞と比べるとそう思えたが、それでも今日の基準からすると遅々としたものだった。「グロボティクス転換」を牽引しているデジタル技術の爆発的なペースとは似ても似つかない。ニューコメンのエンジンと、商業用の蒸気船の実用化には、1世紀の開きがある。

革命はたった一つだけだったわけではない。蒸気の衝撃に匹敵するのが農業における衝撃である。性格はかなり違うが、相補う衝撃であった。それは、「エンクロージャー」と呼ばれる土地所有の衝撃波から始まった。

イギリスの農業革命

イギリスの農業革命は、1600年代のエンクロージャー（囲い込み運動）と共に始まる。この運動では、それまで開かれていた土地がフェンスで（囲い込まれる）ことになる。土地が囲い込まれたことで、農村世帯の多くが、（地域社会の構成員なら誰でも家畜にその土地の牧草を食べさせることができるという意味で）共有されていた土地の利用ができなくなった。ボストン中心部の大きな公園——ボストン・コモンは、マサチューセッツがイギリス王政の植民地であった時代に築かれた共有地の名残である。１６３０年から公園化される１８３０年まで、地元の農家はここで牛に牧草を食べさせていた。

囲い込まれた共有地は、たいてい、当時の「カネになる商品」向けに転用された。それは羊、もっと正確にいえば、羊からとれる羊毛であった。これは農業からの労働者の退出を促した。羊毛が取れる羊を育てるのに必要な労働者は、一家を養う食料を生産するよりはるかに少なくて済んだからだ。だが、農業革命における「革命」を起こしたのは、所有権の集中の問題だけではなかった。

エンクロージャーは所有権を強化し、それにより効率的な農業技術の導入を促進した。農業革命で特筆すべきイノベーションの一つが、土地の生産性を高める四輪作への転換である。農業機械の改良も生産性向上を加速した。代表的な例として、自動脱穀機、種蒔きドリル、木製の鋤から鉄製の鋤への転換など農具の改良が挙げられる。

工具や技術の改良で、食料は安く、豊富になった。これが第三の衝撃——人口爆発を引き起こすことになる。１７５０年から１８５０年の１００年で、イギリスの人口は倍増した。

「大転換」を可能にした重要な事象を挙げていくと、複雑で長いリストになるが、単純化することで本質が見えてくる。具体的にはイギリスの農業、人口、蒸気の変遷、とくに蒸気に注目することで、さまざまなヒントが得られる。

技術が促した転換

当初、機械化や工業化、あるいは今日、自動化と呼ばれる動きを促進したのは蒸気技術である。このトレンドは、当時の主要産業であった織物、石炭、鉄鋼産業から始まったが、数十年をかけて他の産業にも広がった。

ほどなく、自律的なスパイラルから新たな基幹産業——工作機械産業が誕生する。1770年から1840年にかけて、イギリスの工作機械産業は長足の進歩を遂げる。生産全般の自動化を助ける機械の製造コストを引き下げることになる重大なステップであった。当時の工作機械産業は——現在の機械学習がそうであるように——技術の進歩を加速させるテクノロジーであった。

工作機械が登場する前の工業は、いわゆる手工業だった。たとえばライフルは、熟練の職人が工具を使って1丁ずつ組み立てていた。1丁ずつ違っていて、（それゆえ高価だった）。アメリカ人のエリ・ホイットニーが工作機械を使って部品を標準化したことで、1801年以降、ホイットニーがつくったライフルなら部品を交換できるようになった。生産のスピードが上がり、コストが下がった。賃金が安い未熟練労働者でも作業できるようになったことも一因である（技術による作業単純化効果の初期の一例である）。

これが自動化の転換点になった。熟練の職人が木製の機械を手作りするのではなく、工作機械で機械向け金属部品を、より精密で、かつ安いコストで大量生産できるようになったのである。

ただ、この類のイノベーションは、雇用に関しては諸刃の剣であった。

自動化と雇用――プッシュ効果とプル効果

機械化とは、同じ仕事量を少ない人手でこなせるということだが、コスト節減で価格が引き下げられ、それにより販売量が増え、ひいては仕事量が増えることにもなる。ある意味では、仕事量と労働者の効率の競争だといえる。生産性と生産量の徒競走と呼ぼう。

あるセクターの仕事量の増加が勝るとき、技術は「プル要因」として作用し、労働者をそのセクターに引き寄せる。生産性が勝るとき、技術は「プッシュ要因」として、労働者をそのセクターから追い出す。たとえばエンクロージャー、機械化、新たな農業技術は、農業セクターの大きなプッシュ要因となった。この変化は多大な痛みをもたらし、生活、家庭、村全体を激的に変えたが、農業から解放された労働者は工業、サービス業へ移った。

この経過から重要な教訓が引き出せる。技術は多くの雇用を減らしたが、職業それ自体を減らしたわけではない。技術によって、農業という職業がなくなったわけではなく、農民一人あたりが食べさせられる人数が増えたため、必要とされる農民の数が減ったのだ。

これに対して、工業の機械化はプル要因だった。労働者一人あたりの生産量が急増する一方、工業生産量はそれ以上のペースで増加し、工業の就業者数は急増した。

プル要因とプッシュ要因との個別の組み合わせは、需要サイドに起因する。最も明白なダイナミクスは、爆発的に増加する人口が多くの需要を生み、多くの雇用を創出したことである。そこまで明白ではないが需要サイドの別の要因として、人間は豊かになるにつれて購買パターンが変化する傾向がある、という事実が挙げられる。当時の一般的な所得水準では、購入できる財はごくわずかしかなかった。靴のない子供もいたし、成人の多くは中古の服を着ていた。しかし、所得が生存水準を上回ると、新品を買うようになり、新たな需要が生まれ、その製造にたずさわる雇用が創出された。

生産性自体は需要要因であった。というのは、誰かがモノをつくれば、誰かがそれを所有することになるという、きわめて直接的な理由による。モノは所得の一部になる。供給される財と需要される財との間に一時的にズレが生じても、全体のトレンドとしては、労働者一人あたりの生産量の増加が、労働者一人あたりの所得の増加につながり、一人あたりの購入量が増加するという流れになった。専門的には、「セイの法則」といい、供給がそれ自体の需要を生む、という考え方に相当する。ジャン=バプティスト・セイのもっと大雑把な19世紀の表現法では、こうなる。「我々各人は自ら生産したもので他の人が生産したものを買うことができる、ということだ。購入できる価値は、生産できる価値に等しいため、生産量を増やすことができれば、購入量を増やすことができる」[4]。

グローバリゼーションは、貿易が自由だったセクターにおいて、プッシュ要因とプル要因の両方を増幅した。だが、「技術・貿易チーム」のうち半分を占める貿易は、大幅に出遅れた。蒸気機関がグローバリゼーションの号砲を鳴らすのは、ニューコメンの蒸気エンジンが自動化を促してから1世紀経ってからのことだ。ごく単純化すると、蒸気エンジンの改良を重ね、車や船に搭載できるほど小型化するのに数十年もかかったことが、その理由である。

近代のグローバリゼーションの始まり

鉄道はモノの運搬コストを劇的に引き下げた。歴史上はじめて、世界最大の大陸内部に暮らす大衆が世界経済とつながった。蒸気船も同様に海上輸送に劇的なインパクトをもたらした。１８１９年には最初の蒸気船が大西洋を横断している。ナポレオン戦争の終結で平和が到来したことも、グローバル化を力強く後押しした。

貿易の痕跡は石器時代に遡ることができるが、１８００年代初頭、史上はじめてあらゆる経済分野で貿易量が動きはじめた。たとえば、ヨーロッパからアジアを往復した船舶は、１６００年代を通して３０００隻前後に過ぎず、１７００年代を通しても2倍を大きく超えて増えることはなかった。１隻あたりは約１０００トンの貨物が積まれていた。[5]

オックスフォード大学の経済学者ケヴィン・オルークとハーバード大学の経済学者ジェフ・ウィリアムソンは、近代のグローバリゼーションの始まりを１８２０年としている。このとき、たとえばイギリス国内の小麦の価格が、国際的な需給要因で決まりはじめた。[6] それ以前の一国の食料価格は、凶作か豊作かなど、もっぱら国内の需給要因で動いていた。国際貿易の量が十分に大きくなると、国内が凶作でも価格が上昇するのではなく、輸入が増えるようになる。これは、人類史上の大きな変化であった。モノを国際的に売買できるようになったことで、国内経済に革命的な影響が及びはじめるのである。

これらはいずれも突然起きたわけではない。鉄道は内陸輸送を一変させたが、鉄道網は何十年もかけて整備されたものだ。蒸気船は海上輸送に革命を起こしたが、数十年間は燃料補給の問題から蒸気機関だけに頼ることはできなかった。たとえば、最初に大西洋を横断した蒸気船は、燃料問題があったため蒸気と風力が組み合わされていた。この状況が大きく変わるのは、世界各地に石炭補給基地が整備された後のことである。

世界全体を相手に販売できることは、雇用に多大な影響を及ぼした。近代のグローバリゼーションの夜明けを最初に迎えたイギリスでは、アメリカなどから輸入される食品価格が安かったことから、農業にとってグローバル化はプッシュ要因になった。食品輸入は１８００年代半ばからブームになった。だが、グローバル化はつねにプッシュ要因とプル要因がセットになっている。輸入と競合する産業では雇用が減少するが、輸出産業では雇用が増加する傾向がある。イギリスの場合、食料輸入のブームの裏で、それと比肩するように繊維をはじめ他の工業製品の輸出ブームが起きていた。

この影響を考えるうえで指針となるのが、デビッド・リカードの有名な比較優位の原理である。大雑把にいえば、「得意なことをやって、それ以外のものは輸入せよ」というものだ。19世紀のイギリスが「得意」なのは製造業だった。１８００年代になるまでにイギリスはスタートダッシュで製造業の優位性を築いていて、グローバル化によって世界の工場となることができた。工業製品の輸出ブームで、労働者の生産性向上を上回るペースで仕事量は増えつづけ、それにより労働者は製造業に引き込まれた（プル要因）。

だが、グローバル化の最も劇的な影響は、それが経済成長を加速させたことである。

近代的な成長の始まり

着実な進歩といった意味で今では定着しているが、産業革命以前にはみられなかった近代的な成長は、イノベーションによっている。所得が増えるには、生産量が増える必要があるからだ。一国の労働人口が（一定で）毎年所得が増加するには、生産量が増えていかねばならない。それには、労働者が手にする「ツール」が毎年増加するか、改善されなければならない。ここでの「ツール」は広い意味での資本を指し、具体的には人的資本（スキル、教育、研修など）、物的資本（機械、建物、工具など）、知識資本（技術、生産技術のノウハウなど）と定義される。これら三つのなかで、カギを握るのは知識である。

イノベーションが他の形態の資本の強みを強化するのに対し、知識資本は他の資本とはかなり異なっている。イノベーションがなければ（あるいは、他国のイノベーションを模倣しなければ）、教育や物的資本に投資してもいずれ壁に突き当たり、労働者一人あたりの生産量は頭打ちになる。経済学的にいえば、人的資本や物的資本は収穫逓減に直面するが、知識資本は直面しない。これは経験的な事実である。

理由ははっきりしないが、このことは、何千年にもわたって知識を創造してきても人間にはわからないことが無限にある、という事実を反映しているのではないだろうか。無限というのは、結局のところ、数字ではなく概念である。自分が知っている最大数に1を足したものと考えるといい。いくら知識を身につけても、知らないことが無限にあるということだ。

経済学的にみると、イノベーションは、新規の財だけでなく既存の財をつくるプロセスを改善するカギになる。これで経済は持続的に成長する。ヴィクトリア朝のイギリスで、1世紀の長きにわたってイノベーションが続いたのは好例である。イノベーションが積み重なり、物的資本の有用性が高まり、したがって蓄積が続いた。人的資本もそうだった。イノベーションへの影響を通して、この等式に加わるのがグローバリゼーションである。

1800年代初頭、グローバリゼーションは、シンプルかつさりげない形でイノベーションを盛り上げた。輸出によって国内の市場規模という制約がなくなり、それがイノベーションに対する需要を高めた。また世界市場に向けた販売は、産業に地理的な集中を促し、これが等式のもう一辺を押し上げた。同じ場所で同じ問題を考える人が増えると、革新的なアイデアが湧いてくる。要するに、世界市場に販売することで収益性が向上し、イノベーションが容易になったのだ。こうして、自動化とグローバル化というダイナミックな組み合わせが、近代的な成長の「篝《かが》火《び》」を熾《おこ》した。この篝火は、いまだに燃えている。

1800年代後半には、成長を高める第二段目の起爆装置が点火された。その加速が際立っていたため、名前がつけられた。「第二次産業革命」である。

技術が技術を生む――第二次産業革命

1700年代初頭以降、上昇を続けてきた幸福の螺旋は、1800年代後半には一つの高原状態に到達する。機械が高度化し、動力は安価になり、科学が製造業に応用されるようになり、これまでにない新たな産業群がつぎつぎと登場した。これにより新たな仕事が大量に生まれ、労働者はジュール・ヴェルヌのSF小説以外には存在しなかったモノの製造にたずさわるようになった。

ノースウェスタン大学の経済学教授のロバート・ゴードンは、1870年から1970年を「特別な世紀」と呼び、第二次産業革命は先進国にイノベーションのクラスター爆弾を投下した、と評している。経済の「小型爆弾」は広範囲で爆発し、それぞれの爆発はイノベーションの連鎖反応を引き起こし、生産性を向上させ、所得の伸びを高めた。[7]

これは、イノベーションと工業化の幸福の螺旋が、新たなセクターで新規雇用を大量に創出した例である。当時も今と同じで、創出された雇用の多くは、ほんの数十年前には想像もできなかったモノをつくることに関わっていた。新たな雇用が生まれたのは、鉄道、通信、電灯、内燃エンジン、自動車、航空機、ラジオ、テレビなどあらゆる電機機械、電子機器、化学肥料、殺虫剤、染毛料、プラスチックなど工業用化学製品の製造に関連していた。

木綿織物から、こうした新産業に至るまでは長い道のりだった。自動化とグローバル化に牽引されたその展開が、持続的な成長の篝火を燃やした。成長は素晴らしいことだが、成長するとは変化することであり、変化には痛みが伴う。痛みと果実が4段階の二番目、激変（破壊的な変動）につながることになる。

大転換が激変を生む

チャールズ・ディケンズの小説のなかでも特に記憶に残る登場人物――オリバー・ツイストは、激変の「申し子」と呼べるだろう。救貧院で生まれたオリバーは、9歳のとき、空腹のあまり「お代わりをください」と言ったために葬儀屋に売り飛ばされる。

作者のチャールズ・ディケンズ自身にとっても、現実は同じくらい過酷だった。中流家庭の8人兄弟の二番目に生まれたディケンズは、12歳のとき、父親が破産して債務者監獄に入れられ、工場で働かざるをえなくなる。債務を返済し終えると学校に戻れることになったが、良い状態は長くは続かなかった。家計を助けるために、15歳でふたたび働きに出ている。

つねにそうだが、変化は痛みをもたらす。そして、変化のスピードが速ければ速いほど、痛みは大きくなる。四つの大きな変化が集中して起きた。農業から追い立てられた労働者の工業への流入、農村から都市への流入、貧富の差の拡大、価値創造と価値獲得の源泉の土地から資本へのシフトである。

どの変化も恩恵と痛みをセットで生みだし、何世紀にもわたって根づいていた旧来の社会的、経済的、政治的関係を大きく揺り動かした。伝統的な関係は理想的なものではなかったが、人々はそれに慣れ切っていた。

都市化——所得不安が食の不安に直結

農村から都市へ移住すると、農村社会にいた頃よりも所得の不安が食の不安に直結するようになる。都市は農村よりもチャンスが多いが、何かと費用がかかる。都市の工場労働者は、食料をすべて購入しなければならないので、失業は死活問題だ。景気が良いときでも、未熟練労働者の賃金は低く、生活費に事欠いた。住居は狭く不潔で、食事は貧しい。事故や病気、老齢で働けなくなると、たちまち困窮し、餓死することもあった。

「大転換」において社会の敵愾心が煽られた背景には、苦境に陥った人々に対する処遇もあった。今もそうだが当時も、エリートの多くは、不運な人々を自己責任だと非難した。当時のイギリス政府の貧困対策は酷いものだったが、イギリスがつねにそうだったわけではない。

イギリスはフランス革命の「銃弾」をかわしたが、それは偶然ではない。地理的な理由もあるが、地主の「見識ある自己利益追求」、イギリス王政の議会に対する譲歩も重要な要因だった。1500年代以降、救貧法が何度か改正され、各地区（教区）が地域内の貧困層の支援に責任を負うことが定められた。地域によって制度は異なるが、一般には、職の斡旋や救貧院保護、現金給付の形をとり、財源はすべて地元の富裕層への税金でまかなわれ、役人が監督した。

「大転換」が進むと、人口の大幅な増加で貧困層の支援コストが増加し、見識ある自己利益追求による支援が危うくなった。重要なのは、この追加的な負担がとりわけ都市のエリート層にのしかかったことだ。貧しい人々が地方の教区を出て都市に流入したためだ。「優秀で偉大な」人々が打ち出した対策は、アメリカのトランプの政策と見紛う代物だった。救貧法をさらに貧弱にしたのだ。

当時、伝統的な旧救貧法については、セイフティーネットがあるゆえに貧困者が子供をつくりすぎ、労働者はおしなべて怠惰で依存心が強くなる、との批判があった。労働者は公的支援を得られるので、雇用主が賃金を低く抑える誘因にもなっていた。これらはすべて、1834年の改正救貧法で是正された。この改正救貧法は、救貧院以外の人々への支援を違法とし、モラルハザードを助長しないよう救貧院をあえて劣悪な状態にするよう求めた。これは効果を発揮した。救貧院は広く恐れられ――すべてに絶望した者しか選ばないおぞましい選択肢になった。

ロバート・トマス・マルサスらヴィクトリア朝の社会思想家は、貧困とは一部の労働者が個人的なモラルの欠如により陥る自然状態とみなした。こうした不道徳や怠惰を助長するのを防ぐため、救貧院外で働く最貧層の労働環境よりも、救貧院の環境が劣悪になるように設計された。キャサリン・スペンスの例が物語っているように、こうした環境は、景気が良いときには、それなりだったが、景気が悪くなると劣悪を極め、飢えるだけに変わった。

支援を受ける人々は、特別な服を着せられて落伍者の烙印を押され、厳格なルールで屈辱的に扱われた。夫婦は引き離され、子供をつくることは許されず、懲罰的な労働を課せられ、配給は微々たるものだった。

所得の格差――拡大と縮小

悲惨な状況と変わらないくらい困惑させられるのは、貧困と同じ速さで繁栄が広がっていたという事実だ。ヴィクトリア朝ロンドンでは、豊かさと貧しさが共存していた。スラム街ができたのは、ロンドンの名所ができた時期と重なる。ビッグ・ベンやヴィクトリア博物館、アルバート博物館、マーベル橋、トラファルガー広場はすべて、キャサリン・スペンスが餓死に追い込まれた時代に建設されている。

こうした豊かさと貧しさのコントラストから、大方の目には、社会の大きな変化は著しく不公平に映った。貧乏人がいちだんと貧乏になっているのだから、金持ちはさらに金持ちになっているはずだとの見方が多かった。事実はどうだったのか。

小説のオリバーが生きた現実社会は、きわめて不平等で、格差は拡大していた。経済史家のピーター・リンダートとトニー・アトキンソンによれば、「大転換」の前半――第二次産業革命の初期くらいまでは、格差は拡大した。[8] その後、「大転換」が終わる１９７０年まで、格差は縮小した。言い換えれば、幸福の螺旋は、最初の１世紀にはイギリスの最富裕層を、次の１世紀には中流層をとくに幸せにしたといえる。

図２・１で示したとおり、イングランドとウェールズの最上位５％の富裕層が所得全体に占める割合は、「大転換」の前半――１７５９年から１８６７年頃のいわゆる第一次産業革命の時代に、約35％から約40％に上昇した。

第二次産業革命が始まる１８００年代後半に、このトレンドが反転する。新産業群の勃興による二度目の追い風を受けて工業が成長したことを背景に、イギリスの格差は大幅に縮小する。所得上位５％が全体に占める割合は40％から、１９７０年代には20％弱に低下した。それ以降、上

図2.1　大転換における所得格差、1688〜2009年

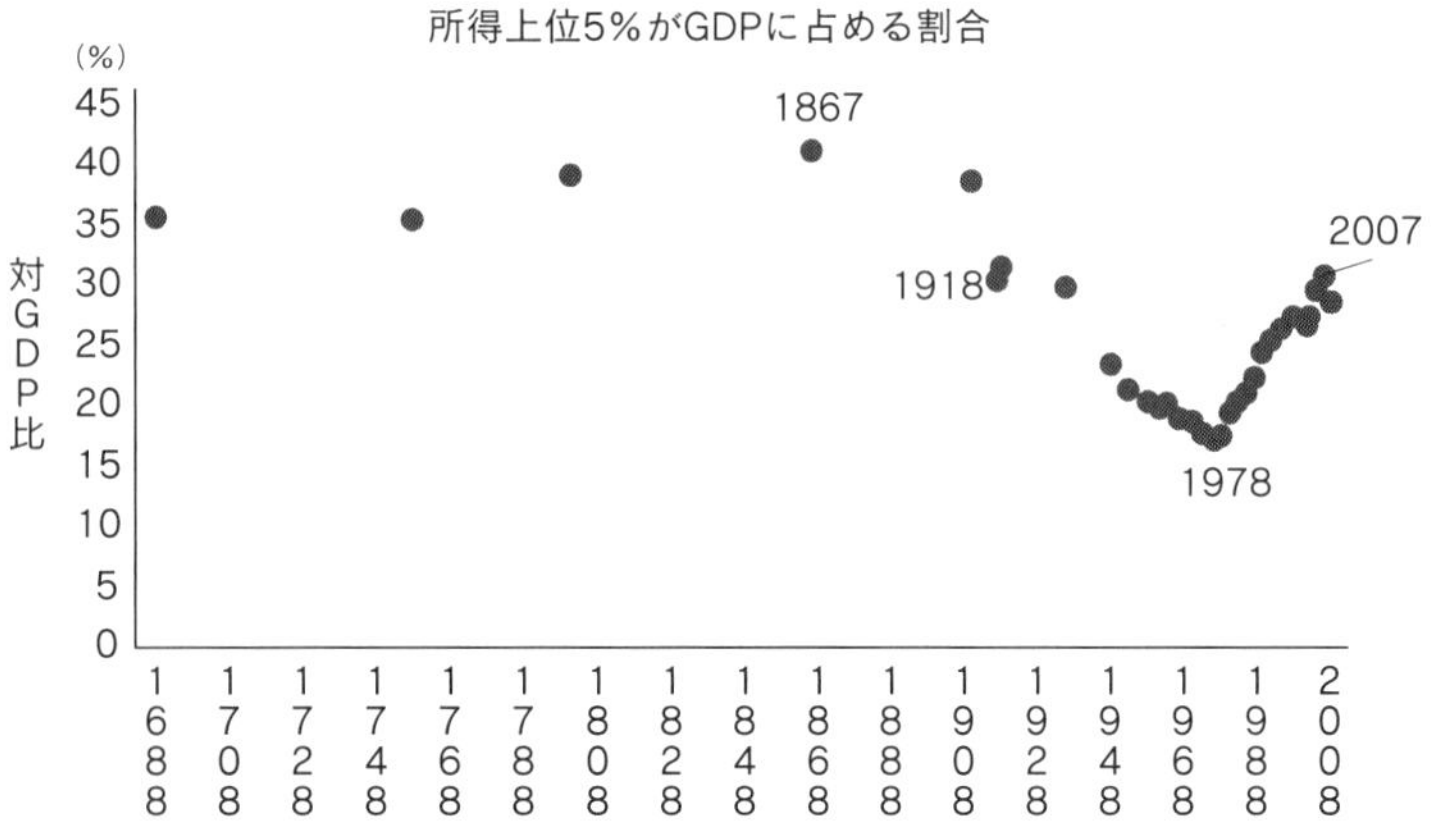

出所：Max Roserから個人的に提供を受けたデータ(Our World in Data)をもとに筆者が作成。原データは以下。Peter Lindert " Three Centuries of Inequality in Britain and America" in *Handbook of Income Distribution,* ed. A. Atkinson and F. Bourguignon(Amsterdam: Elsevier, 2000); A. Atkinson, "The Distribution of Top Incomes in the United Kingdom 1908-2000," in *Top Incomes over the Twentieth Century. A Contrast Between Continental European and English-Speaking Countries,* ed. A. Atkinson and T. Piketty (Oxford: Oxford University Press, 2007); and B. Milanovic, P. Lindert, and J. Williamson, "Ancient Inequality," *The Economic Journal* 121, no.551(2008): 255-272, March 2011.

昇に転じているが、それについては次の章で取り上げる。

こうした格差の拡大と縮小の波を引き起こしている要因は何なのか、特定するのは容易ではない。議論の多いテーマであることは、ベストセラーになったトマ・ピケティの『21世紀の資本』で指摘されているとおりだ。その性格上、格差には経済システムのあらゆる側面――教育、技術、グローバリゼーション、都市化、選挙権、帝国主義まで――が絡んでくる。これらのほとんどは相互に関連しあっている。

だが、当初の格差拡大は資本主義の台頭と関連している、とするのが妥当である。かつて富裕層になるには、土地を所有するのが主な方法だった。産業革命によって、もう一つの重要なルート、資本の所有によるルートが開かれた。所有する資本には工場、港、船などの物的資本や、株式、債券、銀行などの金融資本の両方が含まれる。そして、現在もそうだが、これまでも、あらゆる資本の所有権は上位5％に集中してきた。ごく単純化すると、金持ちだけに貯蓄する余裕があり、したがって資産を築くことができ、資産があるからさらに貯蓄や投資に回して、資産を増やすことができる。庶民にとって所得はすべて現在の消費に回すものだった。

等式のもう一つの部分は、賃金は労働生産性を下回るペースでしか伸びなかった、ということだ。需要と供給の問題と捉えれば、これがよくわかる。労働生産性の上昇は労働需要を押し上げたが、人口の伸びが高く、地方から都市へ人口が流入したことから、労働供給は需要を上回るペースで増加した。労働者の究極の選択肢は、低賃金で生産性の低い農業の職にとどまるかどうかということであった。地方から継続して労働者を呼び込むには、都市の工業、都市の賃金が農場の平均賃金を上回る必要があったが、必ずしも上昇しつづける必要はなかった。

第二の局面で所得格差が縮小した背景には、イノベーションによって労働生産性がとくに向上しはじめたのと同じ時期に、ついに労働力が不足しはじめた、という事実がある。また、間違いなく重要な点として、この第二の局面は、第一次世界大戦後に労働者の交渉力が強まり、選挙権をもった事実に呼応していた。

イギリスでは、第一次世界大戦直前から1970年代まで、労働組合の力が不規則に拡大していった。参政権をもつ人々の範囲は1800年代を通して徐々に拡大したが、1918年には22

歳以上の全男性、31歳以上の全女性が参政権を獲得した（男女差別は1928年に撤廃されている）。これ以前は、参政権を得るには一定の財産を所有している必要があった。この制限は、すでに経済的に有利な人たちの政治力を有利にするものだった。

「大転換」とは、人々が職を変えることにとどまらない、はるかに大きな事象であった。価値（所得）創造の仕組みそのもの、そして価値を獲得し、コントロールする方法が変わることだったのだ。

価値創造と価値獲得の進化――土地から資本へ

「大転換」以前、経済的に価値あるもののほとんどは、土地での労働によって創造された。労働力は豊富で、人口の伸びとともに供給を増やすことができた。これに対して土地は、もっと固定的な要素である。わずかな土地を所有することが、価値を創造し、ひいては価値を獲得することにつながる。それゆえ地主が創造された価値の分配をコントロールしていた。

地主は自分自身の懐具合に合わせて労働者を生かし、その地に留めおくだけの一片の価値を与えておきさえすればよかった。これが封建制度と呼ばれた所以である。すべてが土地をめぐることだった。土地が価値創造の源泉だった（「封建主義（Feudalism）」とは、主人（封主）が授与する土地を意味する「fief」に由来する言葉だ）。だが、工業の勃興と共に、土地はその中心的地位を失いはじめる。

経済の重心が農場から工場へと移るにつれ、価値創造と価値獲得も変化していく。土地の重要

図2.2　価値に占める資本と土地の割合、1770～1913年

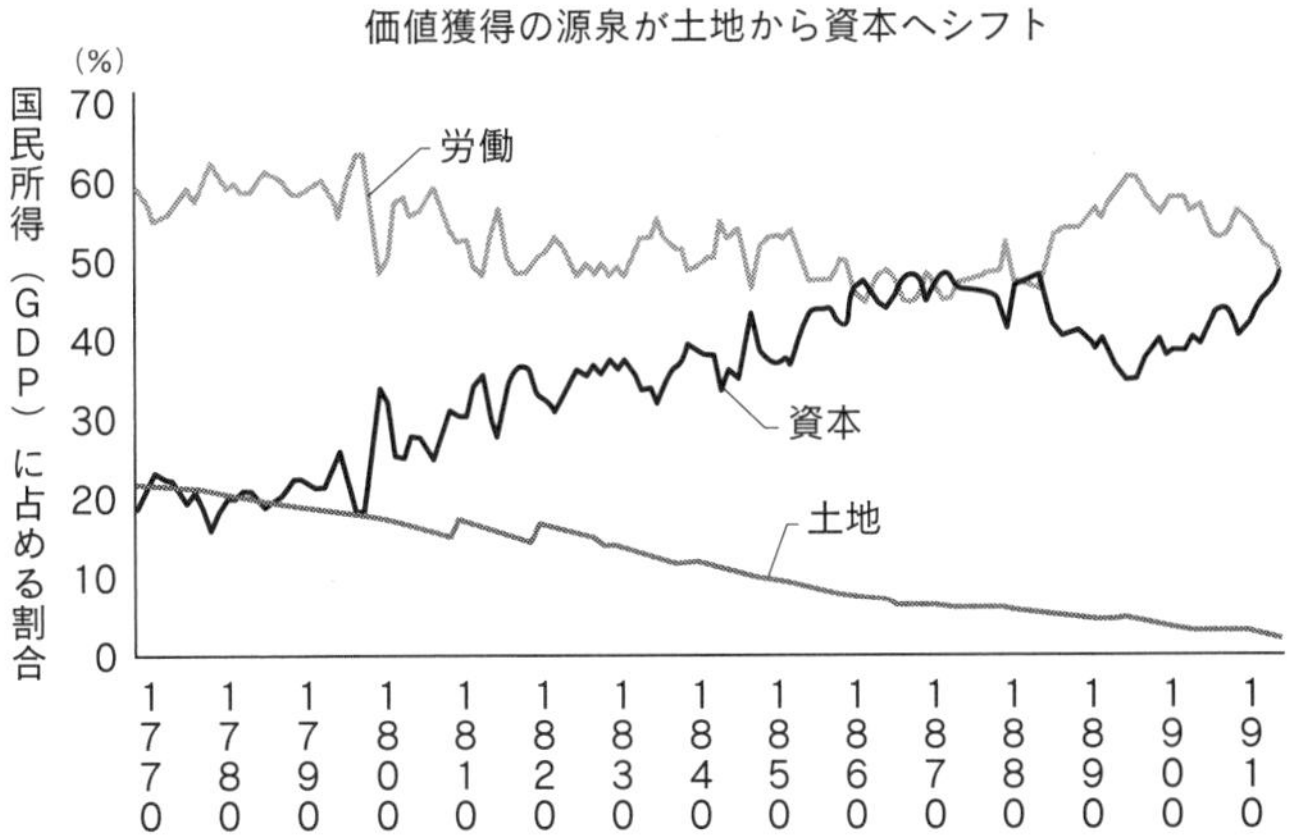

出所：Robert C. Allen, "Class Structure and Inequality during the Industrial Revolution: Lessons from England's Social Tables, 1688-1867," *Economic History Review* 00,0(2018): 1-38の公表データをもとに筆者作成。

性は大幅に低下し、資本が王の座についた。製造業が近代経済の中核を占めるようになり、労働と協働する資本が収益創造、つまり価値創造の中心になった。資本を使った労働で創造される価値が増えたことで、経済的価値創造の焦点は土地から資本に移ったのである。

わずかな資本を所有することが、価値創造、さらには価値獲得をコントロールすることになった。それゆえ資本主義と呼ばれることになる。労働力は依然として豊富で、資本はまったく固定されていたわけではなかったが、資本の所有者は、創造された価値の分配を決定する権限をもっていた。資本の所有者同士の競争があったためそれには限度があったが、一人の人間――たとえばヘンリー・フォードが10万人の労働者を雇用すると、その権限は、大勢ではなく一人に集中する傾向が

あった（後に多くが組織経営となるが、それはまだ先のことである）。

図2・2で、価値創造と価値獲得がどう変化したかがはっきり見てとれる。これは、1770年から1910年までのイギリスの国民所得に占める労働、資本、土地の割合の変遷を示したものだ。[9]「大転換」が始まって以降、1世紀にわたって資本の割合が増加している。同じ期間に土地の割合は減少したが、「価値創造のパイ」に占める資本の割合が安定した後も、土地の割合は減少を続けている。

激変が反動を生む

今日の基準でみれば緩慢だが、19世紀の社会にとって変化のスピードは速すぎて、スムーズに受け入れることはできなかった。とくに世紀末にかけて、変化のスピードは加速した。このスピードが生みだした社会的な圧力は、高まる不公正感によって増幅された。農場から工場へ、地方から都市へ、土地から資本へ、格差拡大へ、という四つの大きな変化は、長きにわたり公正を規定してきた旧来のルールと伝統を打ち砕いた。反動の多くは、新たなルールはどうあるべきかをめぐる対立に起因していた。

大量の困窮者の出現というそれまでにない現象を受けて、19世紀の思想家は、社会の激変、破壊的な変動がいかに反動につながるかを理解しようと新たな学問領域を発展させた。それが社会学である。この新領域を切り拓いたとされるのがエミール・デュルケームだ。デュルケームは、人間には本質的に混乱（カオス）を引き起こす利己的な傾向があるとみなした。そして、個人を社会化し、統合することで混乱が抑えられ、社会は安定すると主張した。社会的抑止力というこの考え方は、「デュルケームの防波堤」と呼ぶことができ、社会的秩序が個人の混乱を収束させる、と考える。

経済や社会が激変し、長らく暴動と騒乱を防いできた抑止力が破られると反動が引き起こされた。そして、社会の分断、崩壊があちこちで起きた。人々が村から都市へ移り、安アパートでの過密な暮らしをするようになったことで、それまでの家族との絆や宗教的な規範、社会的階層にもとづいた抑止力の社会的基盤は破壊された。こうした社会的な制約のない個人主義の状態、すなわち社会的、倫理的基準が欠如している状態を、デュルケームは「アノミー」と名づけた。さらに「大転換」の別の側面が、人々が信頼を置いていた基本的な社会規範を打ち破ることになる。

一例がラッダイト運動である。

イギリスにおける小規模な反動

不穏な空気が漂っていた。ナポレオン戦争で織物産業は低迷し、凶作による食料価格の高騰で散発的に食料暴動が起きていた。１７８９年のフランス革命から生まれた新しい、人心をかき乱す思想がイングランド北部に流入し、人権、統治と被統治、反君主といった類の言葉が聞かれるようになっていた。

こうした不安定な状況に、カートライトが発明した力織機が自動化を持ち込んだ。力織機があれば、未熟な子供でも、伝統的な技術を使う熟練工の3・5倍の速さで布を織ることができる。織工の賃金は大幅に下がった。数万人の織工が最低賃金を求めて議会に請願書を提出するも却下された。ノッティンガムでは賃上げを求める労働者の制圧に軍が乗り出し、それに反発した労働者は近くの工場を襲い、力織機を粉々に破壊した。

時は1811年、ラッダイト運動の始まりである。その後、機械打ちこわしが広がり、反動は暴力化した。労働者、武装した守衛、軍人、工場主が命を落とした。だが、この反動は広く誤解されている。

ラッダイト運動は、そもそも反テクノロジーだったわけではない。運動を主導した熟練労働者は、今日の組合労働者――給料と福利厚生が充実した、安定した仕事をもつ労働者の19世紀版といえる。彼らが異議を唱えたのは自動化の進め方、つまり、伝統的に熟練職人だけに許されていた仕事を、未熟練低賃金労働者、多くの場合、幼い児童でもできるようにしたやり方だった。あまりに不当で長年の慣行を反故にするものだった。アメリカの製造業の雇用をメキシコに移管したことで引き起こされた憤りに通じるものがある。当時の政府の本能的な反応は、抑圧であった。

議会では、機械を破壊した者への死刑を容認する体制破壊法が成立した。暴動を鎮圧するため、1万を超える軍人が動員された。数十人が絞首刑になり、さらに多くがオーストラリアに送られた。農場でも自動化(自動脱穀機)に反対する同様の運動が起こる。いわゆるスイング暴動が、1830年代のイギリス南部で起きた。これらの運動も、軍や治安判事(警察)によって暴力的に鎮圧された。

グローバリゼーションが引き起こした反動は、タイプが大きく異なる。

ナポレオン戦争でイギリスの輸入全般が滞り、とくに大陸からの穀物輸入が止まった。このためイギリスの小麦価格が高騰し、国内生産が増加した。地主には喜ばしい事態だ。だが、戦争が終わると、輸入が急増し、穀物価格は急落する。これを契機に、苦境に陥った地主の反動が起きた。だが、地主は集会を開いたり、モノを壊したりする必要はない。彼らには、もっと簡単な解決策が手近にあった。

議会の支配権を握る大規模地主は、保護主義的な反動、「穀物法」の立案を画策する。1815年に成立した穀物法は、外国産の安い穀物をイギリスに入れないことにより、穀物価格を押し上げた。これによりパンの価格は、30年にわたって高値で維持された。

こうしたイギリスの例が物語っているのは、大きな変化は大きな反動を引き起こす、という一般的でごく自然な傾向である。同様の事態は、遅れを伴って大陸でも起きていた。

失敗に終わった大陸の反動——1848年

フランス革命（1789年）からナポレオン戦争終結（1815年）までの大陸欧州は、経済活動がしやすい場所ではなく、慢性的な混乱状態にあった。ようやく平和が訪れると、ウィーン会議を経て、旧来の君主制が復活した。社会は安定を取り戻し、安定は経済的な果実を実らせた。自動化とグローバル化が推し進められたのである。安定、工業化、成長は歓迎されたが、十分ではなかった。ウィーン会議とその結果としての成長は、不満の根本原因を解消するものではなかった。とりわけ経済の転換に伴い、労働者の所得不安が広まった。専制政治は、貴族や商人、資本家のあいだにも不満を生みだした。

不満が充満するペトリ皿に、蜂起を引き起こす典型的な菌が培養された。食料危機である。1845年からのジャガイモの凶作で、欧州全土に飢饉が広がった。1848年の小麦とライ麦の収穫が期待外れに終わると、問題は危機に発展する。

1848年、パリで3日間混乱が続き、フランス国王ルイ=フィリップが追放される。今もそうだが、当時、騒乱を引き起こした根本的な問題は、ヨーロッパのほとんどの国に共通しており、フランスで上がった火の手は瞬く間にヨーロッパ全体に広がった。

1848年末には多くの国で暴動が起きていた。だが、奇妙なことに、変化らしい変化は起こらなかった。暴動が暴力的に鎮圧されて何万人もの死者が出たが、政治体制はほとんど変わらなかった。イギリスの歴史家トレヴェリアンは、この時期を称して、「近代の歴史が転換を実現し損ねた転換点」[10]と呼んでいる。より正確にいえば、歴史は転換の信号を点滅させたが、欧州社会が適切な転換点を見つけるのにはさらに1世紀かかった。

本当の転換点が訪れたのは20世紀の最初の10年で、暴動ではなく政治体制の変革という形をとった。「大転換」という言葉を生みだしたカール・ポラニーは、共産主義とファシズムを、転換に対する最も革命的な反動とみなした。これに、（ヨーロッパでは社会的市場経済として広く知られている）ニューディール経済学を掲げた、フランクリン・D・ルーズベルト大統領の選出を加えなければならない。

「大反動」――ファシズム、共産主義、ニューディール資本主義

20世紀の夜明けにあたって、自動化とグローバル化が将来の行方――人間の置かれた状況を持続的に改善するあり方――を象徴するのは誰の目にもあきらかだった。だが、激変と反動によって問題が浮き彫りになる。

多くの思想家は、進歩をつかさどる方法、「大転換」を完遂する方法として、レッセフェールの資本主義は適切ではないと考えていた。市場の要因だけで動く資本家や個人起業家に、その時々の社会的、経済的選択を委ねるのは、「大転換」にふさわしい方法とはみなされなかった。人は社会そのものであり、経済的な意味で人は「労働力」であるから、根本的な問題は労働市場だった。問題は以下の三つの事実にあった。平均所得はかろうじて生きていける程度しかない。労働者の所得は、自身の賃金がすべてである。労働力が商品のように売買される。

こうした状況のもと、暮らし向きは楽にもなれば苦しくもなる。すべては、顔の見えない市場の要因の気まぐれのせいだ。需要と供給の激しい変動で、人口のかなりの割合が、生存を脅かす不確実性にさらされていた。ある意味で、キャサリン・スペンスは株式市場の暴落に殺されたのも同然だった。[11] こうした果てしない所得不安、経済の脆弱性、貧困は耐えがたいものだった。

1日の労働は、小麦1袋のような商品とは違う。これが正しい理由は明白だ。労働者は票を握っていて、それがうまくいかなければ銃弾がある。体制をどう修正するかという課題は、知的に

も、社会的にも、政治的にも深い反省を生みだした。

飽くなき市場の暴走から労働者を守るにはどうすればいいのか——それが、基本的な問題であった。第一次世界大戦に伴う荒廃、死、経済の混乱は、まったく新たなアプローチへの道を開いた。20世紀初頭には、共産主義、ファシズム、ニューディール資本主義という、三つの答えが試された。

1848年に共産党宣言が発表され、歴史の一つの転換点となったが、現実のものとはならなかった。それから70年後の1917年、ロシア革命という形で転換が起きた。共産主義者が出した答えは、体制から市場を根こそぎ取り除くことだった。

社会の主要な選択は、個人が自己の利益にもとづき市場の見えざる手に導かれて行われるものではない。人民の利益に適う形で、共産党による「見える手」に導かれて行われるものとして市場が撤廃され、計画が導入された。これが人々を進歩の副作用から守ることになる、とされた。

ここまで経済をコントロールするには絶対的な政治的管理が必要であり、共産主義はほどなく独裁体制に陥る。ほぼ同時期に試された、もうひとつの急進的なアプローチのファシズムも独裁体制に行き着いた。

ファシスト宣言が発表されたのは1919年である。[12] 当時、ファシズムは、共産主義の急進的な改革を回避しつつ、レッセフェールの資本主義の極端な行き過ぎを抑え、円滑にする理に適った方法であるとする見方が少なくなかった。実際、20世紀初頭は、共産主義に代わる現実的で唯一の選択肢としてファシズムが正当化された。

ファシスト宣言では、女性も含めた成人の参政権、議会での比例代表、イタリア上院での富裕層の支配の廃止、全労働者に対する1日8時間労働の実施、資本への累進課税を訴えた。

1930年代のファシズムは、まだ現在のようにおぞましいヒトラー主義と結びついて汚名を着せられていたわけではない。たとえば、スイスのローザンヌ大学は1937年、イタリアのファシストの独裁者ベニート・ムッソリーニに名誉博士号を授与している。

より一般的な言い方をすれば、レッセフェール資本主義の反動としてのファシストの対応は、多くのものについて市場は維持するが、競争ではなく協同によって不確実性を取り除くことであった、といえる。あらゆるものの改善に向けて、資本家、労働者、政府が協同で取り組む、いわゆる「協同組合主義モデル」である。階級闘争は排除され、階級間の協力が求められた。

1922年、ベニート・ムッソリーニが権力を握ると、次第に民主主義体制がないがしろにされ、独裁体制が敷かれていった。だが経済面では当初、ムッソリーニは落伍者の英雄とみられていた。

ムッソリーニは、幅広い社会保障と公共事業を制度化した。灌漑で農地を増やし、鉄道を整備して事業を振興し、病院を建設した。初期のファシズムは広く称賛されていた。大恐慌で欧米の経済がどん底に落ち込んだ後は、一段とよく見えた。その後、ヒトラーが登場し、彼が唱えた国家社会主義は人類最大の恐怖をもたらすことになる。だが当初は、イタリアのファシズム同様、経済面では優れているとみられていた。

20世紀初頭のアメリカは、地理的に離れていたことや独自の政策によって、不満が引き起こしたヨーロッパの混乱とは無縁だった。反動が先延ばしになった格好だが、後に大恐慌で大打撃を受けることになる。

飢餓行進とフランクリン・ルーズベルトの大統領選出

先進工業国では数十年前に姿を消したとみられていた飢餓が、大恐慌による大量失業と共に戻ってきた。全員が座してこれを受け入れたわけではない。アメリカ共産党が組織したフォードの飢餓行進は、小規模だが特筆すべき例である。

1932年3月7日、数千人の人々がミシガン州デトロイトから、ディアボーン近くのフォード自動車最大の工場までデモ行進を行った。解雇された従業員の再雇用と労働組合を結成する権利を要求することが目的であった。ディアボーンに到着したデモ隊を、警察は催涙弾と警棒で撃退しようとしたが埒が明かず、群衆に向けて発砲、5人が死亡した。

デモ隊の要求はフォードには届かなかったが、この行進が一因となり、産業界は労働組合の設立を容認することになる。ヨーロッパを席捲しつつあった過激な体制よりも労働組合のほうがまし、というのが産業界の見方だった。イギリスでも同様のデモ行進があり、たとえば1932年には、イギリス共産党が組織した「全英飢餓行進」が行われている。100万人が署名した嘆願書を議会に提出することで、問題全般の認知度を高めることが狙いだった。

デモ行進は頻発した。19世紀のパターンに逆戻りして、デモは暴力で鎮圧され、嘆願は封印され、議会に届くことはなかった。1930年代、デモはイギリス島全土でみられたが、マンチェスター、バーミンガム、カーディフ、コベントリー、ノッティンガム、ベルファストなど、不況の影響が深刻な地域で頻発した。同様のデモや大規模ストライキは、当時の先進工業国全体に共通する現象だった。これが転換点となり、歴史はついに転換することになる。

大恐慌の引き金を引いたのは１９２９年の株式市場の大暴落だが、杜撰な政策によって事態はさらに悪化した。銀行破綻を容認したのは決定的な間違いだが、本当の過ちはほかにある。当時のハバート・フーバー大統領は、小さな政府というみずからの信条に固執した。トマス・マルサスを得意にさせたであろう「救貧院の論理」を使って、貧困者を助ければ怠惰と依存を助長するだけだと主張した。１９２９年の不況が大恐慌に発展すると反動は避けられなくなった。

アメリカにおける反動は、新しいタイプの政治家の地滑り的勝利という形をとった。貧困を貧困者側のモラル低下の問題とみなすのではなく、貧困対策は政府が思いやり介入すべき義務であると公約で訴えた。フランクリン・D・ルーズベルト（ＦＤＲ）は、１９３２年の大統領選の有権者投票で、17％差で勝利した。選挙人投票では、５３１票中４７１票を獲得した。

どんな反動も、どうにかして終息する。たいてい抑圧と改革の組み合わせだ。抑圧と改革が解決策なのかどうかは、歴史にしか答えられない問題だ。共産主義もフランクリン・ルーズベルトの政策も、結果的には19世紀の資本主義の主要な欠点を解消するものとして長続きした。

反動が解決策を生む

「ニューディール」と名づけられたルーズベルト大統領の急進的な政策は、「三つのR」を柱にしていた。貧困者や失業者の「救済（relief）」、経済活動の危機前の水準への「回復（recovery）」、経済崩壊と社会的、経済的な絶望をもたらした原因を経済から取り除く「改革（reform）」である。

主要改革には、労働組合寄りの法整備、富裕層に対する所得税率の引き上げ、銀行規制と反競争的慣行の規制の徹底が挙げられる。大企業はいまや大規模化した労働者側と交渉しなくてはならなくなったことから、労働者の脆弱な経済基盤は好転する。ニューディール計画は、農家や失業者から若者や老齢者まで、社会的に不利な人々を直接支援した。こうした改革は、民主的な選挙を経たものだったため、当時のヨーロッパで流行していた急進的な対策が、アメリカの労働者階級にもてはやされることはなかった。

ルーズベルト政権下で、アメリカの財政支出は国民所得の約5％から約20％へと跳ね上がった。それ以来、この水準で横ばいが続いている。第二次世界大戦の軍事費が減ると、年金、医療費を中心にニューディール関連支出が取って代わった。

フランクリン・ルーズベルトは、1933年から1945年の決定的に重要な12年間に大統領を務めた。後任の大統領は政策をほぼ踏襲した。アイゼンハワーやニクソンといった共和党の大統領すら、ルーズベルトの基本政策を受け入れ、1960年代には、民主党のリンドン・ジョンソン大統領が「偉大な社会」計画を通してニューディール政策を拡大した。

西側のすべての工業国政府は、同様の経済計画を採用した。主として変わったのは、責任の所在についての構造的な見直しである。世界各地で政府が、社会的公正と恵まれない人たちの苦境に対して責任を負うようになった。これ以降、市場は経済の効率を担うが、政府が社会的公正を担うとみられた。

ファシズムは1940年代、武力によって終焉を迎える。共産主義とニューディール資本主義はともに栄え、50年にわたる両者の闘争が繰り広げられる。ソ連崩壊により強硬な共産主義の信用が失墜した後も、かなり修正された形で共産主義は生き延びている。現在は大幅に修正され、市場親和型の共産主義が中国、そしてベトナムやキューバを支配している。要するに、共産主義は資本主義に近づくことで辛うじて生き延び、資本主義は共産主義に近づくことで辛うじて生き延びることができた、といえる。

1920年代から30年代の反動に対するさまざまな解決策によって、近代社会は数十年にわたり堅実な航路を辿った。社会的な平穏の果実、次々と起こるイノベーション、グローバル化の進展が、フランス語でいう「栄光の30年」をもたらした。

栄光の30年

ルーズベルト大統領のニューディール政策によって、アメリカの社会・経済体制全体が政治的に持続可能なものになると、同様の改革が他の工業国でも実施され、西側（日本、オーストラリア、ニュージーランドを含めて、資本主義国がこう呼ばれるようになった）では、高度経済成長が実現した。

戦後のイノベーション、自動化、グローバル化は、かつてない所得の伸びをもたらし、そのペースは「大転換」の成長の2倍の速さにのぼった。だが、イノベーションの寄与は、所得の伸びを加速させただけではない。新たなイノベーションで、所得格差は大幅に縮小し、繁栄と経済の安定がもたらされた。

こうしたイノベーションは主としてモノづくりに関わることで、新製品も数多く生まれている。発明は、産業への巨大なプル要因になった。社会の安定の観点からさらに良かったのは、平均的なスキルの労働者に対して、高賃金の製造業の雇用が増加した点である。これらの仕事には、ある程度考えることと感じること――機械にはできないことが必要だったが、高等教育や際立った器用さといったものは必要なかった。

その結果、出現したのが大量のミドルクラスで、住宅と自家用車を保有し、良い仕事につき、安定的なコミュニティを形成した。所得分布のばらつきは大幅に縮小され、貧乏人がさらに貧乏になっているのだから、金持ちはもっと金持ちになっているに違いないと感じる人はほとんどいなくなった。ケネディ大統領は１９６３年、「上げ潮はすべてのボートを持ち上げる」と宣言したが、それは正しかった。戦後の30年は、経済の奇跡そのものだった。その30年をうまく乗り切るのに必要なものは、高卒の資格と働く意欲だけだった。多くの人が、そう受け止めていた。

こうしたイノベーションの「爆心地」は製造業だった。特別な世紀の発明の恩恵を最も受けたのは工場でモノづくりにたずさわる人々だが、サービス・セクターの労働者も助けられた。現代の先駆けとなる発明品は、ほぼすべての人々の生産性と生活水準を押し上げた。電気・ガス事業、運輸、清掃、卸売り、小売りにたずさわる労働者は、自動車や電動器具のおかげで仕事がやりやすくなったことを実感した。弁護士や医師、芸術家、エンジニアといった専門職も、電気照明、空調機、レントゲン装置、家電製品、ボールペン、タイプライター、複写機のおかげで仕事の能率が上がった。

価値創造と価値獲得は、依然として企業経営者——資本家といってもいいが——の手にあったが、ニューディールの改革で社会状況は改善した。労働者が強くなったことで、企業は生産性向上の果実を確実に分け与えた。独占企業は厳しい追及を受け、企業は従業員の健康と安全に気を配り、環境規制を遵守せざるをえなくなった。政府が教育に補助金を出し、優良な公立大学を設立し、一般の人々が手の届く授業料で学位を取得できるようになった。

教訓、メカニズム、次なる転換

「大転換」は、技術の強力な衝撃とともに始まり、転換、激変、反動、解決という4段階で進んだ。技術の衝撃が引き金となり、自動化とグローバル化という破壊的なペアが解き放たれたことで経済の転換が起きたが、両者は同時に起きたわけではない。最初に起きたのは機械化——今でいうオートメーション化（自動化）である。結果としてイノベーションが生まれ、産業が興り、所得が上昇するという、自律的な好循環が生まれた。

1世紀後、技術の衝撃はグローバル化を促す。技術と貿易がチームを組んでゲームに加わると、経済の転換を促す幸福の螺旋は、イノベーション主導の成長によって加速した。

全体としては良いことだが、自動化とグローバル化というダイナミックなペアは、驚嘆と苦悩の両方を生む形で経済を転換させた。この転換は、人々の生活や、価値創造と価値獲得に関わる伝統的な経済の仕組みを混乱させた。変化はコミュニティを動揺させ、生活を変え、勝利と悲劇を生みだした。要するに、痛みと恩恵のパッケージが、経済的、社会的、政治的な激変を引き起こした。さらにこの激変が、当時の社会、経済、政治体制に耐えがたい軋《きし》みをもたらした。変化のスピードは、社会がそれに合わせて調整できないほど速かった。そして、古い諺のとおり――永遠に続かないものはいつか止まる。4段階の最後のステップは解決である。三つの解決策のうち二つ――共産主義とニューディール資本主義は――いまだに続いている。第三のファシズムは、ほかの二つの支持者によって葬られた。

「大転換」から引き出せるもう一つの教訓は、雇用喪失と雇用代替に関わるものであり、今日の「未来の仕事」の議論の中心テーマである。

自動化とグローバル化は、センセーショナルな経済の再編を主導した。経済史の大家ニコラス・クラフツによれば、イギリスの場合、工業労働者の割合は1700年には19%だったが、1870年には49%に着実に上昇した。[13] この間、イギリス社会は、地方中心の社会から、3分の

2の国民が都市に暮らす社会へ移行した。雇用の変化を詳しくみると、多くのことを指摘できる。

開放的なセクターと保護されたセクター

現在もそうだが、「大転換」の最中も、自動化とグローバル化という破壊的なペアは、すべての経済セクターを均等に襲ったわけではない。破壊的な影響力に無防備にさらされたセクターがある一方、守られたセクターもあった。こうしたセクターごとの打撃のばらつきが、農場から工場に雇用がシフトした背景を説明することになる。また、過去、現在、未来の自動化とグローバル化の影響を理解するのに役立つ。基本的な考え方は複雑ではない。

失業した労働者には行き場が必要で、実際に移動したことから、影響を免れたセクターでは雇用が増加する傾向があった。より正確にいえば、中期的に賃金はほとんどの人に雇用が創出される水準まで調整される。ほとんどのサービスが対面でのやりとりが必要なことから、大転換では、サービス・セクターはグローバル化から守られていた。理屈は単純で、穀物や衣類と違ってサービスを蒸気船に載せることはできないからだ。サービス・セクターの雇用は、概ね自動化からも守られていた。技術の衝撃が、考えることではなく、モノづくりを助けることに集中していたからだ。

新たに生まれたサービス・セクターの雇用は幅広く、たいてい所得の上昇につながった。ミドルクラスの台頭で、衣食住以外におカネを回す余裕が生まれ、余った所得の一部が生活を快適にするサービスに使われた。開放的なセクターでは、事態はもっと微妙だった。自動化が直撃したセクターでは、その震度に応じて——生産性と生産量の競争でどちらが勝ったかに応じて、雇用が増減した。

構造的な転換

イギリスを例に取ろう。図2・3の上のパネルは、サービス業、製造業、農業の主要3分野の就業者数の推移を示している。下のパネルは同じ産業の就業者の割合の推移である。[14] 二つのパネルの比較からわかる際立った特徴は、1800年代半ばまでは製造業の伸びが高いが、絶対数ではすべてのセクターで就業者が増加している、ということだ。イギリスの人口が高い伸びを示し、市場と起業家精神のおかげでどうにか全員がなすべきことを見つけられたからだ。農業の就業者の絶対数が減るのは、後のことである。

第二の特徴は、1970年代まで、保護されたサービス・セクターが、開放的な製造業セクターと歩調を合わせて拡大していた点である。サービス・セクターは、急速に増加する労働人口の多くを吸収した。

アメリカの大転換のパターンも似ているが、計測開始時点の農業の就労者の割合がはるかに高く、製造業の割合がはるかに低かった。少なくとも、大英帝国が植民地の産業を抑圧していたことが一因である。二つの大転換のパターンにはかなりの違いがあるが、多くは初期状態の差と、国土の拡大というアメリカ特有の要因に帰することができる。

図2.3　イギリスの就業パターンの構造的転換、1880〜2008年

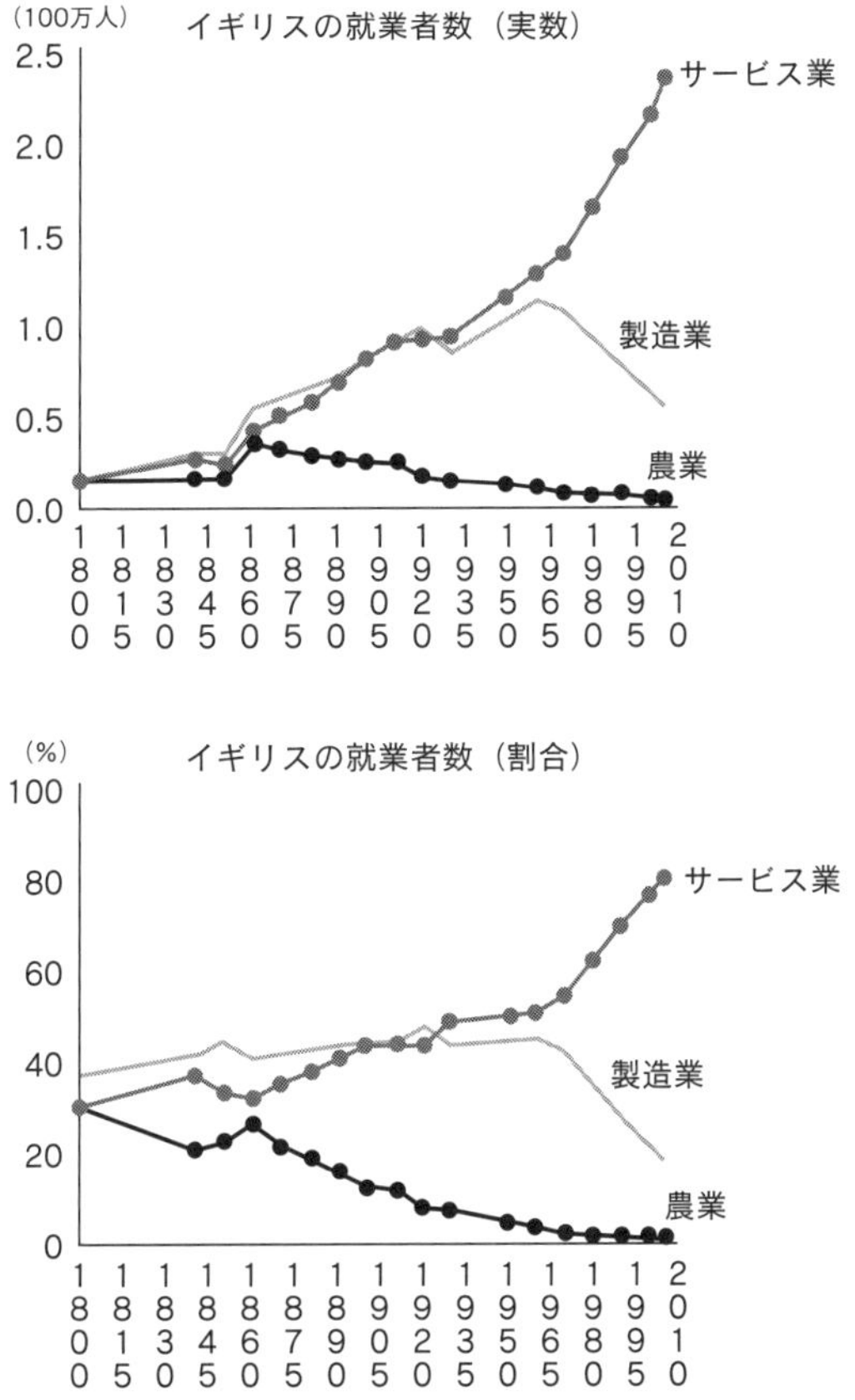

出所：Berthold Herrendorf, Richard Rogerson, and Ákos Valentinyi, *Handbook of Economic Growth*, vol. 2B, ch.6, "Growth and Structural Transformation," http://dx.doi.org/10.1016/B978-0-444-53540-5.00006-9.の公表データをもとに筆者作成。

アメリカでは20世紀初頭まで、主要な三つの産業すべてで雇用が急速に拡大した。イギリスと同様、貿易と機械化というダイナミックな二つの動きで、工業で数百万の新たな雇用が生まれ、所得の上昇が数千万のサービス業の雇用を生みだした。鉄道が整備され、領土が拡大し、内陸運河が建設され、定住可能な土地は大幅に増加した。これに加え、ヨーロッパから移民が大量に流入した結果、農業セクターの雇用が大幅に増加した。

産業別の就業者の割合を示した図2・4の下のパネルは、農業中心の地方経済から工業中心の都市経済への典型的な構造変化を示している。農業の割合が急減する一方、サービス業と製造業の割合は急増している。アメリカでは、イギリスよりはるかに長く、製造業の割合が増えつづけた。ただし、両国とも1965年前後にシェアは低下している。両国の違いには、もっぱら人口の伸びの差と、製造業のほとんどが国内向けで、人口の多さが顧客基盤の大きさを意味したという事実が背景にある。1850年から1950年のあいだに、アメリカの人口は約1億2500万人増加したが、イギリスは2700万人増加したに過ぎない。アメリカの高い伸びはその後も続いた。1950年以降の20年間の人口の伸びは、アメリカが2000万人だったのに対し、イギリスは500万人にとどまる。

イギリスとアメリカの二つの図が示すように、栄光の30年の最後に歴史的な変化が起きた。持続的に上昇していた製造業の就労者の割合が低下しはじめたのである。

図2.4 アメリカの就業パターンの構造的転換、1880～2008年

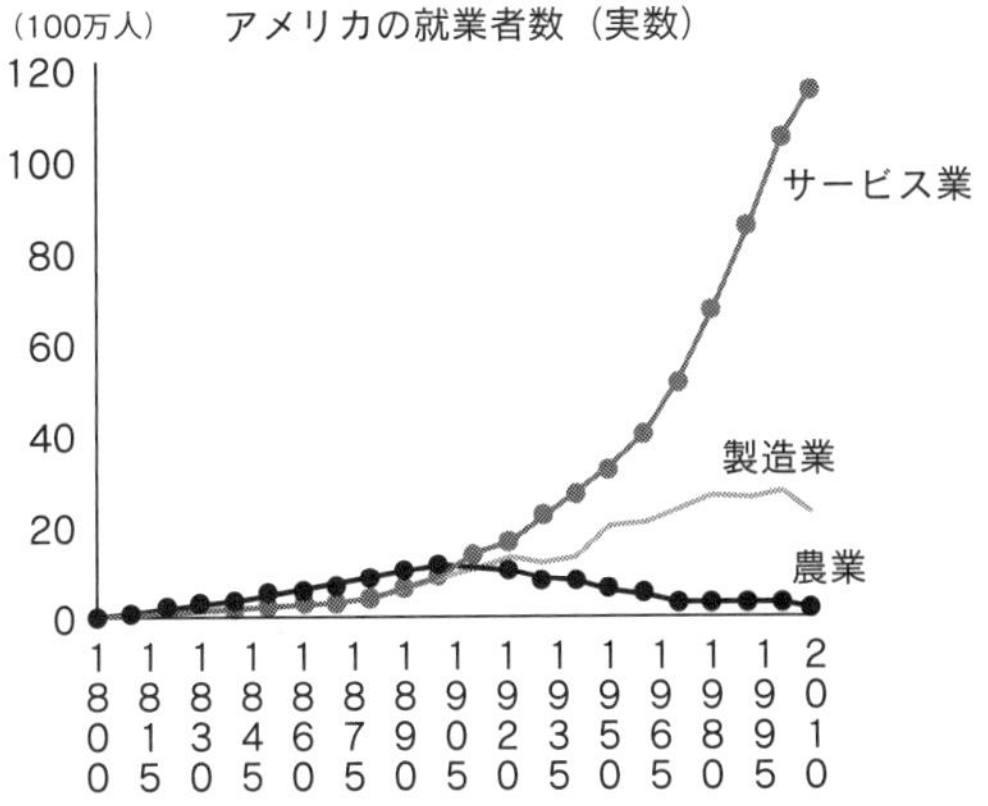

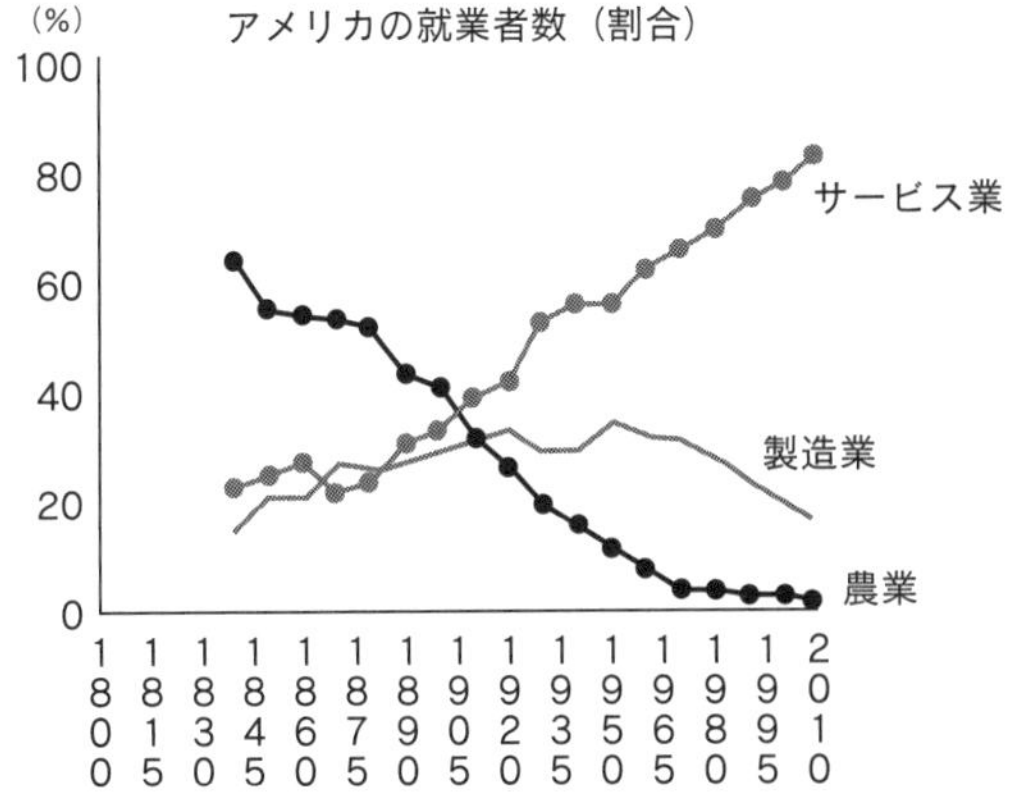

出所：Berthold Herrendorf, Richard Rogerson, and Ákos Valentinyi, *Handbook of Economic Growth*, vol. 2B, ch.6, "Growth and Structural Transformation," http://dx.doi.org/10.1016/B978-0-444-53540-5.00006-9.の公表データをもとに筆者作成。

サービスへの転換

ロンドン・ドックランズでのキャサリン・スペンスの死から、この章の大転換の説明を始めたので、ドックランズ自体の終焉で説明を締めくくろう。ドックランズは何世紀にもわたってブームと破裂を繰り返し、その過程でロイヤル・ドックになった。致命的な打撃となったのは造船技術で、ドックランズは、テムズ川下流の水深の深い港湾に比べて競争力を失い、1970年代末、造船所は閉鎖された。跡地には雑草が生い茂り、野生動物の住処になった。

ドックランズの終焉は、1970年代に始まった経済の第二の大転換の象徴である。この経済の大転換で、先進国は工業国から脱工業化へ転換し、大半の労働者が工場や農場ではなく、オフィスで働くようになった。

だが、変化はなぜ起きたのか?

第3章　第二の大転換：モノから思考へ

「現政権は……わが国の経済部隊の歩兵を忘れたか、思い出したくないかのどちらかだ。……経済ピラミッドの底辺には忘れられた人たちがいる」。フランクリン・D・ルーズベルトは、大恐慌の最悪期にこう語った。

２０１７年、もう一人のポピュリストの政治家がこう語った。「わが国の忘れられた男女を、もうこのままにはしておかない」。ドナルド・トランプ大統領は、経済に対する反動のなかで選出された。その経済は、何十年ものあいだ、富裕層にはさらなる富を与える一方、平均的な国民にはさらなる怒りを与えつづけてきた。１９７０年代以降、アメリカの労働者階級の賃金は伸び悩み、経済不安は高まり、絶望が深まった。ヨーロッパや日本はそこまで暗くないが、トレンドは同じである。

フランクリン・ルーズベルト大統領の改革で、アメリカの資本主義が修正され、経済的繁栄の栄光の30年の舞台が整った。では、なぜ、振り出しに戻ったのか。自動化とグローバル化の強烈なペアは上げ潮となって、すべてのボートを押し上げたのではないのか。技術と貿易のチームはなぜ、第二次世界大戦後の工場の雇用創出の原動力から、今日の工場の雇用破壊の要因に変わってしまったのか。

答えは奇妙なほど単純だ。

大きく異なる技術の衝撃――頭脳労働を助け、肉体労働を追いやる

コンピューターと情報技術が実用化すると、新たな技術の衝撃が起こった。1970年代初頭、新たな技術から新たなタイプの自動化が生まれ――20年後――新たなタイプのグローバル化が始まった。この新しい「技術・貿易チーム」は、それまでとはかなり異なるルールで役割を演じることになる。

新たな技術は、頭を使う人たちにはより良いツールを授けたが、手を使って働く人たちに転職を促した。新技術――情報通信技術（ＩＣＴ）が対象にしているのは、有形ではなく無形のものであり、情報の処理、伝達、保存に関わるものである。この違いは重要である。

第二次世界大戦後の繁栄を主導したのは、モノづくりに有利な技術であった。結果としての自動化とグローバル化のペアは、手を使って働く人たちの生産性を直接押し上げた。頭を使って働く人たちの仕事を助けはしたが、思考ではなくモノを扱う技術だったことから、間接的支援にとどまった。これにより、新たな産業の雇用が大量に創出された。さらに良かったのは、当時、大

多数の人たちは手を使って働いていたことから、頭より手を使う仕事を重視した技術・貿易チームが社会の一体感を強めたことである。

１９７０年代、技術の衝撃は真逆の動きをする。工場労働者に代わるロボットなどの優れた代替品の登場が大きなプッシュ要因となり、「大転換」で農場から人がいなくなった以上のスピードで、工場から人がいなくなった。これに対して、頭脳労働者にとっての優れたツールは、事務職や専門職の大きなプル要因になった。サービス業や専門職で新たに数百万の雇用が生まれたが、その多くは、かつては想像もできなかった職種であった。

社会の一体感の観点からすると、新技術は分断をもたらすものだった。「頭脳労働者」は「肉体労働者」よりも豊かだったので、肉体よりも頭脳を助ける技術は、すでに恵まれていた少数の人々をさらに有利にする一方、恵まれていなかった多数の人々を一段と不利にした。

ここでもロンドン・ドックランズが格好の例を提供してくれる。

ドックランズのカナリア

キャサリン・スペンスが餓死した１８６９年から１９７０年代まで、ロンドンのドックランズはイギリスの玄関口として物資を受け入れ、送りだしていた。港湾で扱うのはモノであって、思考ではない。直接的には数千人の労働者階級の良質な雇用を、間接的には数万人の雇用を生みだしていた。

それが終わりを迎えたのは1981年12月7日。最後の商船の積み荷が降ろされた。ドックランズの閉鎖は、経済的、社会的な問題を引き起こした。1869年と違って餓死した者はいなかったが、地域の失業率は跳ね上がり、犯罪が増加し、社会は混迷を深めた。だが現在、カナリー・ワーフと名づけられた再開発地区を中心に、かつてのドックランズは活況を呈している。

モノ主体の経済は、情報主体の経済に完全に取って代わった。カナリー・ワーフは、いまや世界有数の金融センターに生まれ変わった。金融危機前の好況期には、ビル1棟が10億ドルで売れた。数十年前は雑草が生い茂り、野生動物が生息する荒地だったにしては悪くない。だが、今のドックランズが輝きを取り戻し、経済を活性化させているとはいえ、すべてのボートを押し上げているわけではまったくない。

この地で幅を利かせているのは、天文学的な報酬を稼ぐ高学歴の労働者である。コーヒー販売、床掃除、靴磨きなど、スキルのない労働者も大量に雇用しているが、豊かなミドルクラスを支える雇用は、ほとんど存在しない。今のドックランズは、モノではなく思考産業だといえる。構造転換の新たな局面は、脱工業化と呼ばれているが、これは第二の大転換であり、「サービス転換」と名づけよう。[1]

新たな技術の衝撃、新たな4段階の進化

新たな情報通信技術（ICT）の衝撃で、第二の大転換が起こり、2回目の「経済転換、激変、反動、解決」という4段階の進化を体験することになる。この新たな経済転換は、最初の大

転換ほど大きくはないが、数百万人の生活を混乱させ、社会学者アラン・トゥーレーヌが「脱工業化社会」[2]と呼ぶ経済社会に作り替えた。雇用は工場からオフィスに移り、都市化がさらに進み、地方のコミュニティの多くが衰退するか消滅した。そして、価値創造の源泉は資本から知識に移った。グローバル化の性格が変わり、疑われることのなかった西側の経済支配が疑われるような事実があらわれてくる。

　こうした経済転換によって激的な変化が生まれた――19世紀と同じように。21世紀の激変は、規模では19世紀から20世紀初頭のそれと比べるべくもないが、それでも大きな痛みを伴っている。とくにアメリカでは、政府のセイフティーネットが存在しないか、ヨーロッパや日本ほど整備されていないため、痛みが大きい。

　社会的、経済的混乱が２０１６年の反動を招き、イギリスではＥＵ離脱が決まり、アメリカではトランプ大統領が選出された。これは１９００年代初頭に比べれば穏やかな現象に見えたが、いざそうなってみると、現実は打ち砕かれた。世界秩序を動揺させつづけており、いまだに解決の兆しは見えない。

　２０１６年は、１８４８年と同じように、実際には転換が実現しなかった転換点なのだろうか。それともラッダイト運動と同じように、小さな反動に過ぎず、いずれファシズム、共産主義、ニューディールの資本主義という大きな反動につながるのだろうか。

　未来を知ることはできないのだから、こうした決定的に重要な質問に対する明確な答えは存在しない。だが、未来は必ずやって来るものでもあるのだから、それを前提にスタートし、将来に関する考え方を脱線させない方向性を見極めることが肝要だ。

まず技術から見ていこう。蒸気機関の場合と同じように、欠陥を克服するのにしばらく時間がかかった。

新たな技術の衝撃

ゼネラル・モーターズ（GM）のCEO（最高経営責任者）ロジャー・スミスによると、ミシガン州デトロイトのハムトラムク自動車工場は、「世界最先端の自動車工場」になるはずだった。だが、1985年に照明をつけ、生産を開始すると、そうはいかなかった。

コスト削減と品質向上で産業用ロボットがいかに優れているかを誇示するはずだった工場は、大混乱に陥った。塗装ロボットはプラスチック製のテールライトを溶かし、時に手がつけられなくなり、互いに塗料を塗り合い、車体ばかりでなく壁まで塗る始末だ。窓枠を取り付けるロボットは時々、訳がわからなくなり、窓をそっと取り付ける代わりに乱暴に投げつけた。ほかのロボットも混乱して、ビュイックのバンパーをキャデラックに取り付けた。組立ラインに部品を運ぶコンピューター制御の車両は、しばしば立ち往生した。

トーマス・ボンサールが『キャデラック物語――戦後』で描いたとおり、「恐ろしく高価な装置の多くがまったく動かなかった――動いた装置が引き起こした騒動を考えると、動かないのは幸運だったといえるかもしれない」。サボタージュだったのかもしれないし、「過ちは人の常、物事を混乱させるにはコンピューターが必要」という警句の一例だったのかもしれないが、混乱が収まるには何年もかかった。それでも、混乱は収まった。

ハムトラムク工場の例は、ロボットが自動車組立工を代替する過程のつまずきに過ぎなかった。以来、欧米では自動化が工場労働者を代替してきた。結果的に、コンピューターが主導した自動化は、それまでの栄光の30年に特別な世紀の技術が推進した自動化とは、性格が大きく異なっていた。

技術の「大分水嶺」

すでに述べたとおり、1970年代にコンピューターと集積回路(IC)の実用化が始まり、自動化が「大分水嶺」を飛び越えた。それ以前の機械のほとんどは、用途が厳格に定められ、一つの作業しかできないか、人間が指示する必要があった。たとえば(20世紀のロックバンドではなく、18世紀の発明家の)ジェスロ・タルが開発した有名な種蒔き機は構造が複雑で、たった一つのことしかできなかった。畑を3列で掘り進め、そこに一定の間隔で種を落とし、適度な量の土をかぶせていくだけだ。圧延ドリルなど、さまざまなことができる機械もあるが、有効に使うには人間が頭を働かせる必要があった。情報通信技術(ICT)がこの障害を打ち破り、人間の頭脳がなくても機械の用途を柔軟に変えられるようにした。

初期の機械が「数値制御装置」だ。旋盤、掘削など、プログラム制御で、さまざまな用途に応じてプログラムが変えられる汎用機械だった。当初、1インチ幅のパンチングテープを使って、制御の指示が送られた。工作機械では、コンピューターの一種の「コントローラー・ユニット」が指示を読み取り、解釈し、機械的な動作に転換する。

工作機械が柔軟性を獲得したことで、工場における人間の比較優位の一部――具体的には、新たなタスクを学び、状況の変化に対応し、柔軟に反応する能力の一部が失われた。

節目の1973年

進歩は一つの出来事ではなくプロセスであるので、いつ「大分水嶺」を越えたのかを正確に特定するのはむずかしい。とはいえ1973年は、出発点として考えるのに好都合だ。この年、テキサス・インスツルメンツ（TI）の従業員、ゲーリー・ブーンとマイケル・コチャランが「半導体チップ」の最初の特許を取得したからだ。これは画期的な出来事だった。

チップ上にコンピューターが搭載されたことで、それ以前のコンピューターの製造法は陳腐化した。1973年より前は、コンピューターは、サーキットボードのラックから組み立てられていた。親指大のチップに「頭脳」（中央演算装置：CPU、デジタル・メモリー、回路）を載せて、入力と出力を扱う半導体チップは、消費電力を減らし、過熱の問題を解決しながら、コストを引き下げ、信頼性を向上させた。

ロボットのアームに半導体チップを装着することで、機械的な反復作業の多くは自動化できるようになった。時間がくると素早くプログラムを変更して、同じロボットで違う作業ができる。

グローバル化の観点では、通信コストの大幅な下落が世界経済に及ぼした影響は、蒸気機関のそれとよく似ている。コスト節減によって、とくに製造業は様変わりした。ＩＣＴ以前は、複雑なプロセスを擦り合わせるため、生産のほとんどの工程を歩ける範囲内に配置する必要があった。蒸気機関の発達で、生産地から遠く離れた土地での消費が可能になったように、ＩＣＴの通信分野の発達で、企業は生産の一部を海外に移管できるようになった。

２０１６年刊行の私の著書『世界経済　大いなる収斂――ＩＴがもたらす新次元のグローバリゼーション』[3]で紙幅を割いて指摘したとおり、新たなＩＣＴの衝撃が新たな経済転換をもたらした。社会の変化は、最初の大転換の時ほどではないが、それでもかなり大きかった。数世紀にわたる進歩の合言葉だった工業化は、脱工業化へと変化した。その結果は劇的だった。

新たな技術が新たな経済転換を生む

情報通信技術（ＩＣＴ）の衝撃の影響が最初に実感されたのは、まず製造業の自動化を通してだった。労働者の仕事は短期間でコンピューター制御の機械に置き換わった。顕著だったのが自動車業界で、とくに溶接、塗装、特定のつまみ挿入（ピックアンドプレース）作業に従事していた人たちを直撃した。ＩＣＴが発達するにつれて、産業用ロボットで対応できる反復的なマニュアル作業が増えていき、雇用を代替していった。

１９９０年代以降、先進国の多くの工場は、周囲を産業用ロボット、コンピューター制御の工作機械、誘導車両で取り囲まれたコンピューター・システムと化した。ロジャー・スミスが夢見たハムトラムク工場がほぼ実現した。工場は労働者のモノづくりを機械が助けるのではなく、機械のモノづくりを労働者が助ける場所になった。

工場の雇用に与えた影響は劇的だった。

新技術の衝撃は、先進国では製造業の労働者を巨大で持続的に押し出すプッシュ要因になっている。図3・1に示したとおり、すべての先進国で製造業の就業者の割合は、1970年代以降、「ゼロに向かっている」。アメリカでは、1970年代の30%から2010年代には10%前後に低下した。イギリスでは、かつて労働者の3分の1を吸収していたが、現在では10分の1に過ぎない。ドイツは40%から20%に半減し、日本も27%から17%に低下している。

これに対し新たなICTは、オフィスワーカーや専門職のプル要因になった。手よりも頭を使う人たちの職業ではICTを活用すれば生産性が上がることがわかった。サービス業のあらゆる作業で、プロセスが大幅に効率化した。1979年の夏、私がワシントンの上院合同経済員会でインターンをしていた当時、リサーチ・ペーパーを執筆するには速記で書かなければならなかった（1日やってみれば、速記［longhand］の long の由来がわかるだろう）。タイピストがそれをタイプしてくれた。1991年に父ブッシュ政権で経済諮問委員会のエコノミストを務めていたときには、すべてをパソコンを使って執筆しプリントアウトした。すべてがスピードアップした。もっともレポートを送るには、（当時、政府に電子メールがなかったので）郵便で送るか、手渡しするしかなかったが。

データの収集と操作が容易になったことで、デザインや編集サービスといった多くのサービス

図3.1　先進国における製造業就業者の割合、1970〜2010年

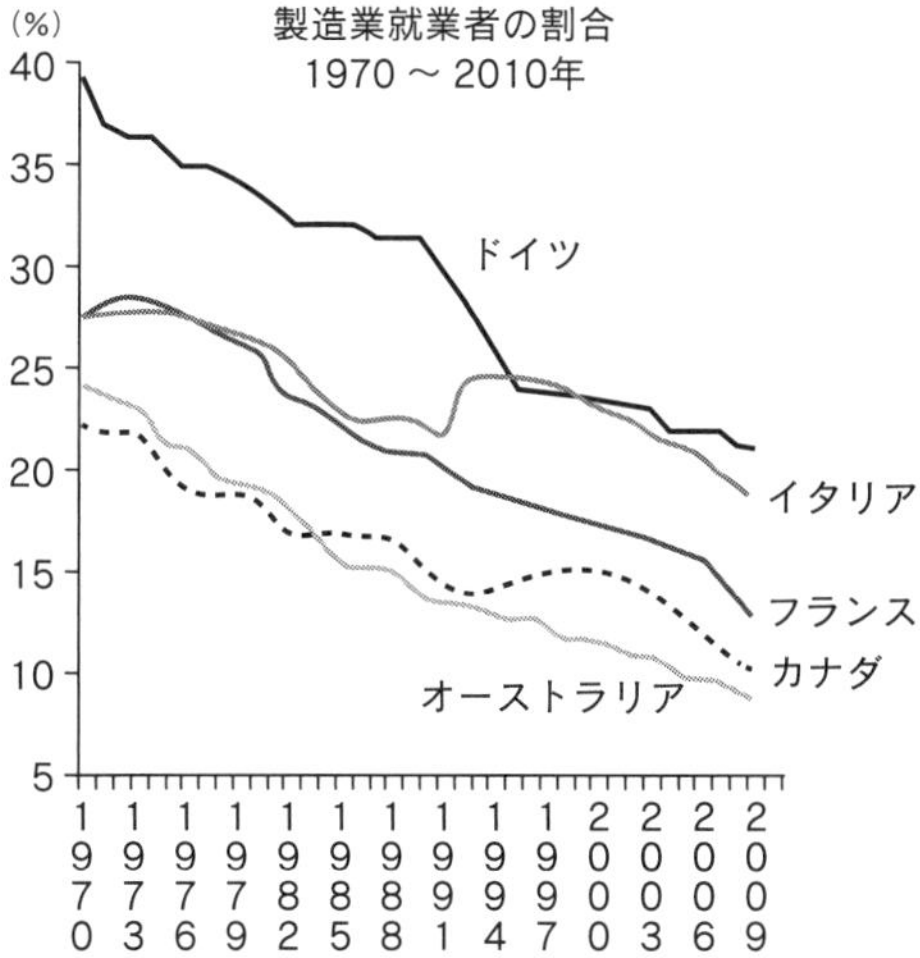

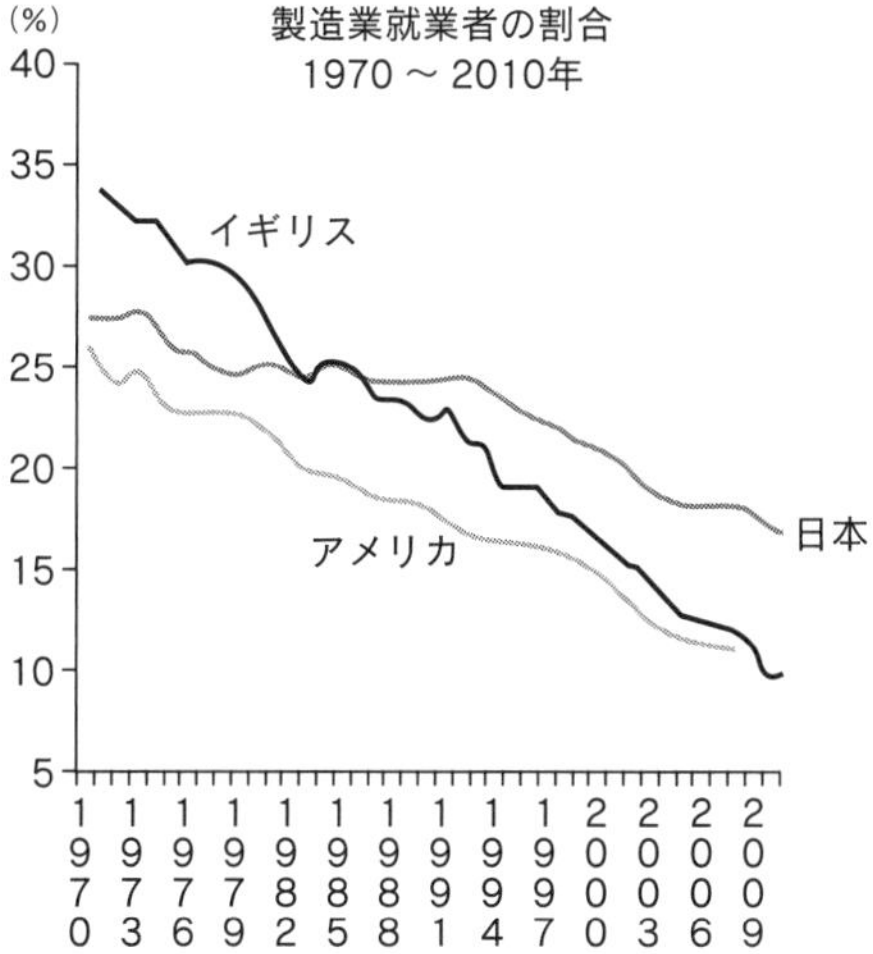

出所：UNSTAT オンライン・データをもとに筆者作成。

の価格が低下し、それによってこうしたサービスの消費が大きく押し上げられた。また、サービス・セクターで多くの新製品が生まれた。ソフトウェアは一大産業になった。通信からあらゆる新サービスが生まれ、電子商取引が開発された。サービス・セクターの拡大に伴って、同セクターで多くの雇用が生まれた半面、農場や工場の雇用は減少しつづけた。

当初20年から30年は、ICTは自動化に多大な影響を及ぼしたが、1990年前後以降は、グローバル化に多大な影響を及ぼすようになる。だが、このグローバル化は、1800年代に始まり、栄光の30年を通して本流になったグローバル化とは性格を異にしていた。新種の技術の衝撃は、新種のグローバリゼーションに発展した。

ニュー・グローバリゼーションの「ニュー」とは？

文明の夜明け以来、モノ、アイデア、人を運ぶコストの高さが「接着剤」となり、生産と消費は地理的に結びついてきた。人は穀物を育てる土地にしばられ、生産は人にしばられてきた。どの村でも食料から靴、衣類までほぼ自給自足だった。これが大転換以前の姿である。

技術が進歩するにつれ、三つのコストはすべて下がった。だが、一斉に下がったわけではない。第一の技術の衝撃――蒸気力では、輸送コストが大幅に低下した。これにより、消費地の近くでモノを生産する必要性はなくなった。この変化で長距離貿易が可能になると、世界各国の大きな価格差を利用して貿易で利益が出せるようになった。19世紀初頭以降、後に開発された鉄鋼、ディーゼル・エンジン、コンテナ船、航空貨物、世界的な貿易自由化などによって蒸気機関の衝撃が増幅し、モノの貿易が盛んになった。こうした進歩は、アイデアや人の移動コストも引き下げたが、劇的にそれが進んだわけではない。

不思議なことに、グローバル化の第一段階で生産が各国に分散されていくにつれ、一国の国内では工場や工業地帯が集積するようになっていった。この小規模の集積は、貿易コスト節約のためではなく、通信コスト、いわば移動コストを節約するために出来上がったものであった。ポイントは、世界全体に販売できるようになると、大規模で高度な生産工程が有利になった、ということだ。複雑な工程を管理するため、企業はすべての生産を一ヵ所にまとめた。言い換えれば、生産工程が工場に集約されたのだ。

情報通信技術（ＩＣＴ）がアイデアの移動コストを引き下げたスピードは、蒸気がモノの移動コストを引き下げたスピードを上回っていた。これにより、ほとんどの製造工程を一つの工場内あるいは工業地帯に集約する必要性はなくなった。ＩＣＴ革命で可能になった通信の向上が、工場の配置に及ぼした影響はとてつもなく大きく、「オフショアリング」と呼ばれるようになる。製造業の小さな集積――１９８０年代まで幅を利かせていた工場や工業地帯――がこうした稠密な集積として維持されてきたのは、輸送コストの高さよりも長距離の通信費用の高さが大きかったことによる。

アメリカ企業は、製造プロセスの一部が海外で安く行えることを以前から認識していた。たとえば半導体の生産プロセスは規格化が進んでいるため、アメリカの半導体メーカーは早くも１９７０年代には工程の一部をアジアに移している。[4] 大半の工業セクターで生産工程の海外への一部移管の障壁になっていたのは、生産プロセスをコーディネート（調整）するのに伴うコストの高さだ。そのため、オフショアリングが本格的に始まったのは、ＩＣＴの発達で海外との調整コストが下がり、信頼できるようになった後のことである。そこではじめて、アメリカ、ドイツ、日本の企業は、品質と納期、信頼性を大幅に落とすことなく、複雑な生産プロセスを地理的に分散できるようになった。

この新たな可能性から、「ニュー・グローバリゼーション」が生まれる。先進国の製造業企業は、近隣の途上国との大幅な賃金格差を利用できるようになった。アメリカはメキシコ、ドイツはポーランド、日本は中国などである。この結果、先進国ではかなり急激に大規模な脱工業化が起きた。

１９７０年代、Ｇ７と呼ばれる先進工業国（アメリカ、日本、ドイツ、イギリス、フランス、イタリア、カナダ）は、世界の工業製品の70％以上を生産していた。この割合は１９７０年代から80年代に緩やかに低下したが、１９９０年以降、急落した。図３・２に示したように、Ｇ７のシェアは、わずか20年で65％から半数以下の47％に低下している。

図は、世界の製造業生産高全体には、とくに革新的なことが起きたわけではないことも示している。これらの二つのパズルを組み合わせると、Ｇ７の製造業はどこか別の場所に移ったということだ。その「どこか」は、中国をはじめとする新興国だった。

これは「サービス転換」における最も劇的な側面の一つだ。かつての工業大国が歴史的な速さで脱工業化し、ごく少数の非工業国が歴史的な速さで工業化した。後者の中国、インド、インド

図3.2　世界の製造業にG7が占める割合と世界の製造業生産高の伸び率、1970～2010年

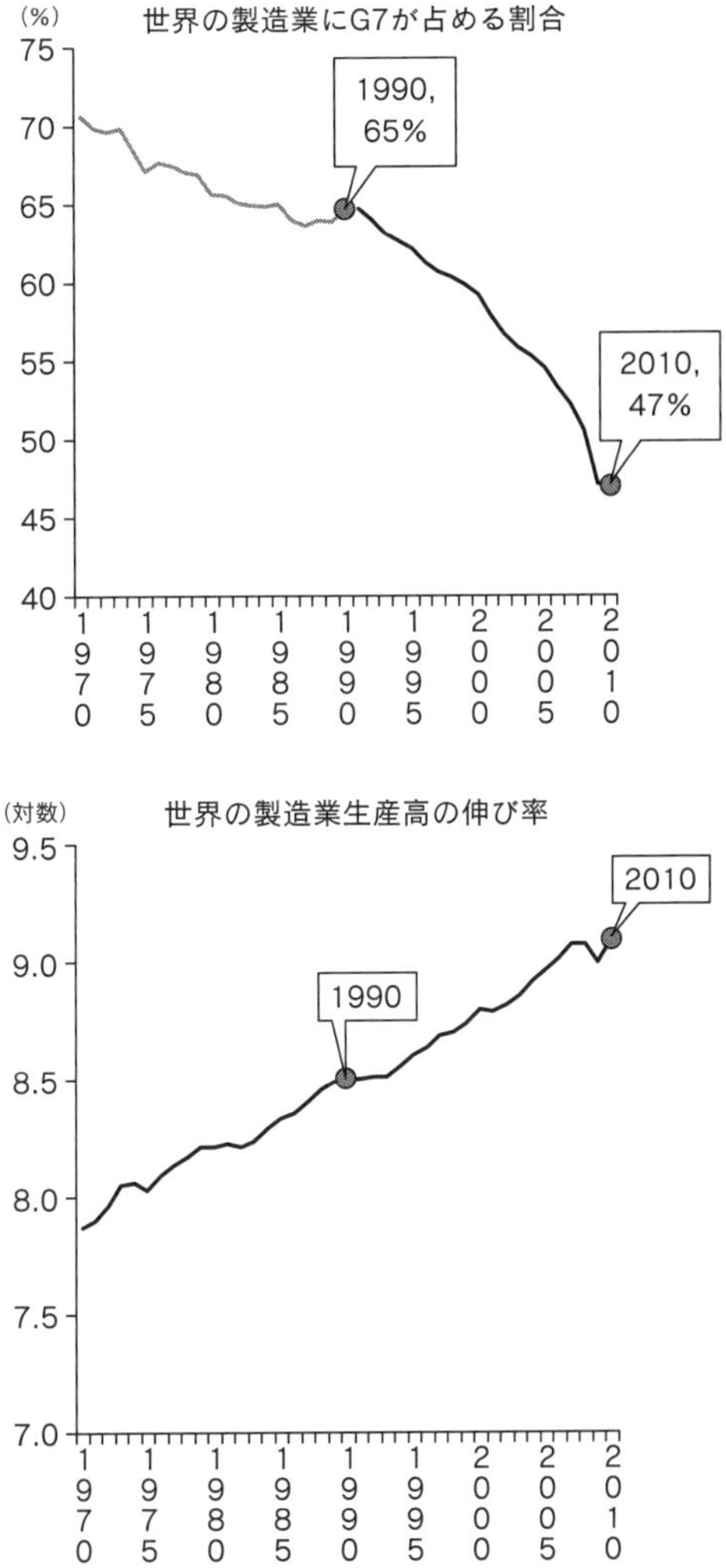

出所：BLSオンライン・データをもとに筆者が作成。

ネシア、韓国、ポーランド、タイ、トルコを「工業化7」と呼ぼう。ほとんどの経済学者は、海外に移管された生産にフォーカスすることで、製造業の世界におけるこの大転換を読み間違えている。じつは、これはモノではなく思考をめぐる転換なのだ。

2016年刊行の前著『世界経済　大いなる収斂』で詳しく述べたとおり、この急速な脱工業化を理解するカギは「知識」にある。ポイントは、オフショアリングを進めたアメリカ、ドイツ、日本の企業は、生産工程を移し、雇用を現地にシフトさせたうえに、自社のノウハウも移した、ということだ。ほかに方法がなかったのだろうか。

トヨタが日本で組み立てる自動車部品を中国で製造しようとしても、中国の技術を頼りにすることはできない。トヨタは、中国人労働者が適切な方法で適切な部品が製造できるように、ノウハウを中国に移植する。結果として、かつては日本の工場内でしか起こらなかった知識のフローが、国際的商取引の一部になった。

中国をはじめとするいくつかの途上国の急速な工業化のきっかけとなったのが、まさに、こうした新たな技術の流入であった。多国籍企業による生産指示から始まったが、ノウハウが広く普及するにつれて国内の生産が活況を呈した。

ニュー・グローバリゼーションに「ニュー」を加えたのは、1990年前後から国境を越えはじめた技術である。オフショアリングは部品やコンポーネンツの貿易拡大につながったが、それが画期的な部分ではない。世界を変えたのは、成熟国から途上国への大規模な技術の一方的な流出であった。これはきわめて重要なポイントなので、少しばかり掘り下げる必要があるだろう。

サッカーに喩えるとわかりやすい。「二つのサッカークラブが選手のトレードを協議している場面を思い浮かべてほしい。トレードが実現すれば、どちらのチームにもプラスになる。それぞれがあまり必要としていないタイプの選手と引き換えに、本当に必要としているタイプの選手を手に入れることになるからだ。ここで、ほんの少し違うタイプの交換を考えてみよう。強いチームのコーチが週末に弱いチームの選手を鍛えることになったとする」[5]（グローバリゼーションもこれとよく似ている）。オールド・グローバリゼーションは選手のトレードと考えることができ、製品が国境を越えた。ニュー・グローバリゼーションは、チームの枠を越えてトレーニングするコーチに近く、ノウハウが一方的に流出する。

こうした新たな知識のフローが、世界の製造業における新たな現実をはぐくんだ。

製造業の雇用にオフショアリングが広がる以前は、製品の国際競争力は二つの選択肢のうちの一つによって決まっていた。途上国の企業は、技術力は低いが、賃金の低さが技術の低さを補って余りある強みになると期待された。これに対して先進国の企業は、国内の労働者に高い賃金を支払わなければならないが、高い技術力がそれ以上の武器になると期待された。

１９９０年前後から、第三の道が開かれた。ハイテク技術を低賃金国に移管して、工業製品を製造できるようになったのだ。これで製造業の世界は様変わりした。工業化7の国がこれほど急激に工業化できた理由はここにある。これらの国は、みずから技術を開発する必要はなかった。労働力以外のものはすべて、オフショアリングを進める企業が持ち込んだからだ。これは「労働力を加えてかき混ぜる」工業化だといえよう。そして、これは、オールド・グローバリゼーションほど、ウィン・ウィンの結果が明白なわけではない。

工業化7の国にとって、急速な工業化はプラスであったのは間違いない。だが、先進国の工場労働者も恩恵を受けたとは、とてもいえない。アメリカ、ヨーロッパ、日本の労働者は、自国企業が開発したノウハウ・先進技術の恩恵を独占的に享受できる特権を失ったのだ。アメリカ、ドイツ、日本の企業は、かつては国内でつくっていた部品やコンポーネンツの製造方法を外国人労働者に教えた。こうして教えたことが、G7各国で工場の雇用喪失を速めることになった。

端的にいえば、グローバリゼーションを変えたのは知識であり、知識の流出（フロー）を可能にさせたのがICTだった。ニュー・グローバリゼーションのインパクトがかなり異なる理由も、以上みてきた新たなノウハウのフローで説明できる。

ニュー・グローバリゼーションが経済に与える影響は従来とは大きく異なる

オールド・グローバリゼーションとニュー・グローバリゼーションには、際立った違いが四つある。ニュー・グローバリゼーションでは、影響がより個別的で、急激で、コントロール不能で、予測がつきにくいものになっている。

個別化が進んでいるのは、同じセクターやスキルのレベルでグローバリゼーションが起きたわけではないからだ。大転換期のグローバリゼーションは、半導体や土木機械などセクターのレベルで影響を与えた。海外の競争相手が、特定のセクターの製品の形であらわれたので、それはもっともだった。さらに、未熟練労働など、一部のタイプの労働の重要性はセクターによって異なるため、グローバリゼーションの影響度合いはスキルの熟練度によってばらついた。戦後のグローバリゼーションは、スキルのある労働者を助け、スキルのない労働者には痛手となる傾向があった。

ニュー・グローバリゼーションに伴う追加的な競争と機会は、同じ社内で、ある一つの生産工程を担う労働者を助ける一方、別の工程の労働者を助けるか足を引っ張る、ということがありうる。別の言い方をすれば、ニュー・グローバリゼーションは、きめ細かく作用した。以前と同じように勝者と敗者を生みだしはしたが、セクターやスキルのグループごとに勝ち負けの線引きを明確にしたのではなかった。新たな機会と競争は、より個別なものになった。そこではスピードが問題になる。

ICT革命以前も、グローバリゼーションは社会を変えたが、そのスピードは遅かった。「変化の時計」は10年単位で時を刻んだ。それがICT革命以降は、年単位で時を刻むことになる。先進国の工業化には1世紀かかったが、脱工業化と製造業の途上国への移転には20年しか要していない。グローバリゼーションが未曾有のスピードで進む理由は、グローバリゼーションの性格がこれまでにないものだからである。新興国は、20世紀にG7が辿ったのとは違う経路で工業化を進めた。新興国の製造業の離陸は、とくに初期において、G7の企業の調整のなかで行われた。

ニュー・グローバリゼーションのもう一つの際立った特徴は、コントロール不能になったことである。各国政府は、国境を越えるモノや人の動きを監視する手段は数多く備えているが、国境を越える企業の知識をコントロールする手段はほとんど持ち合わせていないのが実情だ。そして、このニュー・グローバリゼーションを主導したのはＩＣＴの発達なので、そのペースをコントロールする実用的な手段もほとんど備えていなかった。

最後に、ニュー・グローバリゼーションはオールド・グローバリゼーションに比べて予測がつきにくくなった。１９９０年代以降、製造業のプロセスのどの工程を次に海外に移管するのかを知るのはむずかしくなっている。こうしたグローバリゼーションの性格の変化によって、先進国全般に漠然とした不安が生まれている。製造業で、自分たちの仕事が次の標的でないと確信をもてる人間は一人もいない。

こうした衝撃でもまだ足りないかのように、脱工業化のすべての局面で、世界の経済成長率が大幅に低下した。

１９７３年以降の成長率低下

第二の大転換が始まる時期、豊かな国のほとんどは、所得の伸びの低下を経験した。１９６０年代以降、10年ごとに一人あたりＧＤＰの伸びは低下してきた。落ち込みは緩やかだったが、20世紀最後の30年は大きかった。21世紀になると、落ち込みがかなり目立っている。平均でみると、アメリカの所得の伸びは１９６０年代は年３・３％だったが、21世紀には半分以下に低下している。イギリスもそれにかなり近い。ドイツの１９６０年代は奇跡と呼ばれ、年率４％近い成長を記録したが、２０００年以降は１％強にとどまっている。

平均の所得が急速に伸びているときには、変革は容易だ。逆もまた真なりで、経済が低速ギアに入ってしまうと、全体の調整プロセスがかなりむずかしくなる。

経済学者はいまだ、この事実について完全な説明をしていないが、「サービス転換」にぴたりとあてはまるのが、第2章で紹介したロバート・ゴードンの考え方である。成長率とイノベーションは、1970年代以降低下したわけではなく、歴史的なトレンドに戻っただけだとゴードンは主張する。

1870年代前後に出現した新たな発明群は、イノベーションを加速し、ひいては所得を増やしたが、永遠に続くものではなかった。電動モーターからプラスチックまで、新発明群は、いわば多彩なパレットだった。優れた発明家がそれを使って色を塗り、新製品や既存品の新たな製造方法を描いていった。組み合わせたり、組み替えたりすることで、過去のトレンドを上回る発明が、そしてトレンドを上回る成長が何十年にもわたって続いた。

この理論によると、1970年代には、特別な世紀の技術によって可能になる新製品やプロセスはあらかた開発し終わっていた。これ以降、一人あたり成長率は、年1～2%前後の通常のペースに落ち着いた。

成長率の低下に伴う痛みと恩恵、そして新たな形の自動化とグローバル化は、多くの伝統的なやり方を反故にした。成長率の低下で、何もかもがむずかしくなった。さらに、経済転換のこうした側面は、製造業従事者とそのコミュニティを大規模に破壊した。その結果、激しい変化が起きた。

この激変を理解するのに重要な事実が一つある。ニュー・グローバリゼーションは、新たな自動化で生活が脅かされていた労働者と同じ労働者を襲ったのである。アメリカ、カナダ、ヨーロッパ、日本の製造業従事者は、国内ではロボットと、海外では中国と競争していることに気づいた。

こうした経済の転換が破壊的な変動を主導した。この激変の最も驚くべき側面は、いわゆる「スキルのねじれ」と呼ばれるものから来ている。

新たな転換が新たな激変を生む

半導体チップというブレークスルーで始まった局面では、技術によって未熟練の工場労働者は代替されやすくなる一方、高スキルのオフィスワーカーの生産性は向上した。経済学では最近、この現象を「スキル偏向型の技術変化」と呼んでいる。この生きのいい用語は、自動化の雇用への影響に関する1983年の研究で使われ、論文では「スキルのねじれ」と呼ばれていた。

1983年の論文は、次のように論じている。「ロボティクス技術の普及で失業率が上昇するとすれば、その痛みは経験が浅く、学歴のない労働者にのしかかるのではないかと危惧される。……職がなくなるのは半熟練または未熟練労働者で、新たに生まれる職にはかなりの技術の素養が必要になる」[6]。

これはまさに、先進国の労働者階級に壊滅的な影響を与えたトレンドの側面である。高卒の学力と組合員証があれば、郊外に家をもち、ガレージには車があり、銀行口座には年金が振り込まれる時代は過ぎ去った。組合員数の減少と共に労働組合が弱体化したことが、社会問題を増幅した。政府はしっかりとした再訓練のスキームでこれに対応することに失敗した。

工場では引き続き労働者を必要としたが、スキルのねじれで、求められる労働者のスキルは両極端に偏りがちだった。高スキルの労働者は、ロボットやコンピューターに指示するのに必要とされ、低スキルの労働者は、清掃や想定外のマニュアル作業に必要とされた。だが、その中間の仕事は少なかった。生産ラインの大量の労働者は、次第に運に見放されていった。

その結果起きたのが、アメリカ、ヨーロッパ、日本の労働市場の「空洞化」である。スキルの幅の両端の労働者は良かったが、中間の人々は見放されていった。

この間、同じ技術が、情報の収集、処理、伝達のために雇用されていた中間のスキルのオフィス労働者にも大鉈をふるった。タイピスト、ファイル整理の事務員、電話交換手、秘書が消えていった。これに対し、情報通信技術（ＩＣＴ）の発達で、アイデアや情報を扱う大卒の労働者の生産性は向上した。

「大転換」と同様、変化は職を変えることにとどまらなかった。創造された価値を誰が獲得するかという深い動きを伴うものだった。「大転換」期に、生産の基本となる要素は、土地から資本へ移ったが、第二の大転換では資本から知識に移った。

価値創造と価値獲得における急激な変化

資本は死んでいないが苦悩している。2017年刊行の『資本のない資本主義――無形経済の台頭』[7]で、力強く訴えられているポイントだ。資本は優位性の競争に敗れた。「静かな革命」と言っても過言ではないと著者は語る。いまや企業は、機械、建物、コンピューターなどの伝統的な有形資産よりも、デザイン、商標、特許権、研究開発、ソフトウェアなどの無形資産に投資している。モノではなく思考・アイデアに投資していると言ってもいい。

この画期的な変化は1970年代に始まった。有形資産――資本と呼ぼう――への投資が経済全体に占める割合は1979年前後をピークに低下している。無形資産――「知識」――への投資が全体に占める割合は着実に上昇を続けている。1990年前後に知識が資本を上回った。

価値は、次第に知識労働によって創造されるようになった。グーグルやアップルといった企業が知識群をコントロールするか、教育や経験の形で人々の頭のなかに知識が定着する形で、知識労働によって価値が創造されるようになっていった。わずかな知識をコントロールすることが、次第に、価値創造ひいては価値の獲得をコントロールすることになっていった。おそらく資本主義について語るのをやめて、「知識主義」について語るべきなのだろう。それはともかく、この変化が我々の経済を変容させているのだ。

知識不足の労働力なら豊富に存在する。そして、知識資本は固定されているわけではないが、知識資本の所有者が、創造された価値の分配を決める権限をもちつつある。平均的な労働者は恩恵を受けていない。

表3.1　株式時価総額のトップ10企業：知識主導型企業が優位に

株式時価総額の順位	2017	2011	2006
1	**アップル***	エクソン・モービル	エクソン・モービル
2	アルファベット（グーグル）*	**アップル***	ゼネラル・エレクトリック
3	**マイクロソフト***	ペトロ・チャイナ	**マイクロソフト***
4	**アマゾン***	ロイヤル・ダッチ・シェル	シティグループ
5	**フェイスブック***	ICBC	ガスプロム
6	バークシャー・ハザウェイ	**マイクロソフト***	ICBC
7	エクソン・モービル	**IBM***	トヨタ
8	ジョンソン&ジョンソン	シェブロン	バンク・オブ・アメリカ
9	JPモルガン・チェース	ウォルマート	ロイヤル・ダッチ・シェル
10	**アリババ・グループ***	**チャイナ・モバイル***	BP

＊知識集約型企業
出所：BCG Perspectives, 2017の公表データをもとに筆者が作成。

１９７３年以降、アメリカの時間あたり生産量（生産性）は70％以上上昇した。だが、こうした速いペースの価値創造の果実は分配されていない。平均的なアメリカ人の時間あたり賃金は約10％上昇したが、賃金と生産性の格差はとてつもなく広がった。労働時間あたりで創造される価値は着実に増えたが、その労働に従事する人々の平均賃金は上昇しなかったのだ。創造された価値は行き場所があるはずなので——獲得された価値は合計１００％になるはずなので——その価値を獲得したのは誰なのかが問題だ。知識の所有者が、その答えだ。

知識を身につけた人たちにとって、１９７０年代以降は正真正銘の豊かな時代だった。高学歴労働者の所得は大幅に上昇した。マサチューセッツ工科大学（ＭＩＴ）の経済学者デビッド・オーターが示したように、学士号以上をもつアメリカ人男性のインフレ調整後の賃金は、１９７０年から

2010年にかけて約50%上昇している。[8] なんらかのカレッジで学んだものの学位のない男性の賃金は伸び悩んだ。高卒男性の地位は低下した。インフレ調整後の賃金は、1973年より少ない。アメリカの高卒者の週給は約10%、高校中退者の週給は25%も低下している。

巨大IT企業も、別のタイプの知識の所有者であり、その企業価値の上昇はモノから思考への大変化を反映している。この変化は知識の所有者に想像を絶する富をもたらした。企業の時価総額でみると、2017年の世界の上位5社は、アップル、アルファベット（グーグルの親会社）、マイクロソフト、アマゾン、フェイスブックで、いずれも知識集約型企業だ。2011年に上位5社に入っているのはアップルだけ、2006年はマイクロソフトだけで、2006年、2011年とも、ナンバーワンはエクソン・モービル社だった[9]（表3・1）。

このような激しい変化にさらなる燃料を投下したのが、所得格差の衝撃的な拡大である。工業化社会から脱工業化社会への先進国の転換は、「忘れられた男女」にはやさしいものではなかったのだ。

経済の不平等

アメリカのパターンはきわめて明瞭で顕著だった。金持ちは順調だが、貧乏人は惨めで、平均的な人間はとんでもなく悲惨だった。フルタイムの男性労働者の平均所得は、1973年には5万3000ドルだったが、2014年はインフレ調整後で5万ドルに過ぎない。[10] 平均的アメリカ人世帯の所得獲得能力は後退しつつあり、この状況は1970年代初頭から続いている。過去30

年で所得が上昇したのは、人口の半分に過ぎない。残りの半分の所得は低下している。勝ち組のなかでも、取り分は最上位の富裕層に極度に集中している。アメリカの経済のパイの下位90%の人々は、栄光の30年間は約3分の2の所得を占めたが、2000年代には半分にまで急減した。

イギリスでは、所得階層の上位1%が国民所得に占める割合が6%から14%へと2倍以上増えた。興味深いことに、イギリス以外のヨーロッパや日本では、こうした現象はみられない。これらの国では、1970年代から1980年代まで格差が縮小傾向を辿り、その後、拡大している。現在は1970年年代の出発点に戻り、横ばいになっているようにみえる。

所得格差の推移のばらつきの原因は、複雑に絡み合っている。この問題は、以前から専門家たちのセミナーでは議題になっていたが、99%運動、ウォール・ストリートの占拠運動、そして、格差論議に新地平を開いた2013年刊行のトマ・ピケティの大著『21世紀の資本』をきっかけに議論が沸騰した。政府の規制緩和から、独占的資本主義の台頭、労働組合の衰退、スキル偏向型の技術進歩まで、さまざまな要因が挙げられている。

技術が一因であるのは間違いない。ICTの衝撃の多くの要素は、所得格差、資産格差を拡大する傾向があった。たとえば、スキルのねじれは、高所得者の賃金が労働者階級のそれより有利になることを意味した。高学歴の人々は最初から所得が高く、所得が上昇するペースが速い。この力学は高卒資格しかない人には逆にはたらく。最初の所得が低く、さらにだんだん下がっていった。価値創造と価値獲得の源泉が資本から知識へとシフトしたことで、新たに超富裕層が誕生したのだ。

低学歴の人々は大勢いるので、生産性の伸びと賃金の伸びの大幅な格差は、ヨーロッパと、とくにアメリカで数千万人の人々を呑み込んでいった。所得が伸び悩み、製造業の良質な雇用が失われ、かつて製造業の拠点として栄えた地域社会が長期にわたって衰退した結果、経済以外でもきわめて深刻な問題が生じている。

ＩＣＴ主導の自動化とグローバル化に伴い訪れた大規模な経済変化は、欧米で反動を引き起こした。２０１６年の反動は、20世紀初頭の大規模な反動とは比べるべくもない。どちらかといえば、19世紀初頭の小規模な反動――ラッダイト運動や穀物法――に近いが、今後どこに向かうかはまだわからない。これまでのところ最大の反動は、大衆迎合的なアウトサイダーのドナルド・トランプがアメリカ大統領に選出されたことだろう。

新たな激変が新たな反動を生む

ドナルド・トランプは、ジェフ・フォックスの反動票を獲得したが、フォックスの経済的苦境を踏まえると、投票理由は読者が思うようなものではない。フォックスは58歳、癌《がん》サバイバーで、多額の医療費の負債を抱え、身障者として社会保障給付を受けながら暮らしている。父親はベスレヘム・スティール（２００１年に破産するまで地域の大手企業）の会計士だったが、フォックスは家具のセールスマンとして働き、早期退職した。娘はウォルマートで働いている。「これまでずっと自分たちの信条や良心にしたがって投票してきた。それが、このザマだ」とフォックスは嘆く。

トランプに投票した人のなかには、ただ現状をどうにかしたかった人たちも少なくない。ペンシルベニア州の小さな町バンゴーの民主党の元町長で、塗料や壁紙を扱う店の経営者デュアン・ミラーはこう語る。「普通の男が政府に幻滅したのだ。平均的な労働者を助けるために、政府は何もしてくれなかった。バンゴーという小さな町にいる私から見ると、平均的アメリカ人にとって政治は不信だらけだ。アメリカ国民はもう何も信じない。どうしようもない無関心があるだけだ」[11]。

ある意味、2016年の大統領選で、強さと安定を公約に掲げた独裁的なアウトサイダーはわかりやすかった。

アメリカの反動の解釈

2016年のアメリカでは、1920年代から30年代と同じように、取り残されたと感じる人々が少なくなかった。製造業で急速に進む自動化と、製造業やバックオフィス業務のオフショアリングが相まって、中程度のスキルの労働者全般がつねに脅威にさらされることになった。職を追われた労働者の多くは、新たな仕事を見つけはしたが、賃金は大幅に低く、地位も不安定だ。

脱工業化でコミュニティが破壊された人々は、失業の危機にある個人としてではなく、脅かされたコミュニティの一員として反応している。自分が生まれ育ったような家を購入できる余裕などないことがわかってきた。ミレニアル世代の多くは、多額の学生ローンが重くのしかかる、まさにそのとき、新たな経済（ニュー・エコノミー）の到来で、大学を出たからといって中流の生活スタイルが維持できる保証がないことに気づく。そして、事態は急速に進んでいる。

以前に比べて変化は急激で、個人に襲いかかり、予想がつかず、コントロールできないため、経済不安が再燃している。職を失えば暗澹たる結果になりかねない。失業すれば、家も健康保険も失うリスクがある。共和党と民主党それぞれに8年間、立て直しの時間が与えられた後、異例の解決策が受け入れられた。だが、トランプの僅差での勝利は多くの複雑な面をもつ。

数十年にわたって没落を経験したフォックスのような人々がトランプのようなアウトサイダーを支持したわけだが、欧州方式の社会福祉を求めて票を投じたわけではない。「たとえば、私が支払わなければならない医療費の請求書が4万ドルだとするなら、誰かが払ってくれるのがいいが、医療費を支払うのは政府の責任ではない」とフォックスは言う。

トランプの勝利を理解するのは容易ではない。トランプはフランクリン・D・ルーズベルトではない。ルーズベルトには人々を助ける計画があり、（ニューヨーク州知事として）実際そうした実績があった。ルーズベルトがニューヨーク州で実施した政策は、ニューディールの雛形になった。

これに対してトランプには、落伍者を引き上げる計画があったわけではなく、何の実績もなかったのは言うまでもない。スローガンを掲げ、いじめっ子の姿勢を貫いただけだ。公約は具体性がなく、多くのレベルで一貫性がない。だが、そのレトリックは勇ましく、愛国心に満ちていた。何より薄氷の勝利だった。

一般投票では290万票差で負けたが（2％）、選挙人投票は（いずれも「サービス転換」の大打撃を受けた）三つの州で7万7000票に達した。ペンシルベニア州で2万3000票、ウィスコンシン州で1万2000票、ミシガン州で6000票が民主党に入っていれば、ヒラリー・クリントンが大統領に選出されていたわけだ。[12]

フランクリン・D・ルーズベルトのように不満を吸い上げたわけではない。わざわざ票を投じた有権者は、全体の60％を下回っている。経済的、社会的な悲劇が、何年にもわたってアメリカを席捲してきた。大都市近郊の低スキルの白人男性の多くは、脱工業化社会で取り残されてきたが、この階層のトランプへの投票率がきわめて高かった。2012年に比べて2016年の暮らし向きが悪くなったと答えた人々のトランプへの投票率は78％ときわめて高かったが、暮らし向きはほとんど変わらないと答えた人の投票率は39％にとどまった。[13]国の経済は悪いとみている人がトランプに投票し、貿易が仕事を奪っていると考えている人の65％がトランプに投票した。だが、個人の所得は、トランプ票を占う信頼できる根拠にはならない。年齢別では、45歳以上の半数以上がトランプに票を投じる一方、45歳未満では半数以下にとどまった。大卒未満の人々の半数以上がトランプに票を投じたが、大卒以上では半数に満たなかった。

だが、経済の問題にとどまらないのは間違いない。じつは、多くの社会学者のトランプ勝利の受け止め方は違う。

政治社会学者のカレン・ステナーは、トランプは独裁者を求める有権者——1970年代以降に自分たちや親世代が経験した絶望的な漂流に対抗するために、強さと秩序を求める有権者――の波に乗っていると主張する。彼らは「アメリカを再び偉大にする」ことを求めている。ステナーは、トランプ支持者を3種類に分類する。民間の起業家精神、大企業、自由市場・自由貿易を信奉する「経済保守派」、単に変化を嫌う「現状維持派」、自分たちのコミュニティが脅かされており、既存の指導者には状況を変える意思も能力もないためやむなく支持した「権威主義者」の3種類だ。[14]

ニューヨーク大学の心理学教授のジョン・ジョストは、トランプの立ち居振る舞いは多くの人の顰蹙《ひんしゅく》を買うが、権威を求める有権者にとってはきわめて魅力的だと指摘する。前述のデュアン・ミラーはじめ、かつては民主党に投票していた人たちがそうだ。政敵やメディアを攻撃するトランプは、アメリカがここまで悪くなるのを長期にわたって放置したエスタブリッシュメントへの深い憤りを取り込んでいる。威張りくさり、ルールどおりのプレーを拒否し、絶対に謝ることはなく、己に対する絶対的な自信をもつトランプの態度は、権威を求める有権者には格好の慰めになるのだ。[15]

イギリスのEU離脱（ブレグジット）

イギリスの欧州連合（ＥＵ）離脱を決めた２０１６年６月の国民投票は、トランプの勝利以上に衝撃が大きかった。一つには、２０１６年に反動が起きていることを示す最初の具体的な兆候だったことがある。そして、それは予想外だった。

「事情通」の人々は、分別があり慎重なイギリス国民が、こうして無鉄砲に未知の世界に飛び込むなどとは予想もしていなかった。40年もの長い間、EUの規則と慣行はイギリスの経済や規制全般にしっかりと編み込まれてきた。

国民投票の真の問題は、有権者の意図を明確にすることなく、不満だけを結集したことだ。国民投票は、目的地をはっきりさせずに国を大航海に乗り出させたいかどうかを有権者に問うたのだ。質問の全文は「大英帝国は欧州連合にとどまるべきか、離脱すべきか」で、答えは、「欧州連合にとどまる」か「欧州連合を離脱する」かのどちらかしかなかった。

40年間の経験があるので、国民にとって「とどまる」の意味は明白だったが、「離脱する」の意味は、曖昧模糊としていた。「離脱派」のキャンペーンは、経済、政治、安全保障で、イギリスが離脱後のEUとどのような関係を築くべきかで合意できなかった。ばらばらな公約を掲げて選挙運動を展開した。

与党・保守党は、離脱後のEUとの貿易関係という決定的に重要な問題で深く分断され、国民投票から1年半経つまで閣議決定にも至らなかった。イギリスの貿易の半分以上が対EUであるにもかかわらず、である。本書が印刷に回る時点で、保守党はEUを離脱すべき、という点では一致しているが、離脱後どこに向かうかについてはいまだ合意できていない。党内の分裂で、EUと長期的にどのような貿易関係にしたいのか意見が集約できないでいるのだ。このため今回の反動全体は、イギリス経済の根本的な運営方法を明確に求めるものではなく、怒りをぶちまけているだけのように思える。

イギリスのＥＵ離脱は、アメリカのトランプ大統領選出とは、反動の性質がかなり違う。危機に直面して強力で独裁的な指導者を選出したわけではない。選挙運動の最中、国家主義を声高に唱えたり、人種差別をほのめかしたりする人も多かったが、ＥＵ離脱支持のリーダーのなかで、カリスマ性のある強力な指導者と目される人物はいない。いずれにしろ、離脱派が勝利した後、そのリーダーたちはみずから去るか、表舞台から引きずり降ろされてしまった。

国民の意思を実行するという、感謝されない仕事を託されたのは、なんとも不器用な政治家、ＥＵ離脱には反対票を投じたテリーザ・メイだった。

有権者が何を望んでいるのか正確に理解するのは容易ではないが、ＥＵ離脱の賛成票を導いた不満はわかりやすい[16]。抗議や怒りを表明する面があった。世論調査によれば、有権者の70％はＥＵ残留派が勝利すると思っていた。離脱に投票した有権者の54％もその中に含まれる。投票パターンは、「サービス転換」で最も打撃が大きい地域や人口階層を見事に浮き彫りにしている。長期にわたり困難に直面してきた人々は離脱を望み、将来に期待する人々は残留を望んだのだ。同じ出口調査で、離脱票を投じたのは、年配で教育水準が低く、大都市圏以外に暮らしている人が多いことがわかった。年齢別では18～20歳の４分の３近くが、そして25～34歳の60％が残留を望む一方、45歳以上の過半数が離脱票を投じていた。退職年齢以上の高齢者の60％が離脱を望んだ。職業の有無では、有職者の過半数が残留を望む一方、失業者の過半数は離脱票を投じた。学歴別では高卒以下の人々の大多数が離脱票を投じている。

重要なのは、支持政党で票が決まったわけではない、という点だ。離脱票の40％は保守党関連だが、労働党支持者も半数にのぼるとみられる。実際のところは、二大政党とも決定をめぐって分裂していた。一枚岩だったのは、ＥＵ離脱を掲げる極右の独立党だけだったが、国民投票が終わるや否や、政治勢力としては分裂している。

２０１６年のイギリスのＥＵ離脱とトランプの予想外の勝利は転換点に見えたが、イギリス以外のヨーロッパの有権者はそれに追従しなかった。

反動を急がなかった大陸欧州の人々

イギリス以外のヨーロッパでは、主流の左右両党のほかに、右派のポピュリスト政党が以前から存在する。得票率が5～20％の弱小政党で、本人たちもそう自認している。だが、２０１０年代に入って状況が変わった。２０１４年の欧州議会選挙では、フランス、イタリア、ドイツ、イギリスのビッグ4をはじめＥＵ加盟国の大半で、反ＥＵを掲げる政党が得票率を伸ばした。全体として、こうした極右のポピュリスト政党の得票率は、２００９年から２０１４年のあいだに20％未満から30％超に伸びた。

国のレベルでは、フランスの大統領選で、極端な主張を繰り広げる極右のマリー・ルペンがあわや勝利するかの勢いをみせ、フランス以外のいくつかの国でもポピュリストが大幅に得票数を伸ばした。だが、結局、フランス国民は、フランス版のトランプを断固否定した。オランダではポピュリスト政党であるヘルト・ウィルダースの自由党が健闘したが、勝利することはなかった。ドイツでは、反移民を掲げるポピュリスト新党の「ドイツのための選択肢」が健闘し、議席の13%を獲得したものの政権入りはできなかった。オーストリアでは、極右の自由党が２０１７年に連立に入り、政権の一翼を担うことになった。とはいえ、これはポピュリスト主導の変動ではなかった。２０１６年12月の大統領選で、オーストリア国民は健全にも極右候補を拒否した。代わりに支持した緑の党の前党首アレクサンダー・ファン・デア・ベレンは、「オープンで、リベラルで、何より欧州寄りである」ことを自認している。[17]

大陸欧州で何が起きたのかを理解するには、反グローバリゼーションと反移民感情の違いを明確に区別することがカギになる。

２０１６年と２０１７年に極右政党が得票率を大幅に伸ばしたのは、アメリカとイギリスではきわめて重要な意味をもつミドルクラスの長引く疲弊とはほとんど関係ない。直接の関連は、２０１５年に始まったヨーロッパの難民危機、シリアと北アフリカから流入した１５０万人あまりの移民の問題である。そして、政治への不信が大きな要因になった。

有力な経済学者の最近の研究では、「国や欧州の政治機関に対する信頼の欠如」が、欧州のポピュリズムを貫く共通項であることが示されている。このトレンドを主導しているのは、学歴の低い高齢者であることが判明した。アメリカとイギリスを反動に導いた事実は大陸欧州でも重要だが、事態はそこまで深刻ではない、ということを示唆している。２０１７年の報告書『欧州の信頼欠如――原因と対策』で述べられているとおり、調査結果は、「ＥＵ分裂の真正の危機が差し迫っていることを示唆するものではない。イギリスは例外である。危機による痛手はあるが、ＥＵに対する負のマクロ経済ショックの影響はさほど大きくない。経済状況が改善しつつある現在、歴史を指針とするならば、ＥＵに対する見方や選挙結果は好転するはずである」[18]。

本書が印刷に回る２０１８年半ばの時点で、この診断は正しいようにみえる。それが示唆しているのは、２０１６年は１８４８年同様、歴史的な転換点だったが、実際には転換し損ねたということではないだろうか。

２０１６年の反動をめぐるパズルを埋めるピースは日本の出来事にある。もっと正確にいえば、日本で起こらなかったことにある。

失敗に終わった日本の反動

「サービス転換」で日本が受けた打撃は、世界のどの国にも負けず劣らず厳しかった。日本経済は製造業への依存度が大きいことから、一段と厳しかったといえるかもしれない。アメリカやヨーロッパ以上に輝いていた栄光の30年の後に、「失われた20年」が訪れた。実際、日本は過去最長の経済危機に見舞われた。経済規模は、１９９５年から２００７年のあいだに20％縮んでいる。物価の下落と労働人口の減少が一因だが、実質賃金も５％下落している。

経済的に打撃を受けても、日本の国民はグローバリゼーションを支持している。ピュー・リサーチによる最近の世論調査では、日本人の58％がグローバル経済に組み込まれることは、「日本に新たな市場と成長機会をもたらすため良いこと」だとして賛成している。「賃金が下がり、仕事が奪われるので悪いことだ」と答えたのは32％に過ぎない[19]。

アメリカと日本の大きな違いは、社会の一体感ではないだろうか。日本人は痛みと恩恵はセットだと理解しているが、痛みも恩恵も分け合うことを期待している。自国の指導者が、自分たちの最善の利益のために働いてくれていると信じている。

格好の例がある。ポピュリストによる反動が裏目に出たのだ。

欧米で先進国の政治がひっくり返されそうになっていた2016年末から2017年初めの常軌を逸した日々、日本のあるポピュリスト政治家が、既得権を揺さぶろうと立ち上がった。現職の安倍晋三首相が意表を突いて衆議院選挙を打ち出し、かつての盟友の小池百合子が予想外の発表をした。知名度の高い現職東京都知事の小池が自民党を離党して「希望の党」を結成し、現職首相を辞任に追い込むと公言したのだ。

小池の選挙演説はポピュリストの教本からそのまま抜き出したかのようだった。「国民は純粋で、エリートは腐っている。私に投票してくれれば、空白を埋めることができる」。空白を埋める部分は、さほど重要ではない。小池の場合、保守派のポピュリストであると自認し、「今、日本をリセットしなければ、日本の国際競争力や安全保障を十分に守ることはできない」と主張している。[20]

新党は旧来の野党の民主党を吹き飛ばし、何人かの著名な保守派の政治家が新党に合流した。メディアは、ブレグジットやトランプ、マリー・ルペンら欧州のポピュリストを引き合いに出し、関連づけて論じた。日本では、2016年に始まった反動が2017年に入っても続くかに見えたが、結局、この挑戦で得られた成果はほとんどなかった。

小池が獲得した票は安倍の半分だった。安倍首相が属する旧来の自民党が衆議院選挙に勝利しただけでなく、公明党と合わせて与党は議席の3分の2以上を獲得し、憲法改正に必要な議席数を握った。言い換えれば、ポピュリズムの企てが、既得権者をさらに力づける効果をもったことになる。小池は東京都知事の立場に戻った。

見当たらない解決の処方箋と次なる転換

ニューディール型資本主義は、経済的満足と幅広い繁栄をもたらした。技術の進歩と貿易拡大を背景に所得が大幅に上昇した。とくにその恩恵はミドルクラスに行き渡った。フランクリン・ルーズベルト大統領が「忘れられた」と形容した男女は、もはや忘れられた存在ではなくなった。生活水準が上がり、家計は安定し、経済の先行きは明るく、人生が変わったように見えた。

1970年代にテクノロジーの進歩の性質が変化したことで、こうした幸せな地位が下降しはじめる。アメリカの製造業の就業者数は1979年がピークであった。それ以降、自動化の影響で減少を続けてきた。そこに1990年前後にニュー・グローバリゼーションが訪れた。これで世界の製造業に占める先進国の割合は急激に低下し、今もなお減少が続いている。

情報通信技術（ICT）主導の自動化とグローバル化と共に訪れた経済の大転換は――何よりも脱工業化と成長率の鈍化は――反動を招き、衝撃から身を守るシェルターをやみくもに求める声が高まった。この反動は20世紀初頭の大反動とは比べるべくもないが、この怒りがどこに向かうのかはまだわからない。念頭においておくべきなのは、2016年の反動はまだ解決をみていない、ということだ。根本的な悲惨さ、不安定性、社会のさまざまな階層に根づいた漠然とした不安感に対して抜本的な対策は何も取られていない。これはとくにアメリカにおいて顕著であり、そこまでではないがイギリスもそうだ。不安・沈滞の要素はすべての先進国に存在している。

さらに、新たなテクノロジー——デジタル技術——の衝撃が世界を襲い、経済の転換が始まっている。技術の進歩が凄まじいことから、まったく新しい現象だといえる。去年はありえないと思えたこと——即時に無料で翻訳できることなどが今では当たり前になっている。これは、早送りボタンを押してできる進化ではない。まったく別次元のことだ。多くの人が見逃してきた事実、技術革命ともいえるものだ。

第Ⅱ部　グロボティクス転換

第4章 グロボティクスを牽引するデジタル技術の衝撃

ウォルマートの元最高経営責任者（CEO）マイク・デュークはデジタル技術の爆発的なペースに否定的だったが、今はそのことを悔やんでいる。「もっと速く動けばよかった。ウォルマートはさまざまな分野で成功を収めてきたのに、どうして、もっと素早く動かなかったのだろう」。アパレル販売のJ・クルーの前CEOミッキー・ドレクスラーは、肩書に「前」がつく1ヵ月前に同様の思いを吐露していた。「これほどの変化の速さは経験がない。10年前に戻ることができたら、もっと早く何らかの手を打っていただろう」[1]。

変化のスピードを理解できないのは無理もない。多くの人は変化がいかに速いかを気づいていないか、そんなことはないと否定しながら暮らしているかのどちらかだ。アメリカのスティーブ・ムニューシン財務長官は気づいていない派だ。

2017年3月に人工知能（AI）が労働者を代替するかと聞かれて、こう答えている。「これまでのところは、未来の話だと思う。ＡＩがアメリカ人の仕事を奪うかという点については、まだまだ先の話ではないか。私のレーダースクリーンには映ってもいない。50年か１００年先と言ってもいいのではないか」。この発言は説得力があるように思える。というのは、ムニューシンは、ヒストリー・チャンネルで第二次世界大戦に関する番組を見過ぎている、時代後れの人間ではないのだから。ムニューシンの未来を見通す能力は、過去にはかなり威力を発揮していた。

２００９年、世界的な金融危機の最中、ムニューシンは経営難に陥った住宅ローン会社を買収し、２０１５年に売却して10億ドルの儲けを手にした。資産が多すぎて、財務長官就任時に求められる資産開示では、たまたま計上し忘れた資産が１００万ドル以上にのぼった。議会証言で問い詰められると、こう説明した。「みなさんにご理解いただけると思いますが、政府の書式はひどく複雑なのです[2]」。

デューク、ドレクスラー、ムニューシンら知的な人たちがデジタル技術の凄まじいペースでの進歩を理解できないのには、それなりの根拠がある。人間の脳は歩ける範囲で物事を理解するため、爆発的な成長はなかなか理解しがたいものなのだ。意図せざる進化の帰結といえる。

脳のバグと指数関数的成長

デジタル技術の未来を考えるうえで、脳がそのカギを握っている。しかし、人間の脳が進化したのは何か別のことをするためだ。人間を含め、あらゆる動物の脳は動作するため進化した。動くものには脳があるが、動かないものには脳のはたらきはない。ホヤがそうだが、泳ぎまわっているうちは脳があるが、いったん固着すると脳がなくなってしまう動物すらある。

この点が重要なのは、進化はまったく別の世界――歩ける距離の世界で起きたからだ。そのため人間は、昨日と今日で変化したものは、今日と明日もだいたい同じペースで変化するだろうと考えがちだ。こうした進化のペースを前提に、将来については過去の延長線上で考えるのだ。

自分は完全に現代人だと自負する人が少なくないが、じつは弓矢がハイテクの武器だったのは、さほど昔のことではない。人間が都市に暮らしはじめたのは、わずか6000年前のことだ。ユーチューブで最初の5秒の広告を目にすることすら不当に時間を奪われていると思える世界では6000年は長く感じるだろうが、進化という時間軸でみると、それほど長くない。喩えで考えるとわかりやすい。

母親、祖母、曾祖母とさかのぼっていって、都市に最初に人間が暮らしはじめた時代の先祖までを一堂に集めて再会を祝うとしよう。この大宴会にワインはどれだけ必要だろうか。答えは意外なほど少ない。大型の映画館なら全員収容できる。全員集めても300人にしかならないのだから。全員がお行儀よく、一人が4分の1本程度を飲むとすると、1ダース入りの木箱に合計75本を用意すれば事足りる。ポイントははっきりしている。

自分より上の300人の世代も、進化という時間軸でみるとユーチューブの5秒の広告と変わらないのだ。人間の脳が、グロボティクスによる激しい変化を扱うのに適していないのは、そのためだ。人間の脳は、槍が飛ぶ速さを本当に速いと感じる世界で、直線的な成長を理解するように進化してきた。だが、デジタル技術は、そんな風には飛ばないのだ。

デジタル技術は歩ける範囲でしか理解できない人間脳を奇襲攻撃する

デジタル技術の進歩は当初、遅々としたものだった。なにしろゼロからのスタートだったのだから。長いあいだ、進歩はほとんど感じられなかったが、その後、長足の進歩を遂げる。このパターンは、銀行預金を例に説明することができる。

銀行の預金金利が年利58%の高金利なら、18ヵ月ごとに倍になり、今日1ペニー預けておけば、10年後には1ドルになる。100倍に増えるわけだが、1ペニーが1ドルに増えたところで大騒ぎするようなことではない。これは、「(小さすぎて)感知できない成長」の段階だ。

20年後、30年後と面白くなっていくが、増加を実感できはじめるのが40年後だ。1万ドルが50年後には100万ドルになる。その後の増え方は尋常でない。60年から70年のあいだに100万ドルが1億ドルに増え、80年目には100億ドルに増える。これは「爆発的な成長」の段階だ。

こうした類の成長は奇妙に思える。30年間、レーダースクリーンにも映らないような成長で、1ペニーが100億ドルに増えるのだ。これは正常とは思えないし、将来を過去の延長線上で考えるとすれば正常とはいえない。だが、これがまさに指数関数的な成長であり、これこそ、デジタル技術の進歩の仕方だ。そして、成長を実感できない状態が何十年も続いた後、爆発的に成長するという、この特徴があるために、直観的に理解するのがむずかしいのだ。

コンピューターを例にとると、処理速度は18ヵ月ごとに倍になっている。2015年に発売されたiPhone6sの情報処理速度は、1969年にアポロ11号を月面に導いたメインフレーム・コンピューターの1億2000万倍の速さだ。これは驚きだが、それでは終わらない。2017年に発売されたiPhoneXの処理速度は、iPhone6sより3倍以上速い。2015年から2017年にかけて処理速度は、アポロ11号のメインフレームと比べると2億4000万倍速まったことになる。

こう考えるといい。2015年からの2年間の性能向上は、1969年から2015年の進歩の2倍に匹敵する。わずか2年で過去46年の2倍の進歩を遂げたのだ。歩ける距離の範囲内での理解にとどまる人間の脳にとって、この速さは尋常とは思えない。何十年も実感がもてなかった後、爆発的に成長する、というこの特徴があるからこそ、多くの人々は変化の速さに気づかないか、それを否定しながら暮らしているのだ。

過去の延長線上で将来を考えるという人間のもって生まれた傾向と、指数関数的な成長という現実の姿のミスマッチは、グラフで表すことができる。私はこれを「聖なる牛」(なんということだ)の図と呼んでいる。[3]

「聖なる牛」(なんということだ)の図

過去の延長線上で将来を考える人間の傾向は右上がりの一直線で示されている(図4・1)。デジタル技術の実際の進歩の仕方は、ホッケーのスティック状で描かれている。進歩が実感できない段階では底を這っているが、爆発的な成長段階になると、図のように垂直に上昇する。

図4.1　「聖なる牛」（なんということだ）の図

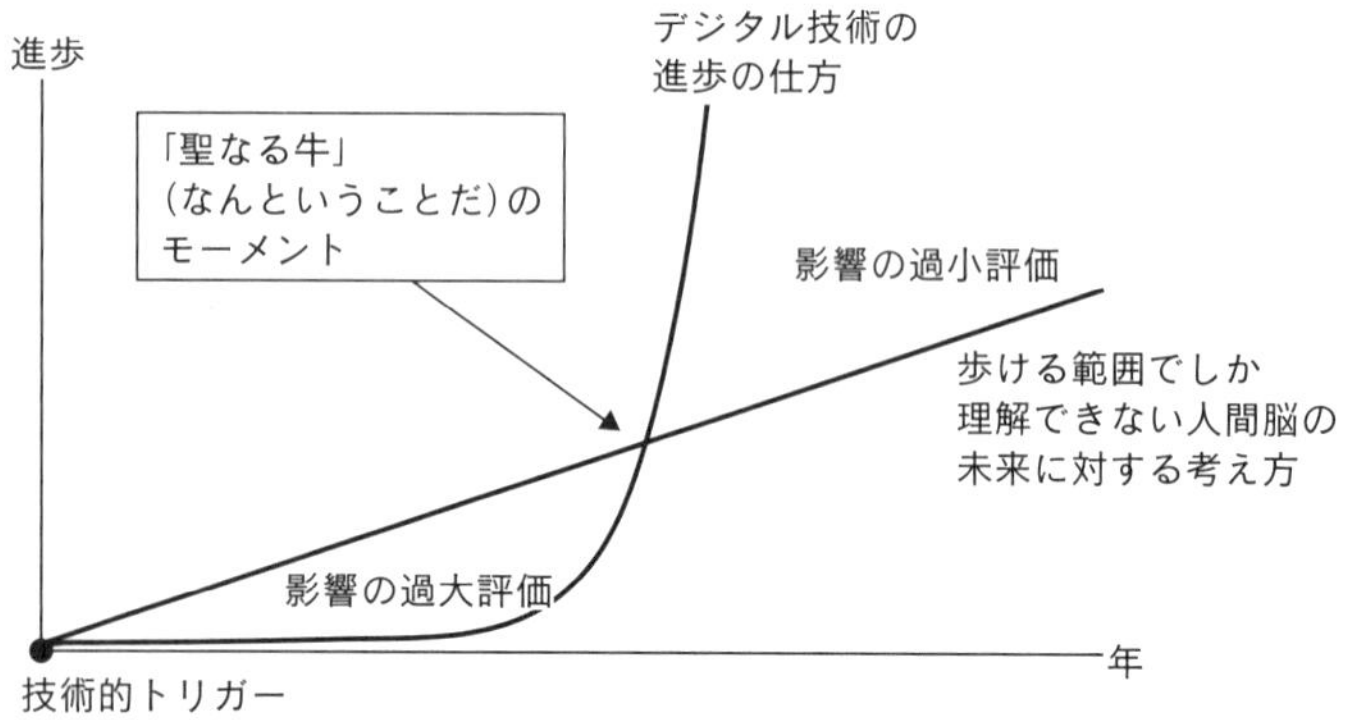

出所：筆者作成。

デジタル技術の爆発的な成長と、人間の進歩の見通しが交わるとき、「聖なる牛」（なんということだ）の瞬間が訪れる。デジタル技術の進歩が「破壊的」になる瞬間である。人々はその瞬間が訪れることをわかってはいるが、それほど速く訪れるとは予想していない。過去にそれほど速く変化しなかったのに、今なぜここまで速く変化するのかが理解できないのだ。

過去の経験をもとにすると、爆発的成長局面の進歩は実現可能だとは思えないし、妥当だとも思えない。歩ける距離の世界では到底考えられない。これに対して指数関数的な成長の世界では、それは避けられないものだ。元CEOのデュークやドレクスラーらが痛い思いをして思い知ったように。

デジタル技術に関する直観と現実のズレを端的に示す別の表現法がある。アマラの法則と呼ばれるものだ。未来予測家のロイ・アマラによると、技術の影響は短期的には（いわゆる「聖なる牛」＝なんということだ＝の瞬間の前には）過大評価され、長期的には過小評価される傾向があるという。この規則的な誤算は、今に始まったことではない。

アクセンチュアのＣＥＯであるピエール・ナンテルムは２０１６年にこう書いている。「２０００年以降、フォーチュン５００の半分強の企業が消滅した最大の理由は、デジタル技術にある」。しかも、この影響を受けているのは企業ばかりではない。仕事の世界も変えつつある。

新たな衝撃はいつ始まったのか。革命は1回かぎりの出来事ではなくプロセスなので、いつ始まったかを特定するのはむずかしい。とはいえ、２０１６年か２０１７年はいい線なのではないか。とりあえず２０１７年としておこう。フォーブス誌のテクノロジー・カウンシルやフォーチュン誌が「ＡＩ元年」としているのだから。

だが、このデジタル技術は、そもそもどのようなものなのだろうか。

デジタル技術の四つの法則

デジタル技術はきわめて特異なものだ。その進歩の目覚ましさから、いくつか特別な名前がつけられている。そのうちの一つ、ムーアの法則は、コンピューターの処理速度は指数関数的に向上し、18ヵ月ごとにほぼ倍になる、というものだ。デジタル技術の特異性を説明する「法則」は、ほかに三つある。データ伝送量の伸びに関する法則であるギルダーの法則。デジタル・ネットワーク接続による価値増大の法則であるメトカーフの法則。そしてイノベーションの驚異的なペースに関する法則はヴァリアンの法則と呼ばれる。これらの法則自体が興味深いものだが、それに負けず劣らず興味深いのが命名のもとになった人物たちだ。

ムーアの法則

ゴードン・ムーアの経歴は不思議なことに、本人の名前のついた法則の仕組みのアナロジーになっている。出だしは遅かったが、後にめざましい成果を収めた。高校ではこれといって目立たない生徒だったムーアは、地味なサンノゼ州立大学で2年間を過ごした後、カリフォルニア大学のビッグリーグ、バークレー校に編入し、家族ではじめての大卒者となる。最初はトランジスタを発明したウィリアム・ショックレーの指導のもと、半導体の設計にたずさわる。だが、ショックレー半導体研究所では順調とはいかなかった。

ショックレーは特異な性格だ。調子が良いときでも仕えるのがむずかしいが、1956年にノーベル物理学賞を受賞した後は、ますます偏狭で独裁的になった。ムーアら8人の若手研究者は研究所を去り、自分たちで会社を興すことにした。6人が500ドルずつ出し合って資本金にし、フェアチャイルド・カメラ・アンド・インストゥルメントからの支援を得て、1957年にフェアチャイルド・セミコンダクター・コーポレーションが誕生する。研究開発の責任者を務めたムーアは、1965年に有名なムーアの法則を発表する。10年在籍した後、1968年にインテル・コーポレーションを設立した。これでムーアは億万長者になり、大統領自由勲章の栄誉に浴する。

ムーアは1997年に引退したが、法則は生きつづけた。1平方インチあたりのトランジスタ数は、リチャード・ニクソンが大統領だった頃から、18ヵ月ごとにほぼ2倍に増えていった。一つの理由は、それがすぐに、進歩を記録するものではなく、進歩を牽引する重要なものになったからだ。

ムーアの法則の重要なポイントは、それが重力の法則のようなものではない、ということだ。経験則ですらない。むしろ、スローガンか電子・ソフトウェア産業の公式賛歌と考えたほうがいい。それが50年にわたって進歩を唱道してきたのだ。

IT業界に指揮者が必要なのは、半導体メーカーがソフトウェアや処理能力を活用するコンピューターを設計するわけではないからだ。この関係は、プラット＆ホイットニーやロールス・ロイスといったジェット・エンジン・メーカーと、ボーイングやエアバスといった航空機メーカーの関係に似ている。ジェット・エンジン・メーカーは、まだ存在していない航空機のエンジンを多額の費用と多くの時間をかけて開発する。航空機メーカーは、これからつくるエンジンがなければ飛ばすことのできない機体を多額の費用と多くの時間をかけて開発する。航空業界の場合は関係する企業がごく少ないので、この調整はさほどむずかしくはない。だがIT業界は、グローバルに広がり、たえず変化している。

IT企業は多額の費用を投じ、何年もかけて、これから開発される半導体チップ上で動作する画期的なソフトウェアや通信サービスの開発に取り組んでいる。同様に、半導体メーカーは、毎年インターネット上に登場する画期的なソフトウェアや電気通信サービスからの旺盛な需要をあてこんで、高性能の半導体設計に多額の資金を投じている。言い方を変えれば、ムーアの法則は自己実現的な予言であり、ひょっとするとねずみ講のポンジー・スキームと言ってもいいかもしれない。

ムーアの法則が長年拠り所としてきた、半導体チップメーカーとユーザー間をコーディネートするメカニズムが『半導体のテクノロジー・ロードマップ』だ。直近2015年の報告書では、ムーアの法則が少なくとも2020年まで同じペースで続くと予測している。これが簡単に、あるいは自動的に実現すると考える者はいない。

最近の調査によると、処理速度を倍にするための開発期間は、1971年時点の17倍かかっているという。これは、莫大な金額がかかることを意味する。たとえば、特殊な半導体チップメーカー、エヌヴィディアは機械学習の処理速度を上げるための最新チップの開発に20億ドル以上を費やしている。米海軍のニミッツ級の原子力空母の半分が賄えると聞けば、いかに巨額かがわかるだろう。しかもこれは、機械学習を12倍速くする、たった一つのチップ開発に使われるのだ。

これだけ多額の研究開発費をかけても割に合うのは、処理速度の速いチップに対する需要が同じように急速に拡大しているからだ。結局のところ、ムーアの法則がいまだに健在なのは処理速度の速いチップを販売すれば儲けが出るからだ。

ギルダーの法則

ゴードン・ムーアと同様、ジョージ・ギルダーも、本人の人生とその名を冠した法則が奇妙な相似形を描いている。1989年、ギルダーは、通信網の帯域幅はコンピューターの計算速度の上昇スピードの3倍の速さで増大すると予想した。この予想を受けて市場は大きく盛り上がったが、その後崩壊する。それは、ギルダー自身にも通じる。二つの物語は驚くほど絡み合っている。

熱狂のきっかけとなった画期的な技術は、光ファイバー・ケーブルの実用化である。これで伝送速度は大幅に向上することが約束された。イノベーションは当初、過剰に喧伝された。ほとんどはギルダー自身によるものだった。これで期待が異常に高まり、1990年代末の「ドット・コム」バブルの片棒を担ぐことになる。データ伝送速度は、最初の数年は処理速度を上回るペースで加速したが、その後は鈍化し、ムーアの法則とほぼ同じペースになった。

ギルダーは投資の面では手痛い間違いを犯し、2001年にほとんどのハイテク株が暴落した際には個人破産した。だが、伝送速度が爆発的に向上するというギルダーの予想は、現実になった。ただし、図4・2に示したように、ギルダーの予想どおりではない。1990年代半ばまで、アメリカのインターネットは政府がコントロールしていた。それでも、商業利用をあきらかに阻害する政策がとられたにもかかわらず、年率100％強で成長した。これは、処理能力向上の約3倍のスピードだ。1995年にインターネットの商用利用が本格化すると爆発的に成長する。1995年、96年の成長率は年率1000％近い。その後、成長率は緩やかに低下し、現在は年率20～30％の2桁の底堅い成長が続いている。今では、尋常でない膨大な量の情報が日々伝送されるようになった。

2017年のごく普通の日の1分間のインターネットの利用状況をみると、呟かれているツイ

図4.2　世界全体のインターネット利用者の推移、1995〜2017年

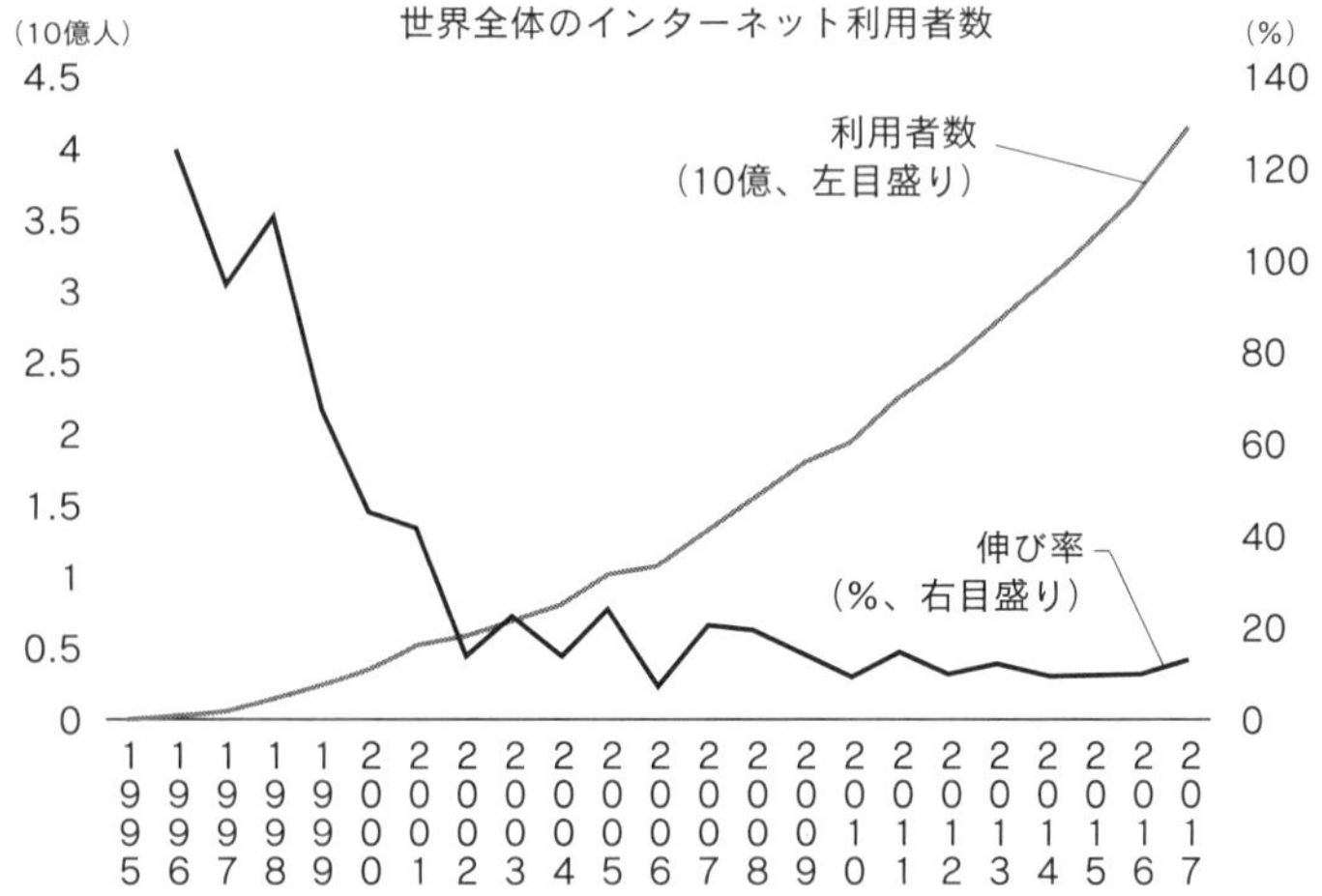

出所：World Internet Stats.com, https://www.internetworldstats.com/emarketing.htm.の公表データをもとに筆者作成。

ートは50万件、ユーチューブで再生されている動画は400万件超、インスタグラムの投稿は4700万件、フェイスブックでは「いいね」が400万件、テキストメッセージは1500万件にのぼる。2016年に伝送されたデータの総量を語るには、耳慣れない単位が必要になる。シスコシステムズの推計によると、2016年の世界のインターネット・トラフィック量は1・2ゼタ・バイトだ。これがいかに大きな数字であることか。

文字「a」――aでなくてもいいのだが――を保存するには8バイト必要だ。世界中のあらゆる言語で登録された書籍を保存するには（かつバックアップ用のコピーを取るには）だいたい480×100万×100万バイト使う。480の後にゼロが12個つき、DVD約2万枚に収まる計算だ。積み上げると24メートル近くになる。1ゼタ・バイトは、この1兆倍だ。2016年のインターネットのトラフィック量をDVDに保存すると、240億キロメートルの高さになる。太陽までの距離はわずか1億5000万キロなので、DVDの高さは、太陽まで行って帰っての往復を80回繰り返すことになる。

しかも、この数値は急増している。インターネット上を行き交う情報量は、2021年までに2、3年ごとに倍になるとシスコシステムズは予想している。個々の接続が速くなっているのに加えて、世界全体で接続数そのものが増加している。インターネットの黎明期、利用者数は爆発的に伸び、3桁の成長率を記録した。2000年前後には、伸び率は10〜20%に落ち着き、それ以降は横ばいで推移している。現在の利用者数は40億人強だ。北米やヨーロッパの普及率は100%に近い。だが、世界全体でみると、ネットにつながっている人口は全体の半数以下で、アジアやアフリカでは成長の余地が大きい。世界全体でのインターネットの接続率は約55%だ。現在の年10%の伸びが続くと、アメリカの大統領選が行われる2020年には、接続人口は10億人増える計算になる。2024年の選挙時には、ほぼすべての人がネットにつながる。

迅速なデータ処理と迅速なデータ伝送の組み合わせから、20億人の利用者を抱えるフェイスブックのような巨大なデジタル・ネットワークが生まれている。巨大ネットワークが生まれる背景には至極当たり前の理由——メトカーフの法則と呼ばれるものがある。

メトカーフの法則

ロバート・メトカーフ──デジタル経済の法則をつくった人物としては最も地味な第三の男は、次のような観察をした。ネットワークが成長すればするほど、ネットワークに加わるコストが低下するほど、ネットワークに接続するメリットは大きくなる。これは、デジタル・ネットワークがこれほど急成長している理由だけでなく、ネットワーク内でのＩＴ企業同士の競争で勝者総取りになる理由も説明している。この法則は、ごく常識的なことを言っているに過ぎない。

ネットワークに接続する利用者が増加し、より多くのコンピューターとつながり、ネットワーク上の情報量が増えるほど、そのネットワークがますます便利になるのはあきらかだ。だが、接続が増えるほど便利になる、という単なるトレンドが問題の本質ではない。メトカーフの法則が言っているのは、ネットワークの価値がそのネットワークの利用者数を上回るペースで高まる、ということだ。しかも、ほんの少しではない。２倍の速さで価値が増加するのだ。

たとえばネットワークの利用者数が10万人のとき、利用者を一人増やすことで生まれる新たな接続数は10万だ。利用者が20万人のとき、利用者が一人増えると、接続は20万増える。言い換えると、新たな接続は直線的に増加するわけではない。新たな増分１単位ごとに増分の規模が大きくなるので、成長が成長を呼び、ほどなく変曲点を迎える。

その結果は、「ティッピング・ポイントの経済学」と呼ばれることがある。ある事象の規模がティッピング・ポイントを越えると、雪だるま式に巨大化する。格好の例が、世界最大のスマホ向けメッセンジャーのワッツアップだ。多くのメッセージを送信し、オーディエンスが増えたことで加入者が増え、それによってより多くの利用者がより多くのメッセージを送信するようになった。２０１７年７月までの16ヵ月間に、新たに５億人がワッツアップを利用するようになった。雪だるま効果は社会的な要素も付与している。何かを始めるとき、他人がやっていないから自分もやらない、ということが少なくないが、誰かがやりはじめると自分もやってみようという人が多くなる。

要するに、ネットワークは、規模の拡大をはるかに上回るペースで価値が高まる、ということだ。グロボティクス時代にとって重要な意味合いが二つある。

第一に、仮想空間における経済の動きが、現実空間の経済と違って見えるのはなぜかを説明するのに役立つ。フェイスブック、ワッツアップ、ツイッターといったＩＴ企業の価値が急速にここまで大きくなった理由を説明してくれる。典型例としてフェイスブックを見ると、立ち上げたのは２００４年だが、一般に公開されたのは２００６年９月だ（当初、利用は大学生に限定されていた）。５年後、利用者は６億人に達した。２０１２年には10億ドルの利益を出した。現在では、利用者が20億人以上で、年間利益１００億ドル以上だ。

第二のポイントは、仮想経済にみられる「勝者総取り」の傾向を説明するのに役立つ。２０００年代、フェイスブックにはマイスペースなどの競争相手が数社あった。だが、他の人がみなフェイスブックをやっているという理由で誰もがフェイスブックをやりたがった。フェイスブックに入れば友だちが見つかる。同様に記憶に新しいのが、グーグルがヤフーなどの初期の検索エンジンに対抗した例だ。勝利が約束されていたわけではなかったが、いったんグーグルが勝ちはじめると、利用者が増加して勝利が早まることになった。ライコス、アルタヴィスタ、アスク・コムといった検索エンジンはすべて競争から脱落していった。マイクロソフトのBingのように、「大きく生まれた」検索エンジンでも、メトカーフの法則がはたらいているためにトップの優位性を脅かすことはできていない。

デジタル技術の凄まじい速さを牽引しているのは、ネットワークの性能と、演算能力と伝送量の爆発的なペースでの伸びだけではない。デジタルの世界のイノベーションには実物の世界のそれとはかなり違う面がある。第二次産業革命の最中の1900年代後半に起こった新たな技術群から実用的な製品や新たなプロセスが生まれるまでには数十年かかった。発明のプロセスに時間がかかったのは、物理的なモノの生産が関わっていたからだ。

デジタル・イノベーションの性格は大きく異なる。基礎となるコンポーネントの性格の違いから、きわめて迅速に進む。この新しいタイプのイノベーションには、「デジタル・コンビナトリック・イノベーション（デジタルを組み合わせたイノベーション）」という名前がついている。名づけたのは、グーグルのチーフエコノミストのハル・ヴァリアンだ。だが、私はヴァリアンの法則と呼びたい。ヴァリアンの人となりは、彼の名のついた法則とはかけ離れている。

ヴァリアンの法則

ハル・ヴァリアンは上背のある男で、70歳という実年齢より10歳は若く見える。ヴァリアンの法則は、イノベーションの混沌とした性格を表したものだが、本人には混沌としたところは一切ない。いたずらっぽいユーモアのセンスを除けば。2017年夏、ポルトガルのシントラで開かれた欧州中央銀行（ECB）主催のフォーラムで話す機会があったが、集まった中央銀行関係者をからかっているように思えた。カリフォルニアの極上ポリエステルでつくったに違いないオレンジの皮の色のネクタイには、株式市場のブームと破裂を表したグラフに、ドル、ポンド、ユーロ、円の記号（$、£、€、¥）が印字されていた。ECBの正式な服装規定に対するシリコンバレー流の挨拶だったのかもしれないし、マリオ・ドラギECB総裁やベン・バーナンキ前FRB議長と打ち解けるための、ちょっとした小道具のつもりだったのかもしれない。

ヴァリアンの法則は、デジタルの世界で物事の変化がいかに速いか、その理由を説明するものだ。「あるテクノロジー、あるいはテクノロジー群が登場し、さまざまなコンポーネンツができると、これを組み合わせたり、組み替えたりすることで、新たな製品をつくることができる。こうしたコンポーネンツが登場すると、イノベーターがその可能性をいろいろ試すため、テクノロジー・ブームが起きる」。

19世紀や20世紀のイノベーション・ブームと今日との大きな違いは、製品やコンポーネンツの性格にある。現在のコンポーネンツといえば、オープン・ソースのソフトウェア、プロトコル、アプリケーション・プログラミング・インターフェース（API）といったものだ。不思議に思えるかもしれないが、これらのコンポーネンツは無料でコピーできる。

機械学習のように競争が激しい世界ですら、先駆者は主要な研究結果を誰でも閲覧できる学術誌で公開している。トレーニング用の大量のデータ・セットが、無料ダウンロード用に頻繁に投稿されている。グーグルなどの企業は、一部のオンライン利用者に最も高性能のコンピューターを利用させている。ＩＢＭは最先端の量子コンピューターを無料で公開し、専門家のコミュニティをつくって、量子コンピューターの優れた活用法を開発してもらおうとしている。

こうした一般的な慣行が奇妙に思えるのは、これら無料のコンポーネンツでつくられたデジタル製品はとてつもない価値があることが多いからだ。

ヴァリアンの法則はこうだ。デジタル・コンポーネンツは無料だが、デジタル製品には大きな価値がある。無限に近いコンポーネンツを組み合わせて、価値があるデジタル製品をつくり一山あてようとイノベーションが爆発する。

画期的な著書『ザ・セカンド・マシン・エイジ』のなかで、エリック・ブリニョルフソンとアンディ・マカフィーは、その意味をこう指摘している。デジタル技術と伝統的な技術の大きな違いは、新しい製品やコンポーネンツが、コストをかけず瞬時に完全に再生産できる点だ。ニューコメンの蒸気エンジンがコストをかけず瞬時に完全な形で再生産できていたら、産業革命はどんなにか迅速に広がっただろう。

自動運転車は、ヴァリアンの法則の一例だ。実現が確実な未来の夢の一つだ。といっても、画期的な技術を使っているわけではない。ＧＰＳ、Wi-Fi、高度センサー、アンチロック・ブレーキ、自動変速機、横滑り防止装置、適応巡航制御、レーン制御、地図ソフトといった既存のテクノロジーの組み合わせで、巨大な処理能力とＡＩで動くホワイトカラー・ロボットによって統合されている。とはいえ、いつでも入手できる技術のマッシュアップである自動運転車は７兆ドルの市場になると見込まれる。これは特殊な例ではない。配車アプリのウーバー、民泊サイトのエアービーアンドビー、マッチングサイトのアップワークといった現在の革新的な製品やアプリやシステムの多くは、もっぱら既存のデジタル・コンポーネンツのマッシュアップだ。

以上で述べてきた四つのデジタルの法則によって、想像もできなかったものが普遍的・一般的なものになった。ＳＦ映画でしか実現しないと思われていた技術の扉が開いたのだ。だが、それは続くのだろうか。

デジタル技術の衝撃は続くのか？

これまでのムーアの法則は、１枚のコンピューター・チップ上にいかに多くの電子を詰め込むかがカギだった。モノを小さくするしかないので、論理的にムーアの法則の終焉は避けられない。実際、すでに限界に近づいた、と見る向きもある。たとえば科学技術の紹介サイト、アーズ・テクニカのピーター・ブライトは、２０１６年11月の記事にこう書いている。「ムーアの法則は、長患いの後、51歳で死んだ」[4]。インテルの前ＣＥＯブライアン・クルザニッチは違う見方をする（ゴードン・ムーアが創業した会社の舵取りを担う者の発言としては予想どおりだ）。

２０１７年５月、クルザニッチは、ムーアの法則の死は先送りされたと宣言した。「私はこの業界に34年いるが、ムーアの法則の死という言葉を嫌というほど耳にしてきた。今日ここにいるのは、ムーアの法則は死んでおらず、隆々としていることを伝えるためだ。ムーアの法則は、私のキャリアが終わっても生きつづけると信じている」。[5]

現在のマイクロプロセッサーのトランジスタの直径は約14ナノメートルだ。バクテリアが1万～10万ナノメートルのあいだ、ウィルスの平均が100ナノメートルだといえば、トランジスタがいかに小さいかがわかるだろう。個々の原子は、ナノメートルの10分の1のオーダーだ。クルザニッチはムーアの法則の葬儀の延期を発表したとき、10ナノメートルのトランジスタが搭載されたチップを発表した。

10ナノメートルを半分にしていけば、数回で原子の大きさになるが、このスケールでは、量子物理学的意味合いにおいては不思議な世界になる。2015年、半導体の技術ロードマップの報告書で、主著者のパオロ・ガルジーニは、「どう頑張っても、2～3ナノメートルの限界に突き当たる。わずか10の原子が交差する世界だ」。このスケールでは、電子の動きは量子の不確実性に左右され、トランジスタは絶望的に不安定になる。2020年代にはこの限界に到達するのではないかとガルジーニは予想している。

だが、物理的な限界によってコンピューターの高速化、低価格化、小型化が止まる必然性はない。

「モア・ムーア」か「モア・ザン・ムーア」のペースでの進歩

これまで半導体業界は、ガルジーニが言う「モア・ムーア」路線を追求してきた。つまり、一個の半導体上のコンポーネンツの密度を高めてきた。だが、この「モア・ムーア」路線以外にコンピューターの性能を高める方法はある。エンジニアは2Dチップから3Dチップに移行する技術を考えていると、ガルジーニは指摘する。

もう一つの方法を、ガルジーニは「モア・ザン・ムーア」アプローチと呼ぶ。これは汎用の計算能力の最適化ではなく、特定用途向けに最適化されたチップを製造する方法だ。喩えて言うなら、モア・ムーア路線は、どんな重量スポーツでも勝てるように一人のアスリートを強くするのに対して、新たなアプローチは、瞬発力が発揮できるアスリートと、持久力が強いアスリートをそれぞれ育てようとするものだ。エヌヴィディアのチップは、機械学習向けに特化したチップで、「モア・ザン・ムーア」の格好の例だ。

物理的限界に対する究極のソリューションは量子コンピューティングで、一つのモノが同時に多くのモノになりうる量子物理学の奇妙で素晴らしい性質をベースにしている。2020年代には研究室での実験段階を終え職場で使われるようになるとみる向きもあるが、そうなれば、コンピューティング・パワーが飛躍的に進歩するのは確実だ。だが、量子コンピューティングの商用アプリケーションへの道のりは長い。とはいえ、デジタル技術の世界での「長い道のり」は10年のことに過ぎない。

1個のチップに搭載するトランジスタ数の物理的限界を迂回する方法はほかにもある。共通するのは、トランスミッションの代わりにローカル処理力を使う方法だ。これは、iPhoneがデジタル・アシスタントのSiri（シリ）で使った方法だ。多くのiPhoneでは、インターネットに接続したときにだけSiriが作動する。あなたが質問すると音声データが圧縮され、クラウド上にあるアップルのスーパーコンピューターに伝送される。そして、それに対する答えが滑らかな声で、Siri から iPhone に返ってくる。これらがすべて、数秒といわず数百分の1秒で処理される。

こうしたさまざまな方法によって、デジタル技術は今後も猛烈なペースで進歩しつづけるように思える。

前述の四つの法則が可能にした最も重要な技術の一つが、「機械学習」という自己矛盾しているように思えるレッテルのついた興味深いテクノロジーだ。機械学習で可能になったことに人間がどう向き合っているかをみれば、機械学習がいかに奇妙な存在であるかがわかる。

機械学習——コンピューティングの第二の分水嶺

アマンダ・バーンズにはポピーという名の新しい同僚ができた。このペアはロンドンの保険ブローカー、ロイズが2008年の金融危機以後に導入された金融規制を遵守するのに一役買っている。新たな保険を契約する場合は、中央登録機関に登録しなくてはならない。その際、いわゆるロンドン・プレミアム・アドバイス・ノート、略称LPANを作成することになるが、これはほぼ定型業務で、いわば「知識の組立ライン」作業だ。[6]

保険ブローカーは、新たな保険契約の情報を載せた電子メールを送る。誰かがこれを開封し、関連する情報を取り出し、確認し、追加データと照合する必要がある。その後、LPANに記入し、全体のファイルを保険会社市場登録機関にアップロードする。

バーンズは５００件のＬＰＡＮを２、３日で目を通すことができるが、ポピーはこれを数時間でこなす。ポピーは新たなデジタル・ワークフォース（デジタル労働力）の一部だ。ここでの「デジタル」は、仕事ではなく、労働者を意味している。ポピーはホワイトカラー・ロボットだが、「ホワイトカラー」とは、ロボットが着ている服ではなく、ポピーが代替する労働者が着る服を指す。ポピーは、ロボティック・プロセス・オートメーション（ＲＰＡ）と呼ばれる人工知能（ＡＩ）の新たな形態の一種で、その基礎的な能力は機械学習によって獲得されたものだ。

ポピーはソフトウェアに過ぎないが、バーンズは同僚だとみなしている。じつは、ソフトに名前をつけたのはバーンズだ。おそらくポピーという名前は、バーンズがかつてやっていたことをソフトウェアがまったく同じようにやれる、という事実に由来するのだろう。あるいは、ＲＰＡが頼りなく見えることに由来しているかもしれない。ポピーは複雑なケースは扱えず、バーンズに任せなくてはならない。

ソフトウェア・ロボットをこのように擬人化するのはよくあることだ。たとえば、ビジネス・サービスのXchangingで働くアン・マニングは、ＲＰＡを訓練し、ヘンリーと名づけた。「彼には４００の意思決定をプログラミングしてある。すべて私の頭の中から。だから、彼は私の脳の一部なので、少し人間らしい性格を持たせた」とマニングは説明する。[7] テキサスのメルセデスの販売会社が、問い合わせへの対応や予約支援に導入した仮想アシスタントはティファニーと名づけられた。「彼女」は顧客に気に入られている。販売会社のインターネット責任者のジョセフ・デイビスは、テキサス人らしく自慢気にこう語る。「顧客の一人は彼女に薔薇を持って来てくれた。デートに誘おうとした顧客も何人かいる」[8]。

ここに重要なヒントが隠されている。ラップトップやスマートフォン、エクセルのプログラムには、普通ニックネームはつけない。ソフトウェア・ロボットに名前をつけるという習慣は現場からのメッセージであり、この自動化がこれまでとはあきらかに違うことを伝えている。そして、その見立ては正しい。コンピューターは、これまではできなかった方法で、「考える」ことができるようになったのだ。

コンピューターは従属から認知へシフト

機械は最近、第二の「分水嶺」を越えた。第一の「分水嶺」は1970年代に訪れたもので、すでにみたように、モノから思考へとシフトした。第二の「分水嶺」は、意識的な思考プロセスから無意識的な思考プロセスへのシフトだ。これを、モラベックのパラドックスの反転と考えよう。

AI研究の先駆者、ハンス・モラベックは、AIの石器時代後期——具体的には1988年にこう書いていた。「知能テストやチェス・ゲームで、成人並みのパフォーマンスを発揮させるのは、比較的簡単だ。だが、知覚や動作で1歳児並みのスキルを身につけさせるのは簡単ではなく、不可能に近い」。コンピューターは、人間がむずかしいと思うことが得意で、逆に人間が簡単だと思えることが苦手だ、という意味で、これはパラドックスだ。この両者の違いは、専門家には昔から知られている人間の思考の特徴を反映している。

心理学者によると、人間には大きく異なる二つの思考法があるという。一つは、意識的で慎重で論理的な言語的思考。もう一つは無意識的で迅速で本能的で非言語的な思考だ。頭のなかで15％のチップを計算しているときは論理的思考を使っていて、本能は何の関係もない。躓きそうになってバランスを保つときは本能的な思考を使っていて、論理は何の関係もない。

心理学者は、科学者としてこの二つの思考法に、詩的とはいえない名前をつけた。システム1（直観的、本能的思考）とシステム2（分析的思考）だ。社会科学者は、もう少し気の利いた名前をつけた。2002年にノーベル経済学賞を受賞した心理学者のダニエル・カーネマンは、2001年に出版した著書『ファスト＆スロー』で、二つのシステムを「ファストな思考」と「スローな思考」と命名した。私は、ニューヨーク大学の社会心理学者のジョン・ハイドの命名を気に入っている。脳の合理的な部分のスローな思考を「ライダー（乗り手）」、本能的なファストな思考を「エレファント（象）」と名づけた。

ハイドがつけた名前から、小柄な乗り手（システム2タイプの分析的で意識的な思考）が、大きな象（システム1タイプの直観的で無意識的な思考）の上に座っているイメージが湧いてくる。このニックネームの二つの様相は（システム2で多少）示唆に富んでいる。第一に、我々が意識していなくても、思考のほとんどは象がやってくれている。認知という点では、象は大仕事をしている。第二に、乗り手は象の上に座っていて、基本的にはコントロールしているが、どちらがどちらをコントロールしているかは、見かけほどはっきりしていない。乗り手が象をコントロールするのは、並大抵のことではない。ダイエットすると宣言した人なら、達成するのがいかにむずかしいか証言してくれるはずだ。

だが、これが一体、デジタル技術やポピーなどのＲＰＡと、どんな関係があるというのか。じつはモラベックのパラドックスの根源には、伝統的なコンピューター・プログラミングの特質がある。伝統的なプログラミングが真似ているのは、乗り手の思考法であって、象の思考法ではないのだ。

数年前までは人間がコンピューター・プログラムを書いて、コンピューターに何をするか教えていた。[9] こうしたプログラムは、起こりうるあらゆる状況でコンピューターがどうすべきか、論理的なステップで説明していた。だが、この方法だと、コンピューターに考えることを教える前に、人間がどう考えているのか、順を追って理解しなければならないことになる。

モラベックのパラドックスが起きたのは、ＡＩのもう一人の先駆者マーヴィン・ミンスキーが指摘したように、「脳が得意なことに自分たちが気づいていない」からだ。我々は、乗り手の思考法――代数や幾何、アーチェリーのやり方は理解している。だが、象の思考法についてはよくわからない。猫をどう認識するか、丘や谷を駆け抜けるときバランスをどう保つかはわかっていないのだ。だが、「機械学習」と呼ばれるＡＩの一形態が、コンピューターのプログラミング方法を変えることで、このパラドックスを解決した。

機械学習では、コンピューター（「機械」）が膨大な統計モデルを推定し、このモデルを使って特定の問題の解答を推測（「学習」）するのを人間が助ける。演算能力のめざましい進歩と膨大なデータへのアクセスによって、機械学習で訓練されたホワイトカラー・ロボットは、スピーチを認識するといった特定の推測作業については、人間並みのパフォーマンスを当たり前に達成できるようになった。もはや、明確な指示に従うだけのコンピューターではない。今では高度な推測ができ、人間の思考形態を再現する能力を獲得しつつある。機械学習が、かつてない抜本的な形で仕事の世界に影響を与えているのはそのためである。

こうしたコンピューターの新たな認知形態は、現実を変えつつある。自動化の新たな形態を生みだし、コンピューターは象の思考／ファスト思考、システム1の作業を扱えないという事実によって21世紀まで守られてきた仕事につく多くの労働者を代替しようとしている。いまやコンピューターは、これらの思考ができる。機械学習は真に革新的なもので、誰もが理解しなければならないものだ。機械学習がトップニュースになっているゲームの分野から見ていこう。

ゲームとゲーム以降

昔からあるボードゲームの「囲碁」は、チェスよりも複雑だ。最初の2回の動きの後、チェスでは400通りの動きができるが、囲碁では13万通りにもなる。後になればなるほどもっと複雑になる。碁盤上で碁石が取りうる位置は宇宙の原子よりも多い。ゲームがあまりに複雑なので、囲碁名人はどうすべきか直観で「感じ取っている」という。チェスと違って論理的に戦略を練っていくことはできない。

こうした複雑さゆえ、ライダー思考／スロー思考／システム2思考を使ったコンピューターが数十年前にチェス名人を破っていたにもかかわらず、囲碁では名人レベルになかなか辿り着けなかった。だが、2017年5月、状況が変わった。機械学習の手法を使ったコンピューター囲碁プログラムのAlphaGo（アルファ碁）が、世界最強の囲碁名人を破ったのだ。[10] 破ったことと同じくらい、その方法に驚かされた。

ＡＩで最先端を走るディープマインド社が保有するAlphaGo Masterは、16万の実際の対局から３０００万通りの棋譜を学習することで要諦をつかんだ。これには圧倒される。人間の生涯労働時間はせいぜい２６００万分前後なので、AlphaGo Masterは最初から人間が生涯かけて経験することをマスターしていることになる。だが、その後、AlphaGoと互角に戦おうと意気込む人間を怖気づかせることが起きている。

経験から学ぶために、AlphaGo Masterは、人間が60年間にできる以上の対局数をわずか６ヵ月で自身相手に行ったのだ。世界最強の囲碁名人の柯潔は、AlphaGo Masterに敗れた後にこう語った。「去年対局したときは、まだ人間相手に対局している感じだったが、今年は囲碁の神のようになっていた」。だが、驚くのはこれで終わりではない。

ＡＩの凄まじいスピードの古典的な例といえるが、AlphaGo Masterの所有者は、「人間の対局から学習する」段階をスキップし、最初からプログラム同士の対局から学習させて新たなAlphaGoを開発した。最初にあったのはルールだけだ。AlphaGo Masterが「訓練されてから演算能力は大幅に向上しているので、驚くべき結果になった。たった40日間、自身と対局しただけで新バージョンのAlphaGo Zeroは、当時の世界最強の囲碁プレーヤー、AlphaGo Masterを破ってしまったのだ。AlphaGo Masterが囲碁名人を破って世界を驚かせてから、わずか半年後のことだ。

だが、機械学習はただ楽しいゲームではない。コンピューター・サイエンティストは、話題を提供するゲームから、仕事で活用される自動化へと対象を広げている。機械が機械学習で第二の「分水嶺」を越える前は、コンピューターはオフィス業務が得意ではなかった。手書きの文字が読めず、人が認識できず、スピーチ原稿を書いたり読んだり、理解したりすることができなかった。今はできる。しかも、そのオフィスでのスキルは急速に向上している。

機械学習とはどんなもので、どんな仕組みで、どんな限界があるのか。それがよくわかる格好の例がある。アップルの音声認識アシスタントSiriが新しい言語、中国語の方言である上海語を、どのように「学習」したのかをみるといい。[11] カギを握るのが圧倒的な演算能力だが、最初は人海戦術から始まった。

Siriは上海語をどう習得したか

アップルのコンピューター・サイエンティストは、上海語を話す人たちにサンプルとなる単語や文章を読み上げてもらった。これで特定の音（音声）を特定の単語（テキスト）と結びつけるデータベースができた。これは「トレーニング・データ・セット」と呼ばれる。

コンピューターは人間と同じように音声を認識するわけではない。認識できるのは、デジタル化されたインプット——0と1に変換されたテキストデータだけだ。そのため音声や文章は「デジタル化」する必要がある。記録された音波やトレーニング・データ・セットの音声に対する言葉を0と1のテキストデータに変換する。こうして出来上がったデータ・セットは、0と1の一つのパターン（音声）が0と1の別のパターン（テキスト）に対応しており、コンピューターが認識することができる。ここに機械学習が登場する。

音声に対応する言葉を正確に推測するうえで、デジタル化された音声データのどの特性に注目するのが有効かを特定することが肝要だ。この問題に対してコンピューター科学者は、「ブランク・スレート（白紙状態）」の統計モデルを確立した。推測の過程で音声データのあらゆる特徴を重要であるとみなす、という意味で白紙なのである。必要なのは、音声に関連する言葉を探す際に、音声データのそれぞれの特徴にどれだけウエイトづけするか、ということだ。

機械学習が革新的なのは、科学者が白紙を埋めるわけではない点だ。科学者が統計モデルにウエイトを書くわけではない。コンピューター自体が白紙を埋めていくように段階的な指示書を書いていく。人間が書く指示書は、音声データの重要な特徴を学ぶ方法を機械に教える。言い換えると、科学者は、トレーニング・データ・セットのペアリングを学習することによって、最適なウエイトづけを「習得する」方法をコンピューターに「教えている」。

こうした人間が書いた指示書は当初、コンピューターに大胆であるように、つまり大まかなウエイトづけを推測するよう教える。これは大雑把な一次予選と考えるといい。次にコンピューターは自身に即興問題を出して、一次通過した大雑把な推測の正確性を検証する。即興問題の結果を評価し、ウエイトづけをやり直して即興問題のスコアが上がるかどうかをみる。ウエイトづけと即興問題を繰り返してウエイトを調整し、最終的に最適と判断するウエイトに辿り着く。コンピューターは、対応する言葉を予測するのに有用な音声データの特性を見極めることができたわけだ。

次に科学者は、この統計モデルをテストする。新たな話し言葉を入力し、対応する書き言葉を予測するよう求める。これは「テスティング・データ・セット」と呼ばれる。「アルゴリズム」とも呼ばれる統計モデルは、「ほったらかしたまま」では精度が低いので、科学者はある程度試行錯誤しながらウエイトづけを選べるように自らプログラムを微修正していく。こうした修正を何度も繰り返した後、統計モデルの精度が十分に上がれば、新たな言語モデルは次の段階に進む。

アップルは、この新たなアルゴリズムをただちに翻訳に使ったわけではない。モデルを使って、さらに多くのデータを作成した。新たな言語アルゴリズムは、アップルのiOSとmacOSの書き取り機能の新たなオプションとして投入された（iPhoneのキーボードのスペース・バーの隣にあるマイクロフォンのアイコンに触れると起動する）。上海語のネイティブの話者がこの機能を使うと、アップルは音声のサンプルを記録した。次に人を使って、これらをテキストにし、音声とテキストの新たなトレーニング・データ・セットを作成した。コンピューターは研究室に戻され、さらに数千から数百万の即興問題とウエイトづけが繰り返された。こうした試行錯誤は、アップルが統計モデルのパフォーマンスに満足するまで続けられた。

こうしてSiriは新たな言語を「理解」するようになった。「話す」学習にはそれほど頭を使わない。役者が上海語で話した言葉や文章を記録し、Siriはこれを使って、さまざまな問い合わせや要求に答えていく。

じつは人工知能（ＡＩ）は何十年も前からある。この言葉が生まれたのは１９５６年だ。機械学習ですら目新しいものではない。だとすると、なぜ今なのか？　なぜ、機械学習はこれほど急激に向上したのだろうか。

今なぜ機械学習か？

簡単な答えは、コンピューターの演算能力にある。コンピューターの演算能力のさらなる向上といってもいい。そこにはムーアの法則がはたらいている。

人間並みに写真を認識し、音声を理解できるようにＡＩシステムを訓練するには、膨大な演算能力を必要とする。専門的な機械学習のウエイトづけの部分には、「行列反転」の計算が絡んでくる。大きなシステムでこれをやるには、信じられないほど膨大な数の計算が必要だ。数万画素の画像を見るアルゴリズムの１回の反転には数十億の計算が必要だ。[12] そのためかつては最速のスーパーコンピューターの演算能力がなければ、実現できなかった。ムーアの法則がこの限界を取り除いた。２０１４年には手が届かなかったコンピューターの演算速度が、２０１６年にはごく当たり前になっている。

機械学習が今もてはやされているもう一つの理由は、ビッグデータの収集、保存、伝送が可能になったことにある。

高速コンピューターとビッグデータが結びつく理由はしごく単純だ。コンピューターの処理能力が機械学習のジェット・エンジンだとすると、データはジェット燃料だ。ムーアの法則がエンジンのパワーを向上させたのに対し、ギルダーの法則が燃料を注入しつづけた。ほんの数年前は、使われるデータ・セットの規模は、想像できても扱うことができないものだった。いまや超巨大なビッグデータを扱える。

たとえば写真共有サイトのフリッカーは、映像認識アルゴリズムのトレーニングに1億件のビデオや映像を貼り付けている。これがどれだけ大きいか。1から１０００まで一つずつ数えていくと17分かかる。時々休んで３０００まで数えるには1時間かかる。これを1週間40時間、年間50週続けると、1年後には1億に達する。10億に達するには、さらに16年必要だ。その時点でフリッカーは何度もデータ・セットの規模を倍増させているだろう。

だが、これほど驚異的な演算能力とビッグデータ・セットがあるなら、機械学習はなぜもっと幅広く導入されないのか。一つの問題は、ＡＩの性能が一定の水準に達すると、ＡＩだと思われなくなることにある。たとえば、文書をスキャンし、ワード・ファイルに変換するＯＣＲ（光学文字認識）はＡＩだが、標準的な性能だと思っている人がほとんどだ。言い換えれば、すでにＡＩに取り囲まれているのに、そのことを知らないのだ。第二の問題はスキル不足だ。

ポピーやヘンリーなどのＲＰＡ（ロボットによる業務自動化）システムは、最小限のトレーニングを受けた人でも簡単に使える。だが、ハイ・エンドのＡＩシステムを動かすには、まったく別の高等教育を受け、多くの経験を積んだ人材が必要だ。可能性を現実の革命に変えるには、ＡＩサイエンティストが不足しているのだ。ある推計では、Amelia、Siri、Cortana（コルタナ）といった複雑なＡＩシステムを構築するのに必要な人材は、世界中でわずか1万人しかいない。

だがグーグルには解決策がある。

グーグルは、高スキル人材がいなくても機械学習を促進するツールを開発してきた。２０１８

年1月に投入したAutoMLは、「自動機械学習（automated machine learning）」を縮めたものだ。これは、まさにサイエンス・フィクション（ＳＦ）の世界に出てきそうな代物だ。AutoMLは、機械学習のアルゴリズムをどう設計するかをコンピューター自身が学習する機械学習プログラムだ。いわばロボットをつくるロボット、少なくとも人間がロボットをつくるのを助けるロボットといえる。グーグルの最終目標は、優秀だが天才ではない数万人のプログラマーが新たな機械学習アプリを開発できるようにすることだという。今では多くのサービス・セクターで膨大なデータを保有する企業が増えてきたが、機械学習の手法で訓練されたＡＩシステムなしに、それらのデータを活用することはできない。AutoMLは、この制約を緩和することによって、サービス・セクターの自動化を加速するだろう。

機械学習によって、コンピューターは人間のように多くの頭脳労働ができるようになるが、その結果は人間らしい思考とはかけ離れたものだ。この点については多くの混乱が見られるが、その一因は機械学習が「人工知能（ＡＩ：Artificial Intelligence）」と呼ばれていることにある。人工知能という言葉は、混乱を意図してつくられたようにも思える。

「知能に近い（Almost Intelligent）」存在としてのＡＩ

名前が混乱を招くことがあるが、「人工知能」は最たる例だ。「知能（intelligence）」と、「人工（artficial）」の意味は、誰もがわかっていると絶対の自信をもっている。ところが二つの語が合体すると、混乱と誤解から、恐怖に転じかねない不吉な意味になる。あるいは、小馬鹿にしたように笑われるかもしれない。「人工知能」は、万人の耳に同じように響く言葉ではない。

なかには、映画『スター・ウォーズ』のC3POのようなSFのキャラクターや、1960年代の番組『ジェットソン』のロージー・ザ・メイドのような召使ロボットを思い浮かべる人たちがいる。他方、映画『ターミネーター』の手に負えない銀の液体T－1000や、映画『2001年宇宙の旅』の共感ロボット「Hal」や、映画『マトリックス』で人間を操作するコンピューターを思い浮かべる人たちがいる。

人工知能の最も簡単な定義は、「考える」ことができる、なんらかの知能を備えたコンピューター・プログラムである。では、知能とは何だろうか。心理学者は知能をこう定義している。「一般的な知覚能力であり、とくに論理づけ、計画を立て、問題を解決し、抽象的に考え、複雑なアイデアを理解し、短期間で学習し、経験から学習する能力である」[13]。この意味では、現在のAIに知能があるとはいえない。

機械学習が行っているのは、心理学者の定義の最後の二つ「短期間で学習する能力、経験から学習する能力」に過ぎない。Siriや自動運転車のような、機械学習の画期的なアプリケーションですら、データのなかのパターンを認識し、認識したパターンにもとづいて行動するか提案をするコンピューター・プログラムに過ぎない。パターン認識は驚異的で、特定分野では人間をはるかに凌駕している。だが、パターン認識は、人間やチンパンジー、イルカなどの高等動物について使われる意味での「知能」ではない。AIの本当の意味は、「知能に近い（almost intelligent）」であって、人工知能ではないのだ。

デジタル技術は素晴らしいものであり、守るべきだ。夢を見る人もいれば、恐怖を感じる人もいる。だが、誰の目にもあきらかなことが一つある。我々の経済を変え、生活を変え、コミュニティを変えるだろう、ということだ。

技術の衝撃から経済の変革へ

すでに見たとおり、デジタル技術によって、新たな4段階——転換、激変、反動、解決——が始まっている。第一段階の経済の変化はすでに進行中であり、自動化とグローバル化というお馴染みのコンビが主導している。

「グロボティクス転換」は、二つの重要な点で過去の転換と異なる。一つは規模である。デジタル技術の衝撃が最も実感されるのは、サービス・セクターになるだろう。サービス・セクターの就業者数が多いので、社会への影響は、もっぱら製造業セクターの破壊をもたらした「サービス転換」よりもはるかに大きなものになるだろう。製造業の地位が最も高いときですら、製造業の就業者は全体の3分の1に満たなかったため、打撃が大きかったとはいえ、社会への影響は労働者全体のごく一部にとどまっていた。今回は、はるかに広範囲に影響が及ぶことになる。

第二の大きな違いはタイミングである。19世紀や20世紀に経験した転換と違い、自動化とグローバル化というダイナミックなコンビは同時に動きはじめている。それこそ、本書のタイトルの「GLOBOTICS（グロボティクス）」に込めた意味である。経済的影響が、もっぱらグローバル化によるものなのか、もっぱら自動化によるものなのか、と問うことをやめる必要がある。グローバリゼーションとロボティクスは、いまや一卵性双生児であり、同じ技術が同じペースで牽引しているのだ。

過去2回の転換では、技術の衝撃がまず新たな形態の自動化を促し、かなり経ってから新たな形態のグローバル化が促された。デジタル技術がホワイトカラーのグローバル化と自動化の号砲を同時に鳴らす、という事実を強調するため、まずはグローバル化から見ていこう。

第5章　遠隔移民とグロボティクス転換

マイク・スカンリンは一つの仕事にとどまることを知らない。ソフトウェア・エンジニア、投資銀行、ベンチャー・キャピタルのキャリアを捨ててラスベガスへ移住し、自分が夢中になれるものに賭けることにした。原資産の買いまたは売りと、オプションの売りポジションを同時に保有する高度な投資戦略の「カバード・オプション」だ。

じつは、スカンリンにとってカバード・オプションは二番目に夢中になれるものだ。「最高に夢中になれる一番の趣味は、旅行とハイキングだ」とスカンリンは言う。だが、「36時間以上、通信できない場所にいることはない（エベレストのベースキャンプからも携帯電波を受信できる。谷ではなく尾根にいれば、それが可能だ）」[1]。

マチュピチュの頂上、グランドキャニオンの谷底、ザイオン・ナローズ・リバー・ハイクを働ける場所にするために、スカンリンは海外在住の有能なプロフェッショナルを採用した。アメリカで雇うと50万ドルはくだらないＩＴエンジニアとウェブデザイナーを３万７０００ドルで雇うことができた。いまや、オンラインの海外のフリーランサーを使わないでプロジェクトを遂行することなど考えられない。

こうした動きはまだ広く一般の関心を集めているわけではないが、そうあってしかるべきだし、まもなくそうなるだろう。きわめて大きな動きだ。スカンリンのような人たちがくだす選択によって、欧米のオフィスワーカーは、報酬は少なくても意欲の高い、海外の優秀な労働者との直接の賃金競争に巻き込まれることになる。

もちろんインターネットは双方向であり、一番安いものがつねに賃金競争に勝つとはかぎらない。国際的なフリーランス化によって一部の先進国の労働者が新たな機会を創出しているのは、そのためである。企業は、確実さが求められる仕事には、コストが高くても実績のある人材を起用する。だからこそ金融、会計、エンジニアリング、電気通信、ロジスティックスといったセクターでは、高賃金国のサービス企業が長きにわたって世界市場を支配してきた。彼らの競争優位の源泉は、低賃金ではなく優秀さである。

だが、どちらの側に立っているにせよ、今回はまったく様相が異なる。今日の高性能のデジタル・ネットワーク機器が登場する前に、スカンリンが海外のプログラマーを採用しようとすると、アメリカへの移民を採用するしかなかった。その場合は、賃金も福利厚生もアメリカの標準並みが求められたはずだ。

遠隔移民（テレマイグランツ）との国際的な賃金競争

　オンライン上の海外労働者がやっているのは――仮想的な意味で――スカンリンの会社のある場所に一時的に移住して、自国並みの賃金で働くということだ。そして、その賃金はたいていきわめて低い。一般に欧米の給与水準は、途上国の12倍以上だ。

　図5・1を見ると、中国の会計士の所得水準が、アメリカの会計士の約20分の1であることがわかる。中国の会計士はアメリカの会計士の業務を全部できるわけではなく、できないことのほうが多いが、それでも20分の1のコストだとすれば、高コストのアメリカ人会計士からなにがしかの業務を奪うことはありうるだろう。中国人アシスタントがアメリカ人会計士を助ける形にすれば、アメリカ企業は自国の会計士の採用を減らして、仕事の山を片づけることができる。たとえば、アメリカ人会計士を10人雇う代わりに、アメリカ人7人、海外の在宅アシスタントを7人雇えば、コストを大幅に下げながら同じ仕事量をこなすことができる。仕事の質はかえって上がるかもしれない。中国の平均給与を若干上回る給与を支払うことで、とくに有能で勤勉な選りすぐりの中国人会計士を採用することができる。自国の二流人材ではなく、海外の一流の人材に基礎的な仕事をやってもらう、ということだ。

　コンピューター・プログラマー、エンジニア、看護師でも、同じようなコスト節減が可能だ。いずれの場合も、完全な代替は不可能だが、高コストの国内労働者の一部を低コストの外国人労

図5.1　外国人労働者はどれだけ安いのか？　月額の純所得（2005年米ドル基準）

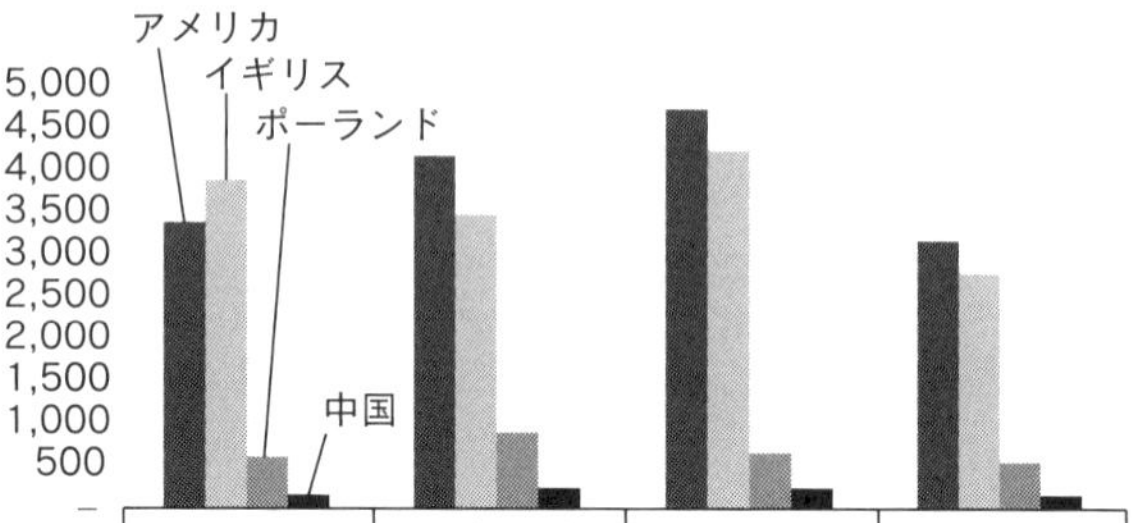

	会計士	コンピューター プログラマー	エンジニア	職業看護師
■ アメリカ	3,370	4,141	4,710	3,168
■ イギリス	3,867	3,476	4,225	2,782
■ ポーランド	617	892	664	563
■ 中国	165	252	252	187

出所：ILOオンライン・データをもとに筆者作成。月額の純所得（2005年米ドル基準の実質）

働者に代えればコストが節減できるのはあきらかだ。

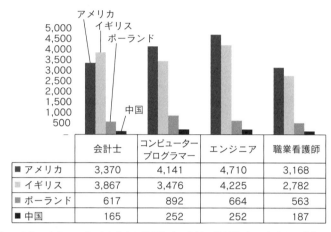

私の場合も、この方法でうまくいった。2018年4月、ロンドンで運営している政策ポータルサイト（VoxEU.org.）向けのブログの投稿をチェックするのに、バンコクのコピーエディターを採用した。コロンビア大学国際関係論の修士号をもっていて、非英語圏出身の投稿者の間違いを抜かりなく見つけてくれる。時給は25ドルで、私が使っているヨーロッパのコピーエディターより約35％安い。格安のサービス労働者を雇えるのは企業ばかりではない。

読者自身も、わずかなコストで遠隔地の個人アシスタントを雇うことができる。たとえば、avirtual.co.uk というサイトには、オンラインの個人アシスタントとしてレイ・マクラーレン＝ブリーリイが登録されている。南アフリカのケープタウン在住で、英語のネイティブ、トンプソン・トラベルで事業部長を務めたことがあり、人材開発、採用、旅行の企画に関心がある。元気いっぱいの彼女の自己紹介ビデオは、「私はお客様の生産性と生活を必ず良くできる自信があり、自分の仕事に情熱を持っています」と語る。もう一人のモニーク・マンシラは、サンタバーバラ大学の学士号をもち、簿記とソーシャル・メディアの経験があり、英語とスペイン語を流暢に話す。Avirtual.co.uk では、月間15時間の秘書業務の基本料金は270ポンドだ。

世界中のフリーランサーの料金に関する体系だったデータはほとんどないが、いくつか実証研究は存在する。一つは、フリーランスの新しいマッチングサイト、freelancing.ph. の調査だ。オンラインでキャリアを築くフィリピン人向けのサイトだ。マーケティング資料では、こう謳っている。「フィリピン人はやる気があり世界一流の潜在能力を発揮できます」。テレマイグレーション（遠隔移民）を促進するため、同サイトは登録しているフリーランサーの収入を調査した。驚くほど低い料金でフィリピン人が同サイトに引きつけられていることがわかり、意義深い調査結果になっている。「デジタル・マーケティング・ストラテジスト」は時給6〜8ドル、一般的な仮想秘書（バーチャル・アシスタント）は時給3〜8ドル、コンテンツ・エディターやファイナンシャル・マネジャーで6〜15ドル前後だ。[2]

（時給10ドルを年収に換算すると2万ドルなので）欧米では少ない金額だと思えるが、ほとんどの途上国では平均より上だ。たとえばフィリピンの平均年収は9400ドルだ。世界銀行が実施した国際的なフリーランス調査では、ケニア、ナイジェリア、インドではフルタイムのオンライン・ワーカーが、一般的な働き方をしている人より収入が多いことがあきらかになっている。

したがって、遠隔移民、あるいは国際的な在宅勤務は、企業とフリーランサー双方にとってウィン・ウィンの関係にあるといえる。私は運営するウェブサイトVoxEU.orgでコストを節約でき、バンコクのコピーエディターは現地企業に勤めるよりも多くの収入を得ている。この取り合わせで面白くないのは、仕事が減った欧州のコピーエディターだけだ。

海外のフリーランサーにとって、賃金の低さが唯一の武器ではない。深いレベルの人材が豊富にいる。さらに、新たなマッチメーキング・プラットフォームが出現して、遠隔移民を発掘し、採用し、管理し、賃金を支払い、解雇するのが容易になっている。ThePatchery.com の最高経営責任者（CEO）は、まさに、そのことに気がついた。

オンラインのマッチメーキング・プラットフォーム

ミネソタ州在住のアンバー・ガン・トーマスはひらめいた。自分の子供の服を縫うのが楽しくて仕方ないが、そう思っている人は大勢いるに違いない。それをビジネスにしよう。自分の子供用の服をデザインしてもらえばいい。新たな会社（ThePatchery.com）のウェブサイトの立ち上げを地元のウェブ・デザイン会社に依頼した。完成しないうちに予算が尽きてしまい、海外のオンライン・ワーカーに切り替えることにした。ミネソタから動かずに海外のデザイナーをどうやって探したのか。

オンラインのマッチメーキング・プラットフォームを使ったのだ。その仕組みは、ネットオークション・サイトのイーベイによく似ているが、モノではなくサービスを扱う。イーベイはネット上で個人や企業間のモノの売買を助けるが、フリーランス・サイトはネット上で個人や企業のサービスの売買を助ける。

ガン・トーマスはオンライン上で数人のフリーランサーにインタビューしたうえで、ベラルーシのエージェンシー、iKantam を採用した。「これが事業の針路を変えた」と彼女は語る。iKantam はミネソタの会社よりも仕事が速く、それまでお目にかかれなかったレベルのノウハウを持ち込んでくれた。

遠隔地にいる外国人労働者（リモート・ワーカー）を採用するのは、ThePatchery.com のような小さな会社だけではない。大企業も高く評価している。たとえばアメリカン・エキスプレスは、多くの仕事を海外のフリーランサーに任せている。同社のワールド・サービス担当副社長ヴィクトール・インガルスはこう語る。「遠く海外の労働者を抱えることで、広く網を張り、顧客サポート部隊が常駐する事務所は遠すぎて通勤できない、潜在的な人材に手が届く」。さらに、異なる時間帯の人材を採用することで、営業時間外の顧客対応が楽になると説明する。リモート・ワーカーは、パートタイムや非従来型の勤務形態をいとわず、むしろ好む点も利点だという[3]。

フリーランスのマッチングサイトには、多くの大企業が人材募集広告を出している。Flexjobs.com には、コンピューターのデル、会計事務所のデロイトのエンジニアリングやアーキテクチャ、ゼロックス、ユナイテッドヘルス・グループ、オラクルのリモート・プロジェクト管理、CBSラジオの広報、ヒルトンの旅行・接客業務といった募集が掲載されているが、こうしたリストが延々と続いている。

海外のフリーランサーは、きわめて柔軟に対応する。こうしたプラットフォームのおかげでフリーランサーを発掘し、採用し、管理するのは簡単で、解雇もしやすい。雇う側が引きつけられる大きな特徴だ。

海外の労働者を発掘し、採用し、管理する

人材とプロジェクトをマッチングする世界最大のオンライン・サイトがアップワーク（Upwork.com）だ。私がコピーエディターを採用したのも、このサイトだ。まず、やってもらいたい仕事の内容と、求める資格を書いて、「ジョブ・ポスティング」としてサイトにアップすると、それを見たフリーランサーが「プロポーザル」で応募してくる。私のもとには12〜13人からプロポーザルが届いたが、なかには、アップワークのボットに勧められて応募してきた人もいた。

プロポーザル（短いカバーレター）を読み、オンライン上のプロフィール欄（希望する時給も書かれている）をチェックしたうえで2人を選び、15分ずつネット上でインタビューした。気に入った候補者をコピーエディターとして採用した後は、アップワークのファイル共有サービスにやってもらいたい仕事を挙げておき、サイト上でコミュニケーションをとるようになった（新しいメッセージやファイルがアップされたときは、アップワークのサイトからメールが届く）。フリーランサーが請求する労働時間が正しいと安心させるため、アップワークでは私の仕事をして

いると申告しているフリーランサーのスクリーンショットを時々撮っている。

アップワークは私が登録したクレジットカードに自動的に料金を請求する仕組みなので、フリーランサーは確実に報酬を受け取れる。何か間違いがあったり、仕事が一定水準に達していなかったりすれば、請求額に異議を申し立てることができるが、これまでのところうまくいっている。私とエディターはウィン・ウィンの関係なので、順調に進めたいというお互いの利害は一致している。何かおかしなことがあれば、その仕事は終了するか、別のフリーランサーに切り替える。一人のフリーランサーへの発注をやめるのは単純で、「契約終了」のボタンを押せばいい。

こうしているのは、私ばかりではない。2017年、アップワークは世界100ヵ国以上で1400万人の利用者を抱えていた。フリーランサーの収入は10億ドル以上に達した。そしてアップワークには多くのライバルがいる。TaskRabbit、Fiverr、Craiglist、Guru、Mechanical Turk、PeoplePerHour、Freelancer.com といった10社以上のスタートアップ企業がひしめいている。オンラインの世界で言う、この「仮想空間」は、専門職の巨大ネットワーク、リンクトインの関心を引きつけている。登録者数4億5000万人を抱えるリンクトインは、この基盤を使ってフリーランスのマッチング・サービス「ProFinder」で参入した。さらに中国の参入もある。

中国経済の急速なデジタル化を踏まえれば予想されることだが、中国ではオンラインのフリーランスがブームになっている。最大のプラットフォームは猪八戒（zbj.com）だ。創業は2006年で、いまやフリーランサーの登録者数は1600万人を超え、600万社以上が利用している。同社は国際展開も進めている。英語版のポータル、Witmart.com は世界各国の顧客を対象にしている。

CEOの朱明躍は、こうした新たな形態のグローバル化は、従来のグローバル化よりも急激に進むだろうと語る。「オンラインでのモノの取引と比べて、当社のようなサービスの取引には、物流や税関の点で制約がない。前途はきわめて有望だ」。すでにアメリカのヒューストンとカナダのトロントに拠点を開設している。「本拠地は中国であり、中国の顧客が柱であることは変わらないが、世界市場を狙っている」[4]。

中国以外の新興国も自前でマッチメーキング・プラットフォームを構築し、自国民の国際的なフリーランス市場への参加を後押しするようになる可能性が高いとみている。新興国では人口が急増するなか、優れた雇用創出法だといえるだろう。

ある意味で、こうしたウェブのプラットフォームが遠隔移民に与えている影響は、鉄道、コンテナ船、航空貨物がモノの貿易に与えた影響と同じだといえる。輸送技術の向上によって国際的なモノの移動コストが劇的に低下したことで、企業は内外価格差を利用できるようになり、モノの貿易が盛んになった。フリーランスのプラットフォームが海外のサービス労働者を雇用するコストを引き下げたことで、企業は内外価格差を利用できるようになっている。ならば、遠隔移民が爆発的に増えるのは確実だろう。

海外のフリーランサーの実像

海外のフリーランサーは従来なかったものなので、公式統計は存在しないか、あったとしても実態を反映しているとはいえない。空白を埋めようと、オックスフォード大学のヴィリ・レードンヴィルタ教授は、オンライン・ワーカーを追跡する画期的なプロジェクト、iLabour Project を立ち上げた。[5] オンライン・フリーランサーの4分の1近くがインド在住で、さらにバングラデシュとパキスタンが4分の1を占める。これら以外の新興国で大きいのはフィリピンだが、イギリスとアメリカも8分の1を占める。

もう一つ、フリーランスの世界がうかがえる、低賃金国のフリーランサーに焦点をあてた大規模調査がある。オンライン決済会社の Payoneer.com が実施したもので、世界各国のフリーランサー2万3000人にアンケートを実施している。回答者の約25％は中南米とアジア、20％が中央および東ヨーロッパ、中東とアフリカが15％ずつだ。[6]

調査対象のフリーランサーの大半が20代と30代で、半分強が大卒である。サービスに対価を払っている企業の約半数が北米とヨーロッパ（同数）で、中南米とアジアが約15％ずつ、7％がオーストラリアとニュージーランドだ。

遠隔移民の出身国の一覧を見ると、デジタル化が可能にしたサービス職・専門職のグローバル化で、最大のネックが言葉の壁であるのはあきらかだ。これは理にかなっている。サービスは個人に付随するが、モノはそうではない。自分の iPhone を組み立ててくれた人と話ができなくてもどうでもいいことだが、旅行の手配をしてくれた人と話せなければ大いに困ったことになる。

ほとんどのフリーランスの仕事に「そこそこの」英語力が必要であるという事実によって、これまで潜在的な遠隔移民のプールは大幅に狭められてきた。だが、デジタル技術は、「機械翻訳」

という素晴らしいアプリでこの制約を取り除きつつある。かつてはSFの世界のものだった同時翻訳は今では現実のものになり、スマートフォンやタブレット、ラップトップで、無料で手に入る。完璧には程遠いが、それでも2017年以降の進歩はめざましい。アイスランドを訪れた一人のフランス人旅行者は、機械翻訳の威力を身をもって知ることになる。

機械翻訳と人材の津波

2017年8月、アイスランドの地主は敷地内で勝手に釣りをしているフランス人旅行者を見つけて警察に通報した。警察が向かっていることを知った旅人は、英語がわからないふりをした。だが、それでお咎めがなしにはならなかった。今の世の中、そう甘くない。警察官はグーグル翻訳で尋問し、釣り旅行のお土産代わりに多額の罰金を科した。

同じ月、イギリスの裁判所は、北京語通訳の手配が忘れられていた中国人被告のために、グーグル翻訳を使った。グーグル翻訳はかなり正確になっていたので、被告は通訳なしでも出廷するのをためらわなかった。2017年6月、アメリカ陸軍はレイセオン社から400万ドルで機械翻訳ソフトを購入した。アメリカ兵は自分のスマートフォンやラップトップを使って、アラビア語とパシュトゥ語を話すイラク人と会話ができ、外国語の文書を読んだり、映像を見たりすることができる。

かつて機械翻訳はジョークのネタでしかなかった。グーグルの研究部門の責任者ピーター・ノーヴィグが話題にして有名になった例がある。昔の機械翻訳ソフトで「精神は強靭だが、肉体は弱い」という文章をロシア語に翻訳し、もう一度、英語に翻訳し直したところ「ウォッカはうまいが、肉は腐っている」という文章になったという。[7] ほんの数年前の2015年でも、余興か、ごく粗い一次原稿程度の出来でしかなかった。だが、状況は変わった。いまや一般的な言語同士の翻訳であれば、平均的な翻訳者と遜色ない。

グーグルは、人を使って機械翻訳の出来を0点（意味不明）から6点（完璧）のあいだで評価している。人工知能（AI）で訓練されたアルゴリズム「グーグル翻訳」の点数は、2015年時点では3・6点で、5・1点前後の平均的な翻訳者に大きく見劣りしたが、2016年には5点をつけた。[8] 機械翻訳は急激に進歩しているのである。

グロボットがなすことほぼすべてにいえることだが、機械翻訳はプロの翻訳家並みというわけにはいかないが、格段に安上がりで格段に便利だ。プロの翻訳家はいち早く機械翻訳の出来に嘲りの言葉を浴びせた。

たとえばアトランティック・マンスリー誌は、2018年にダグラス・ホフスタッターが機械翻訳をバカにしているという記事を掲載した。[9] ホフスタッターは、機械翻訳に精通していて要求水準も高い。父親は1961年のノーベル物理学賞受賞者で、自身も物理学の博士号をもち、現在は認知科学の教授でもあるから自分の発言をよくわかっている。その彼がこう言っている。「グーグル翻訳や類似の機械翻訳が実用に使えることは否定できないし、おそらく全体としては良いことなのだろう。だが、このアプローチには何か決定的に欠けているものがある。一言で言うなら、理解だ」。さらに続けて機械翻訳への嫌悪感を露《あらわ》にする。
ＡＩの性能が上がり翻訳者が単なる翻訳の品質チェッカーになる日が来たら、「私の精神生活に魂を打ち砕くような混乱が起きる。……考えるだけでも恐ろしく、身の毛がよだつ。私が思うに、翻訳とは信じがたいほど繊細なアートで、長年の経験とクリエイティブな想像力をつねに注ぎ込まなければならないものだ」。なるほど、ホフスタッターにとって翻訳は繊細なアートかもしれないが、国際的なビジネスで悪戦苦闘するほとんどの企業にとって、翻訳はただのツールに過ぎない。完璧でなくともそこそこ良い翻訳で、たいてい通用する。

もう一人、機械翻訳に懐疑的なプロの翻訳者が、２０１８年のインディペンデント紙で同様の指摘をしている。ケンブリッジ大学講師のアンディ・マーティンだ。フランス語文献の翻訳を教えているが、基本的にそれを機械でやるのは不可能だという。「おカネを払って綱渡りを教えるようなもので、風に吹き飛ばされるか、滑って落ちると思っている」。機械翻訳が使えると認めるのはやぶさかではないが、生身の人間に完全に取って代わることなどありえない、と否定する。「グーグルで事足りる場合は多い。……だが、至って平凡な見習い程度の翻訳だ」。本当の翻訳はビッグデータやアルゴリズムの問題ではない。アートの問題なのだ、という。「翻訳のプロセスの核心には神秘がある。ほとんど神がかりのようなものだ。一つの言語を別の言語に直接対応させればいい、といったものでは断じてない」[10]。

ここで示唆されているのは、最高仕様の翻訳は今後も人間の手で行われるということだが、その間にも、こうした平凡な見習い翻訳者が、言葉の壁を完全に取り除かないまでも大幅に引き下げるとき、国際的なビジネスは大きく変わるだろう。

無料で瞬時に使える機械翻訳は、コンピューターの研究室に隠れているわけではない。いまやグーグル翻訳や iTranslate Voice といった無料のアプリが、主要な言語同士を頻繁につないでいる。SayHi や WayGo といったスマートフォン用アプリもある。実際、機械翻訳は幅広く使われており、たとえばグーグル翻訳の利用件数は1日10億件にのぼる。

読者も試してみるといい。どんなスマートフォンでも機械翻訳を利用できる。外国語のウェブサイトを開き、文章をグーグル翻訳で変換してみるといい。iTranslate アプリを使っても瞬時に外国語が翻訳できる。スマホのアプリを起動し、スマホのカメラを、たとえばフランス語の書かれたページに向けると、画面に英語の翻訳が表示される。無料だ。

YouTube でも海外の動画が機械翻訳で見られる機能がある。キャプションの「ギア」をクリックし、「自動キャプション」を選択する。Skype でもオプションのアドオンを使えば、相手が話す外国語を瞬時に無料で通訳してくれる。完璧ではないが、こちらの言葉を理解しない相手と無料で Skype できることには驚嘆するしかない。

マイクロソフトやアマゾンもこの競争に参入している。マイクロソフトのデジタル・アシスタントの Cortana は、ユーザーが20ヵ国語のうちどれかを話せば、結果は最大で60ヵ国語まで表示する。電子メール・アプリのアウトルックには、２０１８年に同時翻訳のアドオンが追加された。競合するアマゾンは２０１７年末に、アマゾン・ウェブ・サービスを通じて、アマゾン翻訳を投入している。

バベルの塔の解体

機械翻訳が日常生活に浸透しつつあるという事実は、大変化だといえる。海外旅行や海外とのビジネスを経験したことがある人なら誰でも知っていることだが、何をするにつけても言葉の壁は大きい。『旧約聖書』にも、言葉による分断は神が考えたものだという逸話があるほどだ。「創世記」の一節に、人間が天まで届く塔を建てようとする逸話がある。これに対し「神は言った。『彼らは一つの民で、皆一つの言葉を話しているから、このようなことをしはじめたのだ。自分たちが計画することで不可能なものはないとでもいうように。ならば我々は降りて行って、ただちに彼らの言葉を混乱させ、互いの言葉が聞き分けられぬようにしてしまおう』」。この塔は、「バベルの塔」として知られるようになるが、「バベル」とは、さまざまな言葉を混乱（バベル）させたことにちなんでいる。機械翻訳は、ありていにいえば、バベルの塔を解体しつつある。これにより、アメリカや欧州のオフィスワーカーが、有能で低コストの海外の現地の働き手と直接競合しはじめている。

世界の人口72億人のうち、母語として英語を話す人口は約4億人である。母語ではないが英語を話す人たちを大まかに見積もり、これに加えると英語を話す人口は10億人前後になる。英語以外の主要言語でもオンラインで働くフリーランサーはいるが、これまでのところ市場の主流は英語である。そのため、オンラインのフリーランサーの台頭という新たな動きで、参加できる可能性のある人口は10億人にとどまっている。

機械翻訳の性能が素晴らしく、急速に向上しつつあることを踏まえると、英語を話す10億人は、英語を話さない60億人がほどなく直接の競争相手になることに気づくだろう。想像してみてほしい。そして再度、じっくり考えてもらいたい。

機械翻訳とは、海外の有能な人材が皆、まもなく英語をはじめフランス語やドイツ語、日本語、スペイン語といった豊かな国の言葉を、遠隔移民として十分に話せるようになり、ある種の仕事をこなすようになる、ということだ。その結果起きるのは、世界的な人材の津波である。世界中で特別だと思っていた人たちが、もはや特別でないことに突然気づくことになる。

一例として中国に注目しよう。2001年頃から、中国はアメリカを上回る数の大卒者を輩出している。今では年間800万人を越えている。オックスフォード大学の研究員キャサリン・ステイプルトンによれば、こうした大卒者の失業率は8%にとどまっているが、多くは希望の職につけていないという。仕事は見つかっても、たいてい非正規で学位が必要ない低賃金の仕事だ。大卒者の4分の1は、卒業から半年後の賃金が国内の出稼ぎ労働者の平均に満たない。大都市の生活費の高さから、「数百万の大卒者が、都市の『蟻族』になることを余儀なくされ、たいていは地下のアパートにひしめき合って暮らし、低賃金の長時間労働に従事している」という。[11]蟻族(ant tribes)とは不快な名称だが、中国で使われている言葉を文字どおり訳したものだ。

こうした「蟻族」が(機械翻訳を通じて)十分通じる英語を話し、彼らの能力をインターネットを通じてアメリカ、ヨーロッパ、日本をはじめとする豊かな国に売れるようになった暁に、競争が激化する状況を想像してみてほしい。

だが、こうした事態が、今なぜ起きているのか。機械翻訳に関してムーアの法則とギルダーの法則が爆発的な成長の局面に移行したから、というのが真相だ。

〈なぜ今なのか？　深層学習（ディープ・ラーニング）への移行〉

グーグルでは、10年にわたって数百人のエンジニアが伝統的なハンズオンの手法を使って機械学習の性能を段階的に引き上げてきた。２０１６年2月、グーグルのＡＩ開発を主導するジェフ・ディーンは、グーグル翻訳チームを、グーグルが自前で開発した機械学習の手法である深層学習（ディープ・ラーニング）に振り向けた。

深層学習には膨大な演算能力が必要だが、ムーアの法則のおかげでその条件は満たされていた。欠けていたのはデータだ。２０１６年、国連が80万近い文書データをオンラインで公開して状況が変わる。それらは手作業で国連公用語であるアラビア語、英語、スペイン語、フランス語、ロシア語、中国語に翻訳されていた。

ほんの数年前、これだけ膨大な量のデータを作成し、保存し、アップロードすることがいかに大変だったかを想像してみてほしい。長編映画１本をダウンロードするのにインターネット接続が占領されて苛々していたのはそれほど昔のことではない。この現実を変えたのがギルダーの法則であり、今では言語データが滝のように流れつづけている。

たとえばＥＵ合同研究センターは、人手で22ヵ国語に翻訳した（10億語以上の）文書データを公開した。これに負けじと、ＥＵ議会は23ヵ国語に翻訳した13億パラグラフのデータを公開した。カナダ議会がアップロードしたデータも膨大で、議会のデータベースの数百万の文章が人手で翻訳されている。

ビッグデータとこれを処理するコンピューターの能力が揃ったことで、グーグルの翻訳は、わずか1ヵ月で過去4年以上の進歩を遂げた。[12] 数週間後、旧来のアプローチを使っていたプロジェクトはすべて中止された。切り替えてからわずか半年後、グーグル翻訳は完全に新しいシステムに移行した。だが、グーグルはこの事実を公表しなかった。第三者がこの革命について発表してくれることを望んでいたのだ。

2016年11月、東京大学の情報学環教授の暦本純一は、日本語から英語の翻訳の精度がとてつもなく上がっていることに俄に気づいた。何かが起きているとの暦本のブログの発信を受け、グーグルは記者会見を開き、翻訳システムの変更を発表した。

これと同じくらい重要なのが、通信技術の急速な進歩だ。これにより、フリーランサーが海外にいるときも、隣に座っているかのように感じられる。機械翻訳と同様、こうしたことは『スター・トレック』や『銀河ヒッチハイク・ガイド』といったSF映画のなかだけで見られるものではなくなった。「遠隔行動のための高度通信技術」とでも呼ぶべき世界が、いまや現実になっているのだ。

大量の遠隔移民のための通信技術

「タブレット端末を置いて机の前に座り、軽量の眼鏡をかけると、室内ががらりと変わる。左手にはニューヨークの同僚ジェシカ、右手にはアトランタにいるＣＥＯのベス、向かいにはロンドンの自宅にいるハッサン。……実際にそこにいるかのようなので驚かされる」。これは、アップワークのイギリス責任者のフランス人、ステファン・カスリールが描く未来のビジョンだ。[13]

蓋を開けてみると、ビデオ・ゲームの世界に革命をもたらしてきた初心者向けの技術が、在宅勤務（テレコミューティング）の世界に革命的な影響を及ぼそうとしている。カギとなるのは拡張現実（ＡＲ）と仮想現実（ＶＲ）という二つの技術だ。スタートアップ企業もＩＢＭのような大企業も、ＡＲやＶＲを使って遠隔協働ソフトを改善しようとしのぎを削っている。これらの企業は、隣で働くということの意味を再定義しつつある。

拡張現実（ＡＲ）

ＡＲの最大の売りは、どこか別のところにいる専門家が、スマートフォンやタブレット、ラップトップの画面を通して、見ている現実を「拡張」してくれる点だ。あたかも隣にいるように接すればいいという。仕組みを説明しよう。

あなたの画面と専門家の画面には、同じもの――通常、あなたが見ている情景が映し出されている。専門家は次に、あなたの画面に映る情景にコンピューター・グラフィックスを重ねることで、「現実」を拡張する。こうした映像は、スマートフォンやタブレットで再生している情景のなかにそれが実際にあるかのように見える。これで、コミュニケーションがかなり取りやすくなる。それを通して話をするのではなく、矢印や円などで示す。どのボルトを締めるべきか、どのボタンを押すべきか、どの文章に注目すべきかを口で説明するのではなく、目の前で見せる。何をすべきか「くどくど説明」する必要はなく、専門家が実際に絵を描いて見せることができる。さまざまな用途が考えられるが、最初に広がったのはゲームだ。

拡張現実（AR）という名前ではないが、ARについてはすでに耳にしたことがあるはずだ。「ポケモンGO」なら聞き覚えがあるのではないだろうか。このビデオ・ゲームは、2016年7月に発売されるやいなや爆発的な人気を博し、ギネスブックの世界記録を五つも更新している。最初の1ヵ月のダウンロード数は1億3000万を記録した。スマホでもタブレットでも動作するこのゲームは、画面に映る近隣の風景をファンタジーに変える。仮想の風景ではなく、トラファルガー広場、エンパイア・ステートビル、エッフェル塔、東京駅など実在の建物や風景が、GPSの位置情報をもとに表示される。

特定の場所に近づくと、手にしたスマホの画面上の現実が「拡張」される。たとえば肉眼ではセントラル・パークの1個のベンチしか見えないが、画面上では3Dのアニメ・キャラクターがベンチの周りを飛び回っている。これを信じるのであれば、ポケボールでポケモンを捕まえることがミッションになる。わからなければ、ポケモンGOをやったことのある人に聞いてみるといい。大勢のユーザーがいるのだから、教えてくれる人は身近にいるはずだ。

仕事に使われるARは、ポケモンGOに使われているものよりずっと単純だ。コンピューター・プログラムで3Dのアニメをスマホやタブレットの画面上に送るのではなく、たとえば現場の作業員がこれまで見たこともない機器の修理をしなければならないとき、ARを使って本部から専門的なアドバイスを送る、といった使い方がされる。離れた場所にいる作業員同士が隣り合って働いているように感じられる、新たな形の双方向コミュニケーションだといえる。

これはサイエンス・フィクションではないし、その技術はとりたてて夢のあるものではない。現在のアプリケーションのほとんどは、スマホやタブレットの画面を使うが、ハンズフリーでコミュニケーションできる専用のヘッドセットもある。[14] グループ会議にも使われている。

こうした新たな形のコミュニケーションで、ビデオ会議やSkypeのビデオ通話は、良い意味で原始的なものになった。遠隔勤務（リモート・ワーク）から遠隔（リモート）を取り除こうとしている。これまでのところ、従業員が隣り合って働くのがむずかしい状況で、使われている場合がほとんどだ。そしてほとんどのアプリが、国内のリモート・ワークを対象にしている。たとえばオランダの警察では、彼らの任務の一環として、事件現場に足を踏み入れる際の初期対応をうまくやるためにＡＲを使っている。

〈オランダ警察とガザ地区の外科手術〉

消防士や救急救命士は事件現場にいち早く駆けつけることが多いが、やるべきことで手一杯で、証拠の保全まで頭が回らない。時間的な余裕があったとしても、重要な証拠の記録を取ったり、サンプルを採取したり、加害者が現場にとどまっているかどうかをチェックするといった訓練を受けていない。その道の専門家の応援が必要だが、すべての救急車に犯罪の専門家を乗せていけるわけでもない。

こうした限界をなんとかしようと、オランダ警察ではＡＲを使っている。最初に現場に入る救急救命士はカメラとスマートフォンを携行していて、犯罪捜査の専門官と双方向の通信ができるようになっている。捜査官は、あとの捜査で重要な証拠となりそうなモノには手を触れないよう救命士に指示する。口頭で説明するのではなく、救命士のスマホの画面に映ったモノを丸印で囲む。

丸印はすぐさま救命士の画面上に表示されるが、画像処理の魔法で、救命士が動き回っても、カメラが離れて戻ってきても、丸印は示された物体の上から動かない。このシステムを見ると、2人が離れた場所にいても、並んで仕事をしているかのような働きをする理由がよくわかる。双方向通信をより確実で迅速なものにした点が画期的なのだ。

こうした新しい通信技術すべてにいえることだが、現場の救命士の隣に捜査官が実際に立っているようにはいかないものの、ＡＲのおかげで、大幅に安いコストで迅速に専門家の助言が得られるようになった。専門家の立場からすると、ＡＲは自分ならではの専門知識を提供する多くの機会を与えてくれるものだ。たとえば、高度な専門知識をもつ機械工は、出張で飛び回らなくてもＡＲを使って多くの修理工に助言することができる。

外科手術も、すでにＡＲが活用されている分野の一つだ。Proximie というアプリケーションでは、ある場所にいる外科医が別の場所にいる外科医を助けることができる。遠隔地の外科医が、画面上の腱、動脈、神経、縫合する場所を指しながら執刀医に指導する。２０１６年に実用化された Proximie を使って、ベイルートの医師はガザ地区の外科手術を支援している。ＡＲを使った外科手術の遠隔支援は、戦闘地域だけのものではない。眼鏡型のＡＲ機器グーグル・グラスは心臓手術で使われていて、専門医が執刀医にリアルタイムで助言している。

新たな通信形態のもう一つの柱である仮想現実（ＶＲ）は、ＡＲ以上に現実をまざまざと感じさせる技術で現実をつくりだし、視覚と聴覚を完全に乗っ取っている。自分が実際にいる場所と、画面に映し出される現実には直接のつながりがないので、今どこにいるか一瞬わからなくなってしまうほどだ。

実験的な通信技術

ＶＲをめぐっては大きなブームが起きている。ひょっとすると、もて囃されすぎた技術の一つになるかもしれない。だが、そう切り捨てる前に、ユーチューブでいくつかのデモを眺め、この技術を使えば遠隔地の人々と仕事をするのがいかに楽になるかを想像してみる価値はある。自分でＶＲの機器を試してみると、もっといい。

今のところ画像はかなり粗いが、ＶＲを通したボディランゲージは人を認識するうえで素晴らしい効果をもたらしている。私は２０１７年５月、ロンドンのＩＨＳマーキットで業務用のＶＲを試した。金融証券を売買する人たちのための仮想取引プラットフォームだ。デモを担当する科学者は、ヘッドセットをつけた私に、特徴を一つ一つ説明してくれた。説明が終わり「外に出たいですか」と言われてヘッドセットを取ると、本当に一つの部屋を出て、別の部屋に入っていくような感覚になった。このとき仮想の部屋にいたのは私一人だったが、同じようにヘッドセットをつけた人が他にいれば、会議をしている気になっただろう。

テスト段階にある「遠隔行動のための高度通信技術」の別の形もある。多くは『スター・トレック』のエピソードからそのまま取ったようだ。あたかも側にいるような感じでのコミュニケーションの次の段階は、「ホログラフィック・テレプレゼンス」だ。リアルタイムで3Dの映像(音声も併せて)映し出し、遠隔地の人がすぐ隣にいるかのように感じられる技術だ。これはSFの世界だが、現実になりつつある。

2017年、フランスの大統領選挙で、ジャン゠リュック・メランション候補は、ホログラフィック・プロジェクションを使って、リヨンとマルセイユで同時に演説を行った。2014年のインドの総選挙でも、ナレンドラ・モディ首相がホログラフィック・テレプレゼンスを使って、生身では到底回り切れなかった広範囲な地域で選挙運動を展開した。

マイクロソフトのホロポーテーションをはじめ、シスコシステムズやグーグルの類似製品は、ホログラフィック・テレプレゼンスを今後数年で主流にしようとしている。『スター・トレック』のテレポーテーションを意識したホロポーテーションは、遠隔地にいる人も、同じ部屋にいるように感じられるVRの一種だ。特筆すべきは、ある部屋にいる人物のホログラムの映像を別の部屋で投影することができる点だ。二つの部屋にいる人は、どちらの部屋にいる相手とも、まるでその場にいるかのように会話を交わすことができる。

この技術では、多くのカメラと高速のプロセッサーを使って、人物の映像をリアルタイムで生身の人間に近い3Dモデルに変える。それを別の部屋にいる人が装着しているヘッドセットに伝送する（二つの部屋の間取りや内装が完璧に同じならベストだ）。２０１６年初めの段階では、システムは大掛かりなものだったが、その年末にはマイクロソフトがミニバンに載せられるまでに小型化を進め、帯域幅要件も97％削減したため、標準的な高品質 Wi-Fi ネットワーク上で動作する。

ユーチューブでのホロポーテーションのデモには驚くほかない。ホロポーテーションが主流になるとすれば、通信の意味を根本的に変えることになるだろう。世界各地の人々と交流することがはるかに容易になる。言い換えれば、あなたの会社は、もっと安いおカネで働く意欲のある海外のプロフェッショナルを雇うことができるし、あなたもその場を離れることなく、自分の専門知識を世界に売り込める、ということだ。

標準的なホログラムを別の部屋に投影する技術的アプローチは、ほかにもある。たとえばＡＲＨＴメディアは、電報に似た「HumaGram」と呼ばれる技術を通して、話し手を投影するサービスを行っている。２０１５年にサービスを開始したこの技術を使えば、話し手が遠隔地の聴衆の目の前で話しているかのようにできる。

ＡＲやＶＲが特に役立つのは、２人以上が何かモノに関わる必要があるときだが、オフィスの仕事のほとんどは定期的な会議によって決まる。デジタル技術は、物理的に同僚と同じ部屋にいることの代わりに、テレプレゼンス・ロボットという素晴らしいロボットをつくった。現在、このロボットを活用している会社の一つがワイアードだ。

テレプレゼンス・ロボット

エミリー・ドレフュスは、サンフランシスコに本社のあるワイアードで働いているが、ボストン在住だ。以前は、20世紀型の手段――電話やメッセージ、ビデオ会議で、本社のスタッフ会議やエディターとやりとりしていたが、これではワイアードが望むような、創造性が高まる即興のブレインストーミングはできない。

ワイアードは北カリフォルニアの会社らしく、問題をデジタル技術で解決しようと考えた。それが、ダブル・ロボティクス社がつくった「テレプレゼンス・ロボット」だ。テレプレゼンス・ロボットの動きは、滑らかなSkypeと思ってくれていいが、ボストンにいるエミリーがコントロールする。サンフランシスコのロボットは、オフィス内を歩き回り、会議に出席し、一対一で面談を行う。セグウェイのスタンドに標準サイズのiPadが取り付けられたロボットを思い浮かべてもらえばいい。ロボットには前方を映すカメラ、マイク、スピーカーがついている。iPadの画面いっぱいに映ったドレフュスは、散歩するスピードでサンフランシスコの本社内を動き回ることができる。

新しい技術はそういうものだが、ドレフュスにとって最初は何もかもが奇妙に思えて仕方なかった。だが、すぐに気に入り、ロボットに「エム・ボット」という名前までつけてしまった。ほかのライターやエディターの反応は、「エム・ボット」になってからのほうが、電話でやりとりしていた頃よりずっと良くなったことに気づいた。スタッフ会議でも、以前には感じられなかった一体感を感じることができる。話している人がいれば、誰であっても「顔」を向ける。「テレプレゼンス・ロボットから3000マイル離れた場所にいても、電源を入れた途端に垣根がなくなるのは素晴らしいわ。エム・ボットを呼び出すと、私が彼女になって、彼女が私になる。私の頭は彼女の iPad よ。彼女が転ぶと、私はボストンで途方に暮れる。彼女の一部が衝撃で外れると、私自身が打ちひしがれたような気持ちになる」[15]。

こうした感覚は相互的だった。エム・ボットにはほかの社員から実際にそこにいる生身の人間として扱われるような身体的特徴が与えられた。そうした状況で、不適切にエム・ボットが触られるケースがあった。

エム・ボットが職場に来て最初のころ、ドレフュスが話している最中に、ふざけた社員がスクリーンの後ろに回り込んで、エム・ボットを吊り上げて揺さぶった。この「不適切なロボットへの接触」で、ドレフュスは傷つき、落胆した。現在、ワイアードでは、ロボットの管理者であるテレワーカーの許可なく、ロボットに触ってはならないとルールで定めている。だが、ルールが適用されるのは、ロボットの電源が入っているときだけだ。ドレフュスの顔が画面に「映っていなければ」、エム・ボットは箒の柄と変わらないとみなされる。電池をチャージするなど、誰かが箒の柄を運ばなければならないときは、ドレフュスは意図的に接続を切っている。

エム・ボットは、それほど効果的なわけだが、その理由は、進化心理学と密接に関係している。

テレプレゼンス・ロボットの背景にある心のバグ

動くものには意味がある。少なくとも、それが人間の爬虫類脳の最初の本能だと社会心理学者は言う。それがはっきりわかる、心理学の有名な実験がある。この実験では、被験者に三つの形が映った映像を1分間見せる。大きい三角形、小さい三角形、円の三つだ。これが閉じたり開いたりする大きな長方形の中に入ったり出たりする。これらの形は人間とは似ても似つかない[16]。実験を担当したフリッツ・ハイダーとマリー＝アン・ジンメルは、被験者に何を見たかを尋ねる。教えられたわけでもないのに、ほとんどの被験者は、幾何学の形状が人間だと考え、人間らしい動機があって動きをしていると解釈した。読者自身も試してみるといい。ハイダー＝ジンメルの実験のビデオはネットで簡単に見つかる。ビデオ・クリップが、昔の西部映画に期待するようなラブストーリーだと思えるだろうか。被験者の多くは、円が女性で、小さな三角形と恋愛関係にあり、大きな三角形は彼女に横恋慕する大男だと解釈した。

社会心理学者は、こうしたごく人間らしい反応を「帰属」と呼ぶ。人は何らかの物体の物理的な動きに、動機や意味を見いだそうとする。そのモノが物理的に目の前に存在する場合はとくにそうだ。マイカーには名前をつけるが、車内に置いて話しかける iPhone に名前をつける人がほとんどいないのは、そのためだ。

信じようと信じまいと、ハイダー＝ジンメルの実験は、テレプレゼンス・ロボットが短期間で流行った理由について何がしかを教えてくれている。多くの病院や一部の企業ではすでにテレプレゼンス・ロボットを活用している。そして、チーム内の意思疎通にあきらかな好影響が見られるため、ロボットの活用が急速に拡大している。顔と顔をつきあわせている感覚は、顔が動くときにはるかに強まるのだ。とくに医療の現場で、医師が患者に話す際、通常のビデオ通話のSkypeや電話越しに話すよりも、テレプレゼンス・ロボットを介したほうが、言葉が威厳をもつと医師は感じている。

テレプレゼンス・ロボットは多くの意思疎通の場面で有効だが、固定型のテレプレゼンス・テクノロジーで長距離間の会議の開催が容易になっている。

固定型のテレプレゼンス・システム

動かないエム・ボットともいえる固定型テレプレゼンス・システムは、大手銀行やコンサルタント会社、法律事務所、政府機関で幅広く活用されている。高機能のシステムになると、いまだに高額だ。システムを備えた会議室は10万ドルにもなる。だが、デジタルの法則による進歩と大量生産で、今後コストは大幅に低下し、可動性が高まるとみられている。それが遠隔移民のトレンドを加速させることになるだろう。

標準的なテレプレゼンスは超高性能のSkypeと考えるといいが、格段に優れているため、利用者にとっては新たな体験になる。テレプレゼンスを使うと、離れた場所にいる人も同じ場所にいるかのように感じられる。２０１７年春、私は前著の『世界経済　大いなる収斂』をノルウェーのソブリン・ウェルス・ファンドのノルウェー銀行インベストメント・マネジメント（ＮＢＩＭ）にプレゼンするため、このテレプレゼンスを使った。

私はロンドンで数人のアナリストと共にいて、ニューヨークを拠点とするNBIMのエコノミスト・グループと、オスロにいる第三のグループとテレプレゼンス・システムでつながった。最初は高品質のSkypeと変わらないと思えた。だが印象はすぐに変わった。遠隔地の参加者が、まるで同じ部屋にいるかのように、私の発言はもちろん、手の動きや表情の変化にも反応していることに気づいた。彼らも同じ印象を抱いたのではないかと思う。人とつながる感覚のレベルが上がったのだ。全員が同じ部屋にいるように感じられた。

カギは、脳の社会的な「配線」にテレプレゼンスがどう働きかけているかにある。社会的な交流に関して、人の脳は高性能コンピューターのようなものだ。他人を信用、信頼するかどうかの決定は、進化上の重要なスキルだった。最先端のテレプレゼンスのスタートアップ企業DVEの創業者スティーブ・マクネリーとジェフ・マクティグが指摘しているように、人類は「非言語コミュニケーションの手がかりを収集し、処理することを習得した。非言語コミュニケーションは第二の本能であり、自分は何者か、他者をどう見るかが基礎になっている。それは人間らしさの不可欠な要素だ」[17]。テレプレゼンス・システムは、画面上の実物大のイメージと、高解像度の映像、高品質の音声のおかげで、SkypeやFacetimeといったビデオ通話よりも非言語コミュニケーションがはるかに優れている。

テレコミュニケーションは、離れたチーム同士を結びつける技術の要素の一つに過ぎない。遠隔移民がかなり容易になりつつある背景には、いわゆる協業プラットフォームの最近の進歩もある。

協業ソフトウェアはリモート・ワークをいかに促進するか

電子メールはあらゆる協業ソフトの元祖だ。電子メールと、それを使って（文書、スプレッドシート、プレゼンテーション、写真、映像など）編集可能なファイルを共有できることで世界は変わり、遠く離れた場所にいる人との共同作業が格段に容易になった。電子メールは素晴らしいが（誰もが使っているので、それなしで済ませることはできないが）、チームを調整する手段としては根本的な欠点がある。基本設計が決められたのは、ビル・クリントン大統領とジョン・メージャー首相の在任時なので、現在の仕事の世界にはそぐわないものもある。25歳未満の若者に電子メールをどう思うか聞いてみると、私が言わんとすることがわかるだろう。

企業が評価している Business Skype、Slack、Trello、Basecamp といった新しい協業プラットフォームは、完璧ではないが、チームのメンバー間のコミュニケーションを最適化するために、最新の高度な思考が反映されている。こうした新しい協業プラットフォームは、テキストのチャットから電子メール、グループの電話会議、フェイスブックの投稿、画面を共有したビデオ電話など、チームのコミュニケーションをあらゆる方法で促進するよう設計されている。とくに人気があり急成長しているのは Slack だが、ライバルは多い。フェイスブックの Workplace、マイクロソフト Yammer、グーグル Hangouts、マイクロソフトの Teams のほか HipChat、Podi、Igloo、GitHub、Box といった多くのスタートアップ企業がある。

さほど新しくはないが、もう一つ関連しているのが、プロジェクト管理ソフトだ。発売から何年も経つものもあるが、Wrike、Microsoft Projects、Basecamp、Workfront といった多くのソフトは、地理的に離れたチームが協同するために新たに設計されたものだ。遠隔地での設計やブレインストーミングを支援するMuralなどのツールもある。この「空間」のツールは急激に発展しつつあるが、遠隔地にいる人をプロジェクトに引き入れる制約はすでに大幅に緩和されている。

欧米のオフィスに海外との競争が直接持ち込まれることに関しては、こうした新しい技術がとりわけ重要だ。だが、少なくとも同じくらい重要なのは、リモート・ワークがやりやすいように、企業側も体制を見直していることだ。これまで、こうしたリモート・ワークのほとんどは国内で行われてきたが、国内のリモート・ワークができるなら簡単に海外のリモート・ワークもできるようになることは想像にかたくない。

国内のリモート・ワークが端緒となり、サービス・セクターが遠隔移民に開かれつつある。そして、すでに遠隔で行われている仕事は驚くほど多いのだ。

国内のリモート・ワークが遠隔移民に道を開く

デビッド・キトルは工業デザイナーで、自分の作品には強いこだわりをもっている。製品は機能的で美的センスがなければならない。この姿勢で、ありとあらゆる製品――電子ランタンからプラスチック製の玩具、バイクのカップホルダー、ローラーコースターの座席まで――設計を請け負ってきた。「誰かに託された夢を、現実の形にして返してあげられるのはクールだ。そこに多くの喜びがある」という。

これほど多種多様な製品の設計を、なんとキトルはすべて自宅でこなしている。時給150ドルを払えば、オンラインで彼を雇うことができる。[18] キトル一人ではない。リモート・ワーカーの活用は、キトルのような個人にとっても、彼を使う企業にとっても、金銭面でも人繰りの面でも理にかなっている。だが、このトレンドは、国内のサービス・セクターのすべての労働者にとって意図せざる結果をもたらしている。これはフリーランサー間の直接的な国際競争への第一歩であり、フリーランス化は大きなトレンドとなって、急速に拡大しつつある。

リモート・ワーカーの政府統計は分類がきちんとできていないことが多いので、トレンドを見るにはアンケート調査が一番だ。最近、調査会社のギャラップでは、キトルのようなフルタイムのフリーランサーだけでなく、あらゆるタイプのリモート・ワーカーに関してアンケート調査を実施した。それによれば、2016年中にアメリカの労働者で在宅勤務をしたことのある割合は43%にのぼり、1995年の4倍以上に増えていた。実働は週に2日以上だ。在宅勤務者の約5分の1はフルタイムで働いている。オバマ政権下では、連邦職員の3人に1人が2016年中のどこかの時点で在宅勤務をしていた。

アメリカのフリーランサーの支援団体が2016年に実施した調査によると、アメリカの総労働人口の35%にあたる5500万人がフリーランスだと推計している。これは2014年の推計よりも200万人以上多い。想像どおり、若者ほどフリーランスの比率は高い。18～24歳の年齢層では、ほぼ半数が少なくともパートタイムかフルタイムのフリーランサーだ。じつは、ミレニアル世代（35歳未満の労働者）の多くは、従来型の働き方をしたことがなく、社会に出てからずっとフリーランサーとして働いている。他方、ベビーブーマーでは、フリーランサーは一般的ではない。

リモート・ワークのトレンドを加速しているもう一つの要因は、欧米企業が組織を再編して在宅勤務者を取り込んでいることがある。

解体されるオフィス

伝統的なオフィスでは、社員も幹部も全員が同じ建物にいた。誰もが同じ時間に出社し、コーヒー休憩も昼食の時間も同じだった。上下関係のヒエラルキーを確立し、チームが共に働き、同僚を信頼するには好都合だった。「仕事をしなければ」というフレーズは、何かをするというだけでなく、会社へ行くという意味だった。デジタル技術によって、こうした状況は変わった。

テクノロジーによって企業は、変化する需要に迅速に応えられるようになった。だが迅速に適応すると、さらに迅速な対応が求められるようになる。顧客はサプライヤーや製品をすぐに替えられる。かつては考えらなかった形で、新たな競争相手が次々とあらわれた。こうした容赦ない競争で、旧来の固定されたヒエラルキーは崩れ、固定されたデスクは要らなくなり、物理的に出社する必要も、決まった時間に働く必要もなくなった。決まりきった定型のプロセスは、「機動的」でプロジェクト・ベースの企業構造に取って代わり、マネジメントはフラット化し、組織横断的なチームが編成されるようになった（「マトリックス」構造と呼ばれることもある）。

めまぐるしく変化する課題とチャンスに対応するため、企業は従来の雇用主─従業員の関係から脱しようとしている。今日のサービス・セクター企業は、（とくに従来のフルタイムの従業員ではなく）リモート・ワーカーへの依存を強めることで、柔軟性という重要な要素を確保している。

『アクセンチュア・テクノロジー・ビジョン2017年版』はこう記している。「デジタル時代の絶え間ない変化に合わせて、仕事の未来はすでに到来し、デジタル・リーダーは働く人々を根本的に作り変えている……企業が真の意味でデジタル事業に取り組むために必要な迅速なイノベーションと組織の変更を進めることができる、究極の要求即応企業になることがカギになる」。ビジネス・スクールの用語が満載の文章だが、要点はわかるはずだ。安定していた仕事は、安定したものではなくなったのだ。

ケーブル・エンターテインメント業界に喩えれば、「仕事のペイ・パー・ビュー・モデル」とでも呼べる。企業は必要に応じて、ネット上で求める人材を探し、プロジェクトごとに報酬を支払う。ビジネスチャンスをつかむためとあれば、雇用者の数を一気に増やすが、チャンスを失い撤退するとなれば、一気に雇用者数を減らすことができる。このビジョンでカギを握るのが、リモート・ワークだ。組織はクラウド・ベースのプラットフォームへ移行し、いつでもどこでも働けることが可能になる。この多くは、すでに現実になっている。[19]

発想が奇抜で、他人の何年も先を行くのが、マイケル・マローンだ。2009年の著書『昨日訪れた未来』で予想していたのは、「変幻自在の企業（プロテアン・コーポレーション）」が中枢にごく少数の人材を長期契約で抱え、残りはすべて外注する世界だった。アメリカ企業のスナップチャットは、これに近い。２０１７年の同社の時価総額は１６０億ドルだが、従業員はわずか３３０人。従来型企業と比べると、違いがよくわかる。ゼネラル・モーターズ（ＧＭ）の時価総額は約５００億ドルだが、従業員は世界全体で11万人だ。

こうした未来の雇用主と被雇用者の関係を評して、アクセンチュアが編み出したバズワードはよく出来ている。「流体化する労働力（liquid workforce）」だ。今のところ、「流体化する労働力」は国内で雇われているが、海外には欧米の賃金の数分の一で働きたがっている流体化した労働力が大量に存在する。要するに、こうした類の組織再編が、サイバー・ハイウェイのもう一つのレーンを開きつつあり、欧米のサービス・専門職従事者は遠隔移民との直接競争にさらされようとしている。

これらはすべて雪だるま効果を生みつつある。リモート・ワーカーが増えるほど、企業はそれに合わせて労働慣行やチーム編成を変え、リモート・ワークがやりやすくなればなるほど、リモート・ワーカーが増えていく。こうした状況はデジタル・イノベーションを刺激しており、それがリモート・ワークを促進する。雪だるま効果で、リモート・ワークの車輪を円滑に動かす技術やサービスに関連した１０００億ドル規模のセクターが生まれている。

ある意味で、オフィスでは「逆産業革命」に相当するものが起きているといえよう。工業化の最初の局面では、織物の仕事が田舎の小さな家（コテージ）から紡績工場に移った。今ではオフィス・ワークが大規模オフィスから21世紀版のコテージへ移りつつある。

最大の疑問は、こうしたホワイトカラーのグローバル化でどの仕事が代替されるかだ。

遠隔移民によって代替される仕事とは？

手っ取り早くこの疑問に答えるには、現時点でリモート・ワークをしている人の仕事を総ざらいしてみるといい。たいてい同じ市内か、少なくとも同じ国内でリモート・ワークが行われている仕事だ。自分の周りを見回して、どんなタイプの仕事がリモート・ワークになっているかがわかれば、海外のフリーランサーとの競争に真っ先にさらされ、打撃の大きい仕事は何かが思い浮かぶだろう。もう少し慎重にこの疑問に答えるには、それぞれの職業に含まれる作業を挙げていき、そのうち海外の有能な人材にできるのはどれかを考えるといい。

保育士、農業、調査員といった職業は、「どこどこにいること」が職務記述書（ジョブ・ディスクリプション）に書かれる重要な要件の一つだ。こうした類の仕事は、物理的にその場にいなければならない性格上、海外の労働者が代替することはできない。では、代替されるのはどんな仕事だろうか。プリンストン大学のアラン・ブラインダー教授のおかげで、もう少し具体的なことが見えてくる。

アラン・ブラインダーは思慮深い知識人だ。世の中を良くするためにみずからの専門知識を使って政策を動かすエコノミストの代表格だ。１９８８年の著書『ハードヘッド　ソフトハート——公正な社会のための現実的な経済学』にすべてが凝縮されている。そして１９９０年代には、米連邦準備制度理事会（ＦＲＢ）の副議長、クリントン大統領経済諮問員会の委員として、強靱な頭脳と柔らかい心を駆使してみせた。

ブラインダーは2000年代になると、今ではデジタル技術と呼ばれるようになった進化する情報技術でオフショアリングが進み、アメリカの雇用が失われるのではないかと懸念を強めた。念頭にあったのは、逆遠隔移民だ。海外の労働者が仮想的に我々のオフィスで働くのではなく、「我々の」仕事が海外のオフィスに移管される事態を恐れていた。そして、コールセンターやバックオフィス業務など、多くの分野で、まさしくその通りの事態が起きている。

ブラインダーは警鐘を鳴らそうと、アメリカの職業別の「海外移管のしやすさ」のランキングを開発した。ランキングは二つの基準にもとづいている。アメリカの特定の場所でしなければならない仕事の場合は、海外の競争相手には代替できない。遠隔地でできる仕事の場合、質をほとんど下げることなく、アウトプットがどれだけ送信しやすいかを点数化した。

これらの基準を使って推計すると、マネジメント・ビジネス・金融の仕事の約半分は海外でできる結果になった。多くの専門職、オフィス・管理業務では、約30％だ。セクター別で最もオフショア化しやすいのは専門的な科学や技術の分野で、60％近くが海外との賃金競争にさらされる。金融・保険、メディア・セクターでは、仕事の半分が危うい。ブラインダー研究の普及版（リスク回避のためにおいた慎重な前提を外したもの）では、通信網で送れるものは何でもいずれ海外移管できる、とされる。念を押しておくが、これは一昔前のテクノロジーの話であり、デジタル技術がリモート・ワークから「リモート」の大半を取り除く前の予想だ。

その後の研究では予測に微修正が加えられているが、アメリカの職種の三つに一つは海外移管できるとの予測の幅は変わらない。恐ろしい数字だ。こうした職種の労働者の半分でも数年後に海外との直接競争にさらされれば、間違いなく破壊的変動が生じ、衝撃からの助けを求める悲鳴が轟くことだろう。

ホワイトカラーのグローバル化は素晴らしいことだ。我々の生活を変えるだろう。だが、それは「グロボティクス転換」を主導するダイナミックなペアの半分に過ぎない。残りの半分は、ホワイトカラーの自動化である。

第6章 自動化とグロボティクス転換

ジェイムズ・ヨーンはカリフォルニアで調子よくやっている。特許紛争専門の弁護士という良い仕事をもっているせいだ。巨大ＩＴ企業は誰が何を最初に発明したかをめぐって絶えず紛争しているので、仕事ならいくらでもある。現在の時間あたり報酬は１１００ドルだ。[1] １９９９年は４００ドルだったので大幅なアップだが、歳を重ねたからでも賢くなったからでもない。デジタル技術のおかげで仕事の性格が変わったのだ。とくに人工知能（ＡＩ）に訓練されたコンピューター・プログラムの影響が大きい。

20世紀末時点では、大きな特許権紛争を解決するのにパートナー（弁護士事務所の経営層）３人、アソシエイト（雇われ弁護士）５人、パラリーガル（アシスタント）４人が必要だった。８人の弁護士に、その半数の有能なアシスタントが必要だったわけだ。だが現在、パートナーはヨーン１人で、アソシエイト２人とパラリーガル１人を使っているに過ぎない。法律の専門家は以前の4分の1の水準にまで削減された。

これほど少ない頭数で、どうやって仕事をこなしているのか。もちろん、法律が簡素化されたわけでも、証拠となる書面が短くなったわけではない。一部の業務――とくに「知識組立ライン」とみなされる機能をホワイトカラー・ロボットが代替したからだ。ロボット弁護士は、書類や電子メールを検索して、案件に関連する箇所に印をつけるのが得意だ。

ヨーンは2種類のロボット弁護士プログラム（Lex Machina、Ravel Law）を使って情報を選り分け、どんなタイプの戦略を取るべきかの参考にしている。これらのソフトウェアは、判決の山や似たような案件で判事や対立する弁護士の申し立てた文書を「理解する」ことができる。ロボ弁護士がすべてできるわけではないが、一部の法律専門家は不要になりつつある。実際、人間の弁護士を代替できる点がロボ弁護士を使う大きな魅力のひとつだ。ヨーンが儲かっている理由の一つでもある。

AI型のホワイトカラー・ロボットが「**グロボティクス転換**」を主導している。ロボ弁護士は、その一例に過ぎない。

ホワイトカラーの自動化とは？

Lex Machinaなどの背後にある高度なコンピューター・システムと機械学習のアルゴリズムはきわめて高価であり、システムやプログラムを構築し走らせるには博士号取得者レベルのコンピユーター・サイエンティストが必要だ。こうした高度なＡＩプラットフォームをレストランに喩えると、ミシュランの星を一つか二つ獲得しているだろう。それは、大多数の人が働く企業、すなわち中小企業には手の届かない世界だ。だが、ホワイトカラー・ロボットには、「ファストフード版」がある。「ロボティック・プロセス・オートメーション（ＲＰＡ）」ソフトがそれで、第4章で取り上げたポピーはＲＰＡの好例だ。

「究極のロボット」として話題になることはないが、「グロボティクス転換」のカギを握るのがＲＰＡだ。詳しく知る価値がある。ＲＰＡは直接的な方法でホワイトカラーの仕事を自動化している。

ＲＰＡがもたらす末端業務での競争

ＲＰＡ大手のブルー・プリズムの会長ジェイソン・キングドンはこう語る。「ＲＰＡは人間の真似をする。人間がやることをそのままやっている。実際に動いているのを見ると、狂気じみて見えるかもしれない。タイプをして、その後に画面が出てきて、カット&ペーストする」。それらは「同僚と同じ作業の進め方を知っている自動化人間」として設計されている。[2]

だからこそブルー・プリズムはＲＰＡプログラムをソフトウェアではなく「ロボット」と呼ぶ。端的にいえば、人工の労働者だ。このタイプのＡＩが目指しているのは、金融、会計、サプライチェーン管理、カスタマーサービス、人事部門などのバックオフィスの業務削減だ。ＲＰＡロボットは驚くほど単純に仕事を遂行する。

「使い方は簡単で、コストは比較的安い」。ＩＴ調査大手ガートナーの調査担当副社長のフランシス・カラモジスは言う。[3] ＲＰＡの導入はブームになっている。コンサルタント会社のトランスペアレンシー・マーケット・リサーチは、世界全体でＲＰＡが２０２０年までに年60％のペースで伸びると予測している。別の市場調査会社は年50％の伸びを予測する。爆発的な伸びだ。そして、これほど高い伸びが予測されるのには、それなりの理由がある。

第一に、ＲＰＡロボットは人間に比べて格段に安い。ロボット・プロセス・オートメーション研究所の推計では、ＲＰＡソフトウェア・ロボットのコストは、先進国の労働者の5分の1で、インドなどの途上国の労働者の3分の1だ。第二に、仕事に一貫性があり、デジタルの記録が残るので、規制遵守のための報告書作成が迅速かつ確実にできる。第三に、ペーパーワークの流れのなかで、たとえば季節変動に合わせて処理の規模を拡大したり縮小したりすることが簡単にできる。ソフトウェアに多少多めに働いてもらえばよく、一時的に人材を採用・研修する必要はない。

グロボティクスの自動化に関していえば、ＲＰＡはある意味で「今日の波」だ。「明日の波」は、より高度なシステム――マイクロソフトのCortanaやグーグルのDeepMinds（ディープマインド）だろう。これらは、はるかに幅広い職場の業務に対応できる。既存の人間の業務には脅威だが、実装がむずかしく、導入には時間がかかる。

高機能のホワイトカラー・ロボット

第1章でみたホワイトカラー・ロボットのAmeliaは、サービス・セクターのロボットとして生産性が驚異的に高いだけでなく、実際よく出来ている。電話相談窓口の顧客満足度は、応対した担当者が示す共感に直接結びついていることが、研究であきらかになっている。そこでAmeliaの開発メーカーは、Ameliaのアルゴリズムに心理学的なモジュールを加えた。そのためAmeliaは、話している相手の心理状態を読み取り、それに応じて回答や表情、ジェスチャーを変えてより良いコミュニケーションをとることができる。

高性能版では、顧客がカメラ付きのスマートフォンやラップトップを使っていると、Ameliaは顔認証を活用して会話を始める。顧客は見知らぬ人としてではなく知人のように扱われる。Ameliaは、顧客からの過去の問い合わせの履歴をすべて把握したうえで新たな会話を始めることになる。

Ameliaが扱えない問題があると、関連する情報をまとめて担当者に引き継ぐので、担当者は続きから始めることができる。だが、Ameliaは好奇心旺盛だ。電話を切らずに人間が話す内容を聞いている。とくに問題の解決策は注意深く聞く。そうして学習した新たなコツや技を知識管理システムに付け加えていく。それが上司である人間に承認されると、次に同じような問い合わせが来たときに、Amelia自身が答えることができる。

Ameliaが（過去の多くのＡＩソフトがそうであったように）一時の流行に過ぎないだろうと見くびっている人のために申し添えると、Ameliaは世界の大手銀行、保険会社、通信企業、メディア、製薬会社など20社以上で活用されている。そして彼女にはライバルがいる。２０１６年頃からAmeliaのようなソフトを投入する企業が相次いでいる。

バンク・オブ・アメリカは２０１８年夏にErica（エリカ）を投入した。通常は取引額の多い顧客のための一対一のサービスを行う（上客は引き続き一対一のサービスを受けていて、一般の顧客が一対Ericaのサービスを受けている）。顧客のスマホやＡＴＭで、Ericaは顧客をファーストネームで呼びかける。たとえば、いつ決済口座が赤字になったかを教えてくれる。だが、Ericaは口座の残高だけでなく、はるかに多くのことを知っている。ＡＩを使って有益な助言をしてくれる。「あなたの通常月の出費をもとにすると、ＶＩＳＡのキャッシュバックは１５０ドル追加される見込みです。これで年間最大３００ドル節約できます」[4]。

ＪＰモルガンのホワイトカラー・ロボットはContract Intelligenceで、通称COINだ。キャピタル・ワンにはEnoがある。ＩＢＭはWatson（ワトソン）のブランド名でAmeliaのような仮想アシスタントを数多く販売している。セールスフォースはEinstein、ＳＡＰはHANA、インフォはColeman、インフォシスにはNiaがある。公共部門もこの動きに加わっている。オーストラリア政府が導入した認知アシスタントのNadiaは、身体障碍者向けの情報提供を支援している。

マイクロソフトはCortana、アマゾンにはAlexaがある。Alexaは、アマゾンの家庭用ＡＩシステム、Echoの中で「生きている」ホワイトカラー・ロボットだ。アップルのＡＩロボットのSiriはよく知られているが、職場の自動化にはまだ導入されていない。グーグルはかなり前から社内でＡＩを活用してきた。たとえば検索エンジン全体は、決まった名前はないが、ホワイトカラー・ロボットと考えることができる。名もない検索ロボットに話しかけたいなら、「ヘイ、グーグル」と言えばいい。

Amelia、Watson、EricaなどのＡＩシステムの「貴族」は、ＲＰＡなどのＡＩシステムの「従者」を従え、サービス・セクターの仕事の多くを代替するだろう。最大の問題は、どの仕事か、ということだ。この質問に答えるには、少しばかりギアを変える必要がある。ホワイトカラー・ロボットが奪っているのは職業全体ではなく、多くの職業を構成する活動（仕事）の一部だからだ。これは、仕事の未来を見通すうえで決定的に重要な知見だ。

ロボットで多くの仕事はなくなるが、職業はなくならない

職業は、頭のなかにある「ＴｏＤｏリスト」だと考えるといい。作業や業務のリスト、仕事を遂行するためにやるべきことを列記したものだ。これは固定的なものではなく、たえず進化している。

近年、ラップトップやスマートフォンの技術が大きく進歩し、ソフトウェアやウェブサイトが劇的に良くなったことで、「ＴｏＤｏリスト」は長くなった。いまや誰もが、自分で文書を作成し、ファイルを整理し、出張の手配をし、受付もやっている。私の父親の時代は、これらの業務はすべて別々の人が担当していた。今ではこれらが雑用になり、私も、ほかの多くの専門家も自分でやらなければならなくなった。だが、まとめられるものは、分割もできる。

ロボットは、あなたの業務（タスク）の一部は代替できるが、全部は代替できない。つまり、あなたの生産性が上がる。そして、あなたのような仕事をしている人は少なくて済む、ということでもある。だが、ロボットがあなたの職業をなくしてしまうわけではない。結局のところ、ほとんどの職業では、少なくともある程度は生身の人間を必要とする業務がある。とはいえ、ホワイトカラー・ロボットによってその頭数は減るだろう。あくまで算術の問題なのだ。

銀行のＩＴ相談窓口は1日に１００件の相談が寄せられる。これに対応するのに10人が必要だったとする。10人それぞれの「ＴｏＤｏリスト」のうち、一部の業務をオンラインのチャットボットが代替すると、１００件の相談は10人より少ない人数で対応できる。仕事の量が十分に増えなければ、失業者が出ることになる。

「なくなるのは仕事であって職業ではない」というポイントに関して、新しいことは何もない。自動化がつねにやってきたことだ。たとえばトラクターは、農作業の一部を自動化したが、農業という職業をなくしたわけではない。必要な農作業者の数が減っただけだ。今後は、こうした現象がサービス・セクター全般で見られることになる。そして、それは激しい変化に備えるうえで決定的に重要なポイントだ。ホワイトカラー・ロボットで多くの仕事はなくなるが、職業はほとんどなくならない。

この「なくなるのは職業ではなく仕事」という観点から、「どの仕事がなくなるか」という問いに答えるには、ホワイトカラー・ロボットがすでに得意なことは何かを考えることが、次のステップになる。だが、この作業は簡単ではない。

ホワイトカラー・ロボットの仕事に関連したスキル

政府統計によると、アメリカには動物訓練士から企業の最高経営責任者（ＣＥＯ）、岩石採掘師、屋根のボルト締め工に至るまで、８００以上の職業が存在する。そして、これらの職業の一つ一つに多くのスキルが含まれている。明確にするには単純化しなければならない。ここで頼りになるのが経営コンサルタントだ。

マッキンゼー・グローバル・インスティテュートの企業・経済の専門家は、あらゆる職場のスキルをわずか18のタイプに分類して使い勝手を良くしている。単純化のために私は、マッキンゼーの18のタイプを四つの大きなカテゴリーにまとめた。コミュニケーション・スキル、思考スキル、社会的スキル、身体的スキルの四つだ。マッキンゼーでは２０１５年に、18のスキルそれぞれについてＡＩの能力を調べて点数化している。これは当然ながら大雑把な判断材料でしかないので、三つのタイプの点数しか公表しない。ＡＩの能力を、1)平均的な人間より低い（下）か、2)平均的人間並み（同等）か、3)スキルの高い人間並み、スキルの上位20％に入る（上）か、で判定した。その結果は興味深く、少々胸騒ぎを覚えるものでもある。

〈コミュニケーション・スキル〉

ほとんどの仕事では、他人が話している内容を理解する必要がある。マッキンゼーはこれを「自然言語理解力」と名づけているが、ホワイトカラー・ロボットはこれが得意だ。Siri や Alexa、Cortana に話しかけたことがある読者なら、すでにわかっているだろう。だが、留意しなければいけないのは、こうしたソフトウェア・ロボットは、人間と同じ感覚で言葉の意味を完全に理解しながら聞いているわけではない、ということだ。音声は音波の決まったパターンに過ぎない。コンピューターはこれをデジタル化し、機械学習の統計モデルを使って話されている言葉を推測する。次に、意味の観点から語句を探し、語句の観点から言葉のパターンを探すことによって、言葉を解釈する。学習データが膨大で、コンピューターの性能が十分であれば、人間の言葉をすべて理解できるかもしれないが、これまでのところは、まだまだ誤解が多い。そのためマッキンゼーでは、ＡＩの言語理解力を平均的な人間未満と評価した。

話すこと（「自然言語生成力」）については、ＡＩははるかに得意で、平均的人間並みと評価されている。第４章でSiriが上海語を習得した方法でみたとおり、機械にとって話すことははるかに単純だからだ。次のコミュニケーション・スキルはもっと専門的な非言語のアウトプットの作成だ。

コミュニケーションの方法は、話したり書いたりするだけではない。ほかにも、さまざまな方法がある。多くの仕事で、ビデオやスライドを作ったり、プレゼンテーションしたり、音楽をつくったりすることが必要だ。これらはコミュニケーションの代替的な手段であり、ＡＩプログラムが次第に代替するようになっている。フェイスブックのボットが時折、ユーザーに勧めてくるスライドショーは、その一例だ。最近のiPhoneに内蔵されているＡＩも、写真で同じようにお勧めしてくる。マッキンゼーでは、ＡＩの「非言語アウトプットの作成力」を「人間並み」と評価している。

コミュニケーション・スキルの最後は「感覚認知力」だ。これは、さまざまな感覚のインプットを通じて状況を把握するスキルだ。要は、身の周りの対象物との「コミュニケーション力」だ。これは多くの仕事で決定的に重要なスキルである。ほとんどの仕事では、目で見たり、耳で聞いたり、手で触ったりしてモノやパターンを認識する必要がある。自動運転車は、路上の物体が座っている犬なのか運転者に減速を促す構造物なのかを見分けなければならない。高齢者の介助ロボットは、抱え上げたときの感覚がわからなければ、車イスから立たせたり、座らせたりすることはできない。こうしたスキルについては、ＡＩは及第点で、平均的な人間並みと評価されている。

総合すると、これらの四つのコミュニケーション・スキルは「ゲートウエイ」のスキル——ホワイトカラー・ロボットを幅広く職場で活用するゲートを開くスキルだと思えるかもしれない。だが、ホワイトカラー・ロボットが今後、サービス関連の仕事を破壊するとみられる理由は、コミュニケーション・スキルではない。真の破壊力は、想像を絶する量の経験（データ）をもとにパターンを認識する冷徹な能力にある。

〈思考スキル〉

思考スキルは、基本的にサービス・セクターのすべての仕事で、機械がまだ代替できていない部分である。とはいえ、思考にはさまざまなタイプがある。スペクトラムの一方の端には「創造力」があり、もう一方の端には「徹底した論理的推論」がある。それらの中間をマッキンゼーでは以下のように分類している。「未知のパターンの認識」「最適化と計画立案」「情報検索・収集」「既知のパターンの認識」（表6・2を参照）。

マッキンゼーによれば、ＡＩの思考スキルの水準は、創造力、新たなパターンの識別、論理的推論、問題解決では平均的人間を下回っているが、計画立案、情報の検索・収集、既知のパターン認識では、平均的人間を上回っている。

留意すべきは、この人間とホワイトカラー・ロボットの能力比較は、ある局面に限ってのものである、ということだ。これらのロボットの能力は、ＡＩ専門家が「狭義の知能」と呼ぶものにもとづいている。スキルの背後にあるアルゴリズムは、一つの芸しかできない仔馬のデジタル版と言っていい。これに対して人間には「汎用的」な知能があり、物事を抽象的に考えられる。細部まで詰めなくても、起こりそうな物事に対して計画を立て、全体的なレベルで問題を解決できる。人間は直接過去の経験にもとづかない思考や概念を創造、開発することができるのだ。

機械学習の手法で鍛えられたコンピューター・アルゴリズムは、人間が「考える」のと同じ意味で「考える」ことはできない。犬や仔馬が考えるという意味ですら、考えているとはいえない。ＡＩはデータを取り込み、データに対応するものを推測しているに過ぎない。この「取り込み」と「比較」は驚異的な速さで実行できるが、トレーニング・データ・セットに含まれている物事を認識できるに過ぎないのだ。標準的な機械学習の手法を超えようとする最先端の試み――「非構造学習」と呼ばれる機械学習の形態を見ると、ＡＩの限界がよくわかる。非構造学習では、コンピューター自体がパターンを認識する。

表6.1　コミュニケーション・スキルにおけるAIの実力

コミュニケーション・スキル	説明	AI対平均的人間の優劣
自然言語理解力	ニュアンスのある人間のやり取りを含めた言語理解	劣位
自然言語生成力	ニュアンスのある人間のやり取りやジェスチャーなど一部の疑似言語を含めた、自然言語でのメッセージの伝達	同等
非言語アウトプットの生成	自然言語以外のさまざまな媒体をとおしたアウトプット伝達、視覚化	同等
感覚知覚力	感覚を使った複雑な外部知覚の自律的な推論と統合	同等

出所：McKinsey Global Institute in "A Future That Works: Automation, Employment, and Productivity,", January 2017, Exhibit 16.の公表データをもとに筆者作成。

表6.2　思考スキルにおけるAIの実力

思考スキル	説明	AI対平均的人間の優劣
創造力	多様で斬新なアイデアの創出、アイデアの斬新な組み合わせ	劣位
未知のパターンの認識	未知のパターンやカテゴリー（仮想のカテゴリーなど）の創出と認識	劣位
最適化と計画立案	さまざまな制約下で目標とする結果の最適化と計画立案	優位
情報の検索・収集	（幅、深さ、統合度合いの）大規模な情報源から検索と収集	優位
既知のパターンの認識	感覚知覚以外の単純または複雑な既知のパターンやカテゴリーの認識	優位
論理的推論／問題解決	最適化や計画立案以外の文脈のある情報や複雑な投入変数を使った問題解決	劣位

出所：McKinsey Global Institute in "A Future That Works: Automation, Employment, and Productivity,", January 2017, Exhibit 16.の公表データをもとに筆者作成。

非構造学習の有名な例がある。グーグルは、コンピューター・システムのグーグル・ブレインでユーチューブの数百万本のビデオ・クリップを見せ、どんなパターンを認識するか検証した。ＡＩの世界を驚かせた妙技はコンピューターがパターンを発見したことだが、見せたのがユーチューブのビデオだったことを考えると、パターンが1匹の猫だったのもうなずける。もちろん、コンピューターはそれが猫だとわかったわけではなく、人間が教える必要があったが、どの画像も同じ対象物が映っていることは認識した。

こうした機械学習の形態は将来的には重要になるだろうが、現段階では問題含みだ。ブレインが「物体」として認識したものには、オットマンとヤギの組み合わせのようなものもあった。[5] ブレインが何を考えていたかは誰にもわからない。今のところ、主要なアプリケーションが活用している構造学習は、「これは顔か否か?」といったように問題がはっきりしていて、「はい」か「いいえ」の回答がはっきりしたデータ・セットが必要なものである。

こうした類の限界があるからこそ、アルゴリズムを訓練するデータがほとんどない場合、ロボットはお粗末な働きしかしない。たとえば、創造的思考は、ある種独特で特殊なものなので、クリエイティブであるためのデータを作成するのは困難だ。同様に、問題の性格と解答の性格がそもそも曖昧な場合も、ソフトウェア・ロボットは得意ではない。未知のパターンの識別が、このケースにあてはまる。これまでにないパターンというのがそもそもの出発点なのだから、定義上、ビッグデータは存在しない。たとえば人間の囲碁名人は、碁盤の大きさが若干変わってもかなり上手く打てると考えられるが、ＡＩはそうではない。２０１７年の協議会で、AlphaGo

Master チームは、たとえば碁盤の目が標準的な19×19マスではなく、29×29マス四方に変えただけでＡＩは使い物にならなかった。[6]

仕事に関連するスキルとして、次に社会的スキルを見てみよう。

〈社会的スキル〉

「社会的に聴く耳をもたない」人は少なくなく、仕事ではそうした人たちに対応せざるをえない。そうした人たちは、気落ちしている人、怖気づいている人、何かに興奮していて、それを分かち合いたい人などの小さな手がかりに気づくことができないか、気づこうとする気がなかったりする。ホワイトカラー・ロボットは、概していえばそういうものだ（表6・3）。

多くの人をまとめるといった対人でのやりとりを伴う職業や、チームの業務管理が必要な労働環境では、こうした社会的スキルがきわめて重要だ。

マッキンゼーは、社会的スキルの四つの分野すべてで、ＡＩのアルゴリズムの能力は平均的人間を下回っていると評価した。四つとは、「社会的、感情的な推論」「多くの人の調整」「感情的に適切な行動」「社会的、感情的な感知力」である。

ＡＩの社会的スキルの改善については研究が活発に行われており、マッキンゼーの推定はやや遅れていると指摘しておくべきだろう。研究が重点的に行われているのは、社会的な集団のダイナミクスではなく、個人が発する社会的、非言語的な手がかりを読み取ることだ。たとえばディズニーは、機械学習を使って映画の鑑賞者の反応を判定している。とくに「適切」な場面で笑ったかどうかに注目した。トレーニング・データを集めるため、ディズニーの研究チームは、４００席の劇場に観客の表情が読み取れるカメラを設置し、９本の映画を計１５０回上映した。収集された表情のデータは１６００万件。[7] このデータを学習したアルゴリズムは、特定の観客の表情を２、３分追っただけで、映画のさまざまな場面で、その観客がどんな表情をしそうか予測することができた。

〈身体的スキル〉

幅広いサービス・セクターや専門的な仕事で、身体的なスキルは重要である。身体的スキルには、モノを長距離移動させる「総合運動力」とごく短距離を動かす「繊細な運動技能／器用さ」がある。ほかには「未知の場所をまたがる移動」「ナビゲーション」がある（表６・４を参照）。

ホワイトカラー・ロボットと対比して、「鉄鋼（スティール）カラー・ロボット」とも呼ばれる産業用ロボットが、ほとんどの身体的スキルで平均的人間を上回っているのは意外ではない。結局のところ、機械なのだから。平均ほど得意ではない領域の一つが、慣れていない場所での移動だ。訓練したＡＩロボットにとって、アマゾンの倉庫内を動き回るのはわけないが、ぼろきれを跨いだり、いつもと違う場所を移動したりする場合は、人間以下の能力しか発揮できない。

ＡＩソフトウェア・ロボットとは正確にはどんなものか、何ができるのかがわかったところで、ようやくホワイトカラーが自動化でどうなるのか、という問いに向き合うことができる。実

表6.3　社会的スキルにおけるAIの実力

社会的スキル	説明	AI対平均的人間の優劣
社会的・感情的な推論	社会的、感情的な状態に関して正確に結論を引き出し、適切な反応・行動を決定	劣位
多くの人の調整	他者とのやり取りで、集団行動を調整	劣位
感情的に適切な行動	感情的に適切なアウトプット（発言、ボディランゲージ等）の作成	劣位
社会的・感情的な感知	社会的、感情的な状態の認識	劣位

出所：McKinsey Global Institute in "A Future That Works: Automation, Employment, and Productivity,", January 2017, Exhibit 16.の公表データをもとに筆者作成。

表6.4　身体的スキルにおけるAIの実力

身体的スキル	説明	AI対平均的人間の優劣
未知の場所をまたがる移動	さまざまな環境、領域をまたがる移動	劣位
繊細な運動技能／器用さ	物体を器用に繊細に操作する	同等
ナビゲーション	さまざまな環境における自律的なナビゲート	優位
総合運動力	多次元の運動技能による物体の移動	優位

出所：McKinsey Global Institute in "A Future That Works: Automation, Employment, and Productivity,", January 2017, Exhibit 16.の公表データをもとに筆者作成。

際、多くの研究者がどれだけの仕事がなくなるのか推計してきた。
ただ、こうした推計は、犬が後ろ足で歩いているようなものだと考えたほうがいい。つまり、うまくできるかどうかではなく、とりあえずやることに意義があるのだ。
私は最大限の敬意を払ってそう言っている。未来について頭を絞って考えるのは、臆病な人のミッションではないが、あきらかに社会が求めているものではある。

ＡＩはどれだけの仕事を代替するか？

最近のＡＩ関連の自動化が仕事に及ぼす影響全般を推計しようと、多くの研究が行われてきた。これらは目を通しておくべきだが、絶対確実とは到底いえない。結局のところ、未来について話しているのであり、高度な手法と入手できる最善のデータを使って数字をつくっているが、あくまで推測に過ぎないのだ。

詳しく見る前に、主な結論を紹介しよう。今後数年、ホワイトカラー・ロボットによって代替される仕事の数は、「大きい」から「膨大」のあいだになるだろう。「大きい」とは、10のうち1、「膨大」とは、10のうち6の仕事が自動化されるということを意味する。

こうした研究の元祖といえるのが、２０１３年に2人のオックスフォード大学教授、カール・フレイとマイケル・オズボーンが行った研究だ。2人はアメリカ政府が保有する膨大なデータベースから、アメリカの仕事に含まれる作業（chore）をすべて網羅したリストを入手した。次に、これらを検討し、自動化できると考えられるものを判定した。彼らはまず自動化できる作業（タスク）のリストを作成することから始め、多くの自動化可能な作業をもとに成り立っている職業を導きだした。そして、アメリカの職種の半分（正確には47％）が危ういと推定した。同じ手法の最新版の研究――前述の情報をもとにしたマッキンゼーの研究では、この数値は60％に上がっている（ホワイトカラー・ロボットの性能がかなり向上していることが一因である）[8]。こうした驚くべき数字は、自動化が可能な仕事を指しているが、実際の数字はどうなのだろうか。

コンサルティング会社フォレスターの最近の調査では、アメリカで向こう10年に自動化で代替される仕事は全体の16％と示唆している。[9] 6つに1つの割合だ。打撃が最も大きいのは、オフィスワーカーを雇用する職業だと予測している。ただフォレスターでは、破壊される仕事の半分は、新たに創造される仕事で穴埋めされ、それは今日の仕事の9％に相当すると指摘している。この調査で「ロボットを監視する専門職」として、データ・サイエンティスト、オートメーション・スペシャリスト、コンテンツのキュレーターが新たなテクノロジー関連職の最大の供給源として挙げられている。差し引きすると、ホワイトカラー・ロボットの影響で失われる仕事は7％とフォレスターは予測する。それでも14に1の割合だ。企業のトップレベル人材の調査にもとづいた最近の世界経済フォーラムの調査では、数字ははるかに低くなっている。今後2、3年で自動化によって代替される労働者は世界全体で700万人にとどまると予想している。[10]

日本の調査結果は、かなり趣が異なる。国の行政機関である経済産業省の研究所が実施した調査では、「AIとロボティクスがあなたの仕事の未来に及ぼす影響をどう考えているか」という単純な質問を投げかけ、回答は以下の選択肢から選んでもらった。1)自分が失業するかもしれない、2)自分が失業するとは思わない、3)わからない。[11] 1)の自分が失業するかもしれない、と答えた割合は、回答者全体の約3分の1にのぼった。欧米を大幅に上回るペースで自動化とロボット導入を進めた技術大国としては大きな数字だ。だが、若者ほど、そう答えた割合が多い。ロボットに仕事を奪われるかもしれないと答えた割合は、60歳以上では20％しかいなかったが、30歳未満では40％にのぼった。

２０１４年、ピュー・リサーチは１８００人を超える技術の専門家にインタビューし、貴重な質問をした。「２０２５年時点で、ネットワーク化、自動化されたＡＩアプリケーションとロボットによって失われた雇用は、創出された雇用を上回っているだろうか」[12]。専門家の見方は二派に分かれたが、その前に重要なメッセージを紹介しておこう。ほぼすべての専門家が、ＡＩによる大規模な雇用喪失を予想していたということである。見方が分かれていたのは、これに匹敵するほど雇用創出が起きるか否か、だった。

専門家の約半数が、差し引きでブルーカラー、ホワイトカラーの大幅な雇用喪失が起き、それが大量失業や格差の大幅な拡大、社会秩序の崩壊など社会的な混乱につながるだろうと見ていた。残り半分の見方はもっと楽観的だ。人間の知恵によって新たな仕事が大量に生まれると固く信じている。

歴史を指針とするなら、新たな職業が誕生し、多くのポストが生まれるだろう。だが、新たな仕事の生まれ方はほかにもある。デジタル技術そのものが仕事を生みだすのだ。

デジタル技術が直接生みだす新たな仕事

驚異的なペースで進歩するデジタル技術が、同じように驚異的なペースで雇用を創出する方法は少なくとも三つある。第一は、爆発的なデータ量に関係する。ネット人口が増え、誰もがネットでの活動を増やしているため、ネットやスマホ向けサービス需要が爆発的に増えている。そして、ネットの活動で大量のデータが生まれている。あらゆるモノがインターネットを通して接続され、機器同士が通信し連携し合う、いわゆるIoT（モノのインターネット）によって、デジタル津波の規模は増幅されている。

このデータの巨大な波を扱うには、ホワイトカラー・ロボットを導入するしかない。Ameliaや同僚の「コボット」のような高度なAIも、本当に特殊な例は扱えないので、人間はまだまだ必要だ。つまり、AIは多くの人間を代替するだろうが、仕事量が爆発的に増えているので、関連業務で雇用される人材の数も増加すると考えられる。そのためAIを単純な雇用破壊者とみなすべきではない。実際、AI導入に唯一取って代わる策といえば、データを無視することしかないのだから（今日でさえ、たいていそうであるように）。ロンドン大学経済大学院（LSE）の教授のレスリー・ウィルコックスとマリー・レイシティは論じている。「自動化による失業を恐れている人々は、企業が現在経験している未曾有のデータの爆発を見落としがちである。データは、知識労働者がコントロールできないほど加速しており、それを扱うには自動化が必要になっている」[13]。2人が調査した企業の多くはすでにRPAを導入していたが、ロボットを導入しても一切レイオフはしないと従業員に約束していた。もっともRPAは、その部門の人員を新たに増やさないという意味ではあったが。

ウィルコックスとレイシティが調査したイギリスの公益企業は、四半期ごとに300万件の取引を処理するのに、300以上のRPAを「採用」していた。同じ仕事を手作業でやると600

人が必要だと見積もられていた。これらの人工労働者は仕事を一切奪っていない。ただ、会社が情報の洪水をもとにいくらか稼ぐことができただけだ。

このような安心感を与えると労働者も前向きになり、こうした「デジタル・アシスタント」の教育と統合がやりやすくなる。労働者は、ロボットのおかげでつまらない仕事から解放され、特殊な事例に取り組む時間ができると考え、この新参者を歓迎する。

デジタル技術が直接雇用を創出する第二の方法は、デジタル製品の興味深い特徴と関係する。多くの場合、無料だということだ。

工場や農場の仕事を対象にした機械の自動化と、現在サービス・セクターを直撃している電子の自動化には多くの顕著な違いがある。一つは価格だ。ホワイトカラー・ロボットはあくまでコンピューター・プログラムであり、限界費用はほぼゼロなので、ロボットがやることの価格も大抵ゼロだ。多くの新しいサービスは無料だ。グーグルマップ、トリップアドバイザー、ニュースサイトといった、それなりの対価を払っていただろうサービスの多くが、今の世界ではたいてい無料になっている。そして、無料はそれ自体で需要を生んでいる。大量の人員が関わっていて、それゆえ高価であった多くのサービスが、いまや無料で提供され、我々はこうした新たなサービスをさまざまな方法で「購入」している。薬の飲み忘れを知らせてくれるサービス、全米最大のドラッグストア・チェーンCVSのオンライン健康相談サービス、ロボットによる資産運用アドバイスといった例が挙げられる。

バンク・オブ・アメリカのRachel（レイチェル）、アマゾンのAlexa、アップルのSiriは、ほぼ無料で質問に答えてくれるので、山のように質問が寄せられる。そのため、これらの企業は採用を増やしている。基本的には三段論法のように単純だ。1)ソフトウェアによって、2、3年前には高価だったサービスの無料化が可能になった。2)人々がこうしたサービスを夢中になって使いはじめた。3)こうしたサービスを提供する企業は、ロボットの面倒をみるほか、経営管理、会計、人事といった人間に関わる業務をこなす人材を新たに採用することになる。

豊かな国でAIによる自動化が雇用を創出する第三の方法は、インドなどの海外に移管していたバックオフィスの仕事を国内に戻すことだ。

通信網で送受信が可能な情報の定型作業にたずさわる高コストの労働者を代替しようとする考え方は、昔からある。1990年代以降、多くの企業がこうした業務を海外に移管した。これによってビジネス・プロセス・アウトソーシング（BPO）と呼ばれる一大産業が誕生し、今ではインフォシスなどが業界を支配している。

RPAは、BPO企業が現在請け負っている業務の多くを得意とする。文句なしにコスト節減になる。2017年にアクセンチュアに買収されたジェンフォーによると、「総コストが5万ドルの国内のフルタイムの労働者は、海外の同等の労働者に2万ドルで代替できるが、デジタル・ワーカーは同じ業務を5000ドル以下でこなす。海外の労働者を管理・教育するコストもかからない」[14]。AIソフトがすべての案件を扱えるわけではないので、バックオフィス業務を欧米に戻すと、若干のホワイトカラー人材と、多くのホワイトカラー・ロボットの雇用が生まれることになるだろう。

もう一つの急激な雇用創造の例が、アマゾンがやっている大量採用だ。だが、ここでは、ネットの増加とグロスの増加の区別が重要だ。古い諺で喩えると、「毛布の頭の端を切り落とし、その半分を足元に縫いつけても毛布が長くなるわけではない」。AIロボットの急速な導入は、労働者一人あたりの生産性を向上させ、それにより必要な労働者数を減らす傾向がある。その半面、ロボットは物事を安価に迅速にすることで、売り上げも伸ばす効果がある。こうした生産性上昇と生産量増加のせめぎ合いの格好の例を提供するのがアマゾンだ。

アマゾンの例——毛布の端を切り落とす

アマゾンは、「クリックから発送」までの時間——消費者が画面上の「購入」ボタンを押してから、注文品が最寄りのアマゾンの倉庫から発送されるまでの時間——を短縮しようと、ホワイトカラー・ロボット部隊を大量に配備している。

この自動化でアマゾンの配送は迅速化され、それによって、アマゾンをはじめとするネット販売業者が実店舗を駆逐しつつある。こうしたeコマースの盛り上がりを背景に、アマゾンは採用を増やしている。ブルームバーグによれば2017年時点で、アメリカの倉庫で働く労働者は100万人近くにのぼり40万人以上増加している。[15] イギリスだけで2016年に正社員を新たに2500人増やした。2017年夏には、新たに5万人の採用を検討中と発表している。

アマゾンでは、AIによる自動化でコストが大幅に低下し、即応性が高まった。作業量が一定であれば必要な労働者数は減るが、サービス向上で作業量が大幅に増加したため、仕事も増えることになった。もちろん、アマゾンによる雇用創造は、伝統的な小売店の雇用者数にも影響を与える。

アマゾンで行っているビジネスの多くは、もともとは伝統的な小売店の仕事だ。アマゾンのほうがはるかに効率的なので、実店舗からネット販売への移行によって、差し引きでの雇用者数は減っている。全米のショッピングモールで閉店が相次ぎ、イギリスで繁華街への影響が実感されはじめている。要するに、アマゾンが新たに雇用を生みだしているからといって、雇用が純増しているわけではない。

アマゾンの例は、現場をつぶさに見ることが重要であることを示している。古い諺にはこうある。理論と実際の違いは、理論が実際とかけ離れている点だ。だからこそ、実際の現場――今まさにロボットによって代替されている具体的なサービス・セクターの職業に目を向けることで本質が見えてくる。

リアリティー・チェック――今、自動化されている仕事

社会は複雑なので、重要なこととそうでないことの見極めが肝心だ。ＡＩで無線技士の数は半分になるかもしれないが、そもそもアメリカに無線技士は８７０人しかいないのだから気にしても仕方ない。[16]

図６・１は、就業者数が多いために注目すべき職種を示したものだ。最大のカテゴリーは

図6.1　アメリカの職種分布（100万人単位、2016年5月）

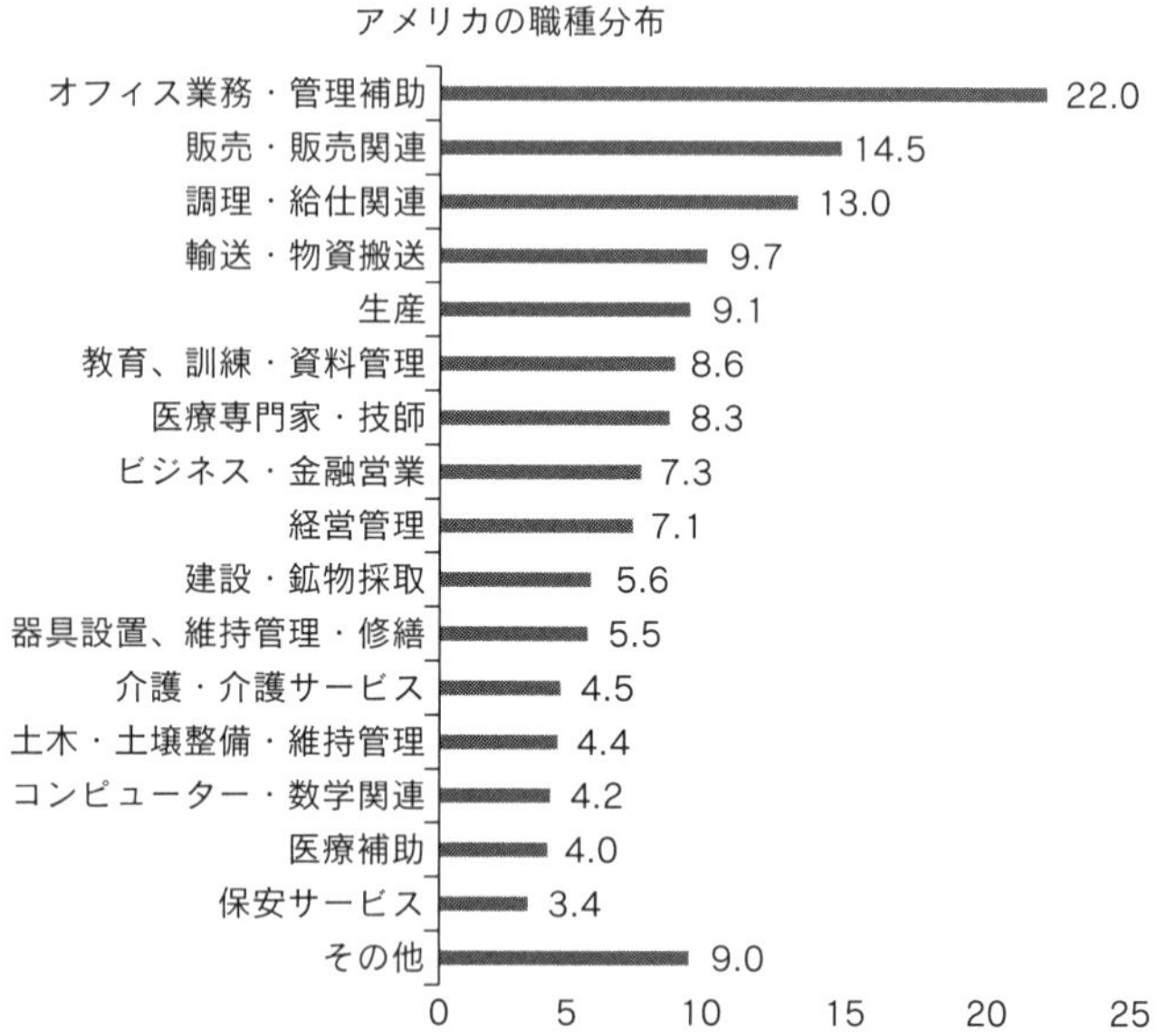

出所：BLSオンライン・データベースをもとに筆者が加工作成

２２００万人のオフィスワーカーだ。その多くは、ＡＩが簡単に代替できることをやっている。

自動化されたオフィスワーク

ＲＰＡは、基本的に情報を処理し、それを情報組立ラインまで送る労働者の多くの仕事を自動化している。

２２００万人のオフィスワーカーの雇用のうちどれだけがＲＰＡに代替されるか予測するのは容易ではないが、代替のトレンドは先進国で広がっている。２０１６年のＫＰＭＧの報告書のタイトル『人間からデジタルへ――世界的な企業サービスの未来』に凝縮されている。世界的サービス企業数百社を対象にしたKPMGの調査では、企業は人手に代えてテクノロジーに頼ろうとしていることがあきらかになった。とくに注目されているのがRPAだ。この影響は甚大だとKPMGは断言する。「RPAは、残された製造プロセスの大規模な自動化の延長ではなく、むしろ、分水嶺だとみている。あらゆるサービスの提供において、人手によるコストを減らす潜在力でRPAに匹敵するものはないからだ[17]」。この調査では、厳格な雇用保護法制をもつヨーロッパの企業がとりわけRPAに関心が高いことがあきらかになった。欧州企業のうちAIによる自動化に関心をもつ割合は80％にのぼった。アメリカは50％にとどまった。

どのくらいのスピードでRPAが労働者を代替するか、という質問に、イギリスのRPA大手ブルー・プリズムのトップ、ジェイソン・キングダムは、こう断言している。「今後2、3年のうちにRPAは世の常識になるとみている。ありとあらゆるオフィスに入るだろう」。株式市場は彼の見方を信じているようだ。2016年初めに株式を公開した際に時価総額5000万ポンドをつけた同社の株価は、それ以降、650％上昇している[18]。

図6・1で二番目に多いのが「販売関連職」で、1450万人にのぼる。

「歩くサービス労働者」の自動化

サービス・セクターの自動化は、頭脳労働者を代替するソフトウェア・ロボットにかぎらない。「歩くサービス労働者」ともいえる仕事、動き回り、物理的なモノを扱う人の仕事にも及んでいる。こうした労働を代替するロボットは、AmeliaやRPAとはまた違う。動く機械で、いわば「スティール・カラー」ロボットだ。

小売セクター

小売店は自動化と無縁ではない。自動精算機はすでに、さまざまな店舗で多くの労働者を代替している。特殊なケースに対応するために若干の人手は必要だが、レジ担当の採用は減っている。相次ぐイノベーションで自動化はさらに進んでいる。アメリカでは、消費者がスマートフォンにアプリをダウンロードして、商品のバーコードをスキャンするか、写真を撮ると、その商品の情報を教えてくれるサービスを提供する店がある。こうすれば店員は少なくてすむ。

ＡＩを活用して店の棚を「スマート」にしている店もある。「近接ビーコン」と呼ばれる装置を使って、特別な商品が近くにあるときに、買い物客のスマートフォンにメッセージを送る。近くの商品を個人的に割引することを知らせ、「あなたの居場所はわかっています」という薄気味悪いメッセージを送ることもできる。デパートのノードストロームはこれを使っているし、ウォルマートはアップルの技術をベースにしたiBeaconを試験的に使っている。

ウォルマートに次ぐアメリカの小売り大手のクローガーが導入した新しいタイプの陳列棚は、消費者に面した棚の端の狭い部分がデジタルになっている。プログラム可能なビデオ画面に似ていて、センサーと分析をもとに、おすすめ商品の紹介や顧客別の価格、商品の詳細な情報を提供する。これも少ない従業員で顧客サービスを向上させることになる。

小売りの在庫の面でも、雇用の代替が進んでいる。アメリカの住宅リフォーム・生活家電チェーンのロウズ（Lowe's）は、接客ロボットのLoweBot（ロウボット）を導入した。これは多目的の自動運転ロボットで、単純な質問に答えたり、商品探しを手伝ったりすることができる。買い物客は、タッチスクリーンに質問を入力してもいいし、口頭で質問するだけでもいい。LoweBotは英語、スペイン語のほか数ヵ国を話し、理解することができる。

高さ5フィートの人当たりが良さそうなロボットは、在庫管理も助けている。基本的には車輪がついたタッチスクリーンで、多くのセンサーが取り付けられていて、棚を自動的にスキャンし、即座に商品を見分けることができる。LoweBotがシリコンバレー店にデビューしたのは2017年。ライバルはロボットのTallyで、営業時間中、店内を回って、すべての商品の在庫があるか、陳列は適切か、価格設定が正しいかをチェックする。

高級デパートのブルーミングデールズは2017年、フィッティングルームの壁にスクリーンを取り付け、買い物客が試着したい服をスキャンすれば、違う色やサイズの在庫が確認できるようにした。トータルコーディネートしたい客には、ほかのアイテムを勧めることもできる。店員の数が同じか少なくても、便利で快適なこうしたサービスで、顧客の買い物は楽しくなる。

これらは最近の動きなので、雇用喪失に関する調査やデータはないが、狙いは明白だ。労働者を直接代替するのだ。機械学習は、工場以外の肉体労働にも応用されている。

建設労働の自動化――レンガ工ロボットのＳＡＭ

学歴はないが腕っぷしの強い人たちにとって、建設業はうってつけの仕事の一つだ。だが、これも自動化されつつある。ニューヨークのコンストラクション・ロボティクス社は、ＳＡＭ（semi-automated mason：半自動レンガ工）という名のロボットを全米の建設会社に月３万３０００ドルでレンタルしている。ＳＡＭは人間のレンガ工と一緒に仕事をする（２０１４年なら、レンガ工にわざわざ「人間の」とつけるのはおかしかっただろう）。仕組みはこうだ。

ベルトコンベアーで運ばれてきたレンガをロボットが受け取ると、レンガの上にモルタルを伸ばし、レーザーセンサーを使って正しい位置を確認し、壁にレンガを貼り付ける。人手が必要なのは、レンガをベルトコンベアーに載せる、ショベルでモルタルをホッパーに入れる、余分のモルタルをならす、そして、タブレット端末ですべての工程を管理するためだ。ＳＡＭが１日に貼り付けるレンガは１２００個で、人間のレンガ工の2倍から4倍だ。

コンストラクション・ロボティクス社は、ＳＡＭでレンガ敷設の労務費を約50％削減できるとみている。一つの建設現場で必要なレンガ工は減るが、レンガ敷設の専門家が不要になるわけではない。レンガ工を続ける人は生産性が向上する一方、ＳＡＭに負けて仕事を失う人はほかの仕事を探さなくてはならない。

建設労働者と同じく警備員も高卒で身体が丈夫な人が多い。この仕事も脅かされている。

警備員

警備員を常駐させておくのは何かあったときに重宝するからだが、最大の任務はただその場にいることだ。万が一、事件が起きた場合には対応できる。だが、まさに警備員がその場にいるために、事件が起きる確率は低い。警備員がその場にいるときは警備員はたいていは必要とされない、というこのパラドックスが自動化を促進している。

カリフォルニアのナイトスコープ社は、「その場にいる」要員としてロボット警備員を派遣し、実際に事が起きたら本物の警備員が駆けつけることで、このミスマッチを調整している。同社のロボット警備員はすでにショッピングモールやサンフランシスコの街角で使われ、ホームレスを追い払っている。ロボットにはカメラ、レーザーセンサー、マイクロフォン、スピーカーがついていて、ゆっくり歩く速度で自動運転できる。

ロボットの働きは人間の警備員並みとはいかないが、格段に安く、1時間のレンタル料は最低賃金を下回る7ドルだ。休憩も必要ないし、休日の超過手当も要らない。とはいえ、まだ欠点がある。2017年、ワシントンをパトロールしていた1台のロボットは噴水に突っ込んで溺れてしまった。

サービス・セクターの外食チェーンでは、調理はいわば下流で、たいてい最低賃金の仕事だ。アメリカでは11人に1人が調理と配膳にたずさわっていて、就業者数は全体で1300万人にのぼる。

自動化されつつある調理

マクドナルドをはじめ、チリズ・グリル＆バー、アップルビーズ、パネラ・ブレッドなどのアメリカの大手外食チェーンは一部の作業を自動化していて、労働者から仕事の一部を奪っている、といえる。急速に広がっているのは、タッチパネル式のタブレッド端末で顧客が直接注文する方式だ。

一般にタブレット端末は各テーブルに備えつけられていて、各店舗で必要な人手を減らしている。客がウエイターを待つ必要もない（ウエイターの「ウエイト」の由来もわからなくなる）。不思議なことに、この端末があると、客が注文する品数は多くなるという。「デザートにアイスクリームを」と声に出して注文する罪悪感から免れるせいかもしれないし、単に一度に注文できるのが便利だからかもしれないが、注文用タブレットのメーカー、ザイオクの調査によると、タブレット端末のほうが1回の精算あたりの注文量が多いという。このトレンドは拡大している。同社はすでに数十万台のタブレットを出荷している。

レストランの自動化はスマホ経由でも進んでいる。キャッシュ・レジスターの老舗NCR（National Cash Register の略）は、アプリのNCRモバイル・ペイの投入によって、大躍進している。このアプリを使えば、料理を注文し、勘定書を見て、メニューから再注文し、ウエイターを呼び、料金にチップを上乗せして支払い、レシートをメールで受け取ることができる。すべて客のスマートフォンを使ってだ。

レストランの調理場の自動化は始まったばかりだ。ハンバーガーのカリバーガー・チェーンと共同で開発された調理ロボット、Flippy（フリッピー）を見てみよう。基本的にはカートにセンサーが搭載されたロボット・アームで、標準的なグリルやフライヤーの前に据えれば、最低賃金の労働者並みに調理を始める。調理場の配置を変える必要はない。

Flippyは、全店共通の調理済みのハンバーガーのパテのラップを外し、グリルに並べ、時間が来たらひっくり返す。すべての工程で、熱センサー、カメラ、搭載されたＡＩプログラムが稼働し、レストランのシステムに統合して、カウンターの客から直接注文を取ることができる。これまでのところ、チーズなどのトッピングを載せるといった追加情報の対応にはまだ人手が必要だが、モメンタム・マシン社では、すべての調理工程から人手をなくす機械を開発した。

「当社の機械は従業員の効率を高めるものではない。従業員を不要にするものだ」と、モメンタム・マシン社の共同創業者のアレクサンドロス・バルダコスタスは２０１２年に語っていた。[19]同社のロボットは小型のウォークイン冷蔵庫並みの大きさで、原料を入れると、ラップしたハンバーガーを最大で1時間に１００個送り出す。これは初期の頃の話だ。

労働者の感情を逆なでするこうした軽率な態度ではうまくいかないと悟ったのか、２０１８年6月に自動ハンバーガー・レストラン1号店をオープンしたときのインタビューでは、バルダコスタスの口調は変わっていた。「我々が理想とする未来は、創造性にあふれ、社会的交流が活発な場所であり、スタッフも創造的で社交的になれる場所をつくることだ」[20]。社名をクリエイターに変え、グーグル・ベンチャーズの支援を受けるようになった同社は、極端な自動化が顧客や労働者に引き起こしかねない反動の機先を制しようとしている。計画では、従業員に最低賃金を大幅に上回る賃金を支払い、就業時間の5%を自分で選んだ啓発書を読むことを許可することになっている。

アメリカでは一部の州の最低賃金の上昇を受けて、ファストフード・チェーンの自動化による経済性の向上も加速している。マクドナルドの元CEOのエド・レンジはあからさまにこう語る。「出来が悪いのに時給15ドルもとる従業員を一人雇うより、1台3万5000ドルのロボット・アームを買ったほうが安上がりだ[21]」。

ロボットはピザ業界にも割り込みはじめた。サンフランシスコのベイエリアのスタートアップ企業のズム・ピッツァは、ロボット――生地(dough)とロボット(robot)を合わせた「ダボット(doughbot)」を使ってわずか数秒で、生地をピザのクラストに成形する。別のロボットがソースを塗ってオーブンに入れる。注文はスマートフォン経由のネットで受け付ける。カウンターも店舗もない。

ズムでは調理場にわずか4人で、1日に200枚のピザを焼き上げる。ロボットを増やし、AIの高度化を進め、人手を減らすつもりだ。計画がうまくいけば、「人手を使わないドミノ・ピザのようになる」と共同CEOのアレックス・ガーデンは語る。「どこまで儲けられるか楽しみだ[22]」。売上高人件費率はドミノピザが30%に対し、ズムはわずか14%だ。

輸送関連の仕事

アメリカでは約14人に1人が、なんらかの輸送関連業務についている。就業者数は約1000

万人で、この約半数が運転手だ。周知のとおり、こうした仕事は自動化の途上にある。実際、サービス・セクターの自動化による脅威が広く議論されているのが、この職種だろう。

自動運転トラックや自動運転車は現実味があるが、どの程度の速さでテクノロジーが離陸するかは、まだ明確になっていない。MITテクノロジー・レビュー誌のデヴィッド・ロットマンは、次のように予測する。以前は自動化から守られ安全だと考えられていたサービス・セクターの職種にとってAIが脅威となるなかで、「いわゆる自律型車両は、受け身ではあっても運転手が必要だろう。だが、数百万人の雇用が失われる可能性は明白だ」[23]。

オバマ政権の経済・科学顧問による報告書『AI、自動化と経済』では、自動運転で脅かされるアメリカの雇用者数を200万人から300万人と予測している。こうした労働者は約170万人のトラック運転手を含め、高学歴でない人たちにとって最善の職の部類に就いている。

この業界の規制の厳しさを踏まえれば――少なくともその一部は、一般国民が安全を求めているためだが――自動化の実現は簡単ではないし、紆余曲折があるだろう。すべての車両の運転が自動化され、相互に調整しながら動く未来のほうが想像しやすい。むずかしいのは、人間が運転する車両とロボットが運転する車両が混在する状況だ。

だが、サービス・セクターの自動化は未熟練の職種に限られるわけではない。医師、弁護士、ジャーナリスト、会計士など多くの専門職は稼ぎがいいが、それは膨大な情報を頭に入れ、それを新たな状況にあてはめられるよう経験を積んできたからだ。だが、それはまさにAIが得意とするものだ。「経験」を「データ」に置き換えれば――経験にもとづくパターン認識が、データにもとづくパターン認識になれば——機械学習が平均的人間よりもすでに得意か、まもなくそうなる活動の記述例はいくつも挙げられる。すでに医療分野でそれが起きている。

医療関連の仕事

医療は巨大産業だ。アメリカでの就業者数は約１２００万人にのぼる。このうち医師は12人に１人に過ぎず、看護師は５人に１人だ。イギリスの保健省は１５０万人を直接雇用している。医療業務の大部分はかなり定型的なものだが、そのほぼすべてが経験にもとづくパターン認識がベースになっている。これは進歩するＡＩとまともにぶつかる世界だ。

ホワイトカラー・ロボットは画像や患者の病歴把握が得意で、性能はさらに向上している。すでに診断に使われている。とはいえ、医師に取って代わるのではなく、もう1台の診断装置として、医師が自分の仕事をするために援用している。ホワイトカラー・ロボットのさらに画期的な活用法がみられるのが心理学の分野だ。

Ellie（エリー）は画面上のホワイトカラー・ロボットだ（アバターと呼ぶ人もいるが、この呼称は画像に焦点をあてていて、画像を動かしているテクノロジーを軽視している）。Ellie の見た目や行動は人間にかなり近いので、安心して話しかけることができる。コンピューターの画像とキネクト・センサーで、ボディランゲージや微妙な表情を記録しコード化して人間の心理学者に評価を仰ぐ。こうしたデータ収集ではロボットが人間よりも優れていることが調査で示されている。ロボットには安心して心を開けることも一因だろう。

Ellieの生みの親は南カリフォルニア大学の研究者で、国防高等研究計画局の助成プログラムの一環としてEllieをつくった。プログラムの狙いは、心的外傷後ストレス障害（ＰＴＳＤ）で苦しむ退役軍人を助けることにある。「Ellieを使って行動データを収集する利点は、Ellieがコンピューターであり、人を評価する目的で設計されていないため、本音が言いやすい点にある」と共同開発者のルイ＝フィリップ・モレンシーは語る。[24] ロボットが心理学に応用された例としてはほかに、認知行動療法をもとに患者にセラピーを施すロボットがある。たとえばウォーボット（Woebot）は、日常会話のなかでメンタルヘルスの問題解決を助ける。たいていロボットが質問をして、ネガティブ思考を客観的に捉えなおすよう促す。ロボットによる薬の処方も病院で一般的に使われている。

シンガポールのマウント・エリザベス・ノベナ病院では、看護師の代わりにＩＢＭのWatsonを使って、患者のバイタルサイン（体温や脈拍など生命の兆候）を監視している。病院のＣＥＯルイ・タンは、Watsonはあくまで補助的なものだと語る。「看護師の責任がなくなるわけではない。もう一人の補助ができただけだ。効率が上がり、患者にとっては安全になる」[25]。もう一つの労働節約型オートメーションは、医師が定型業務に割く時間を減らすことを狙っている。「ささいな不調や、店頭で入手できる大衆薬で治せる病気で、総合医に診断や処方を求める人が多い（5分の3以上）」。こう語るのは、医療用ホワイトカラー・ロボットを製造するYour.MDのＣＥＯマッテオ・ベルッチだ。Your.MDは総合医の診察をまねたスマートフォンのアプリだ。「医師に取って代わるといった話ではない。むしろ、本物の医師の手から簡単で平凡な状況の一部を取り除き、ＡＩに整理させるのが狙いだ」。

基本的にＡＩが担当するのは「予防ケア」で、不調を感じた人が医者に診せるべきかどうか判断するのに役立つ。イギリス保健省は、将来性を見込んでいて、アプリが使う情報を承認している。ロボット診断のもっと劇的な例もある。

２０１６年、従来の治療がうまくいかなかったことから、ＩＢＭのWatsonに診断を仰いだ日本の医師がいた。医師は急性骨髄性白血病と診断していたが、結果的には別の病気だった。Watsonは２２００万本の癌の研究論文のデータベースを照合し、患者の遺伝子と病歴と適合するパターンを探した。認識されたパターンから、患者が患っているのは希少癌であると推測された。人間の医師には思ってもみない病気だった。Watsonが診断に要したのは、わずか10分だ。

医師はWatsonが提示した新たな病名を正しいと判断し、治療方針を変更した。おそらくそれで患者は助かったのだろう。このケースで、Watsonが医師に取って代わったわけではない。だが、Watsonがあれば、一人の医師が少ない時間で多くの医療サービスを提供できることは容易に想像がつく。つまりWatsonは、自動化の一形態なのだ。だが、もう一つ注意すべきなのは、Watsonが広く使われるようになれば、逆の「スキルのねじれ」が起きる、ということだ。Watsonは、専門性が高く高額報酬を得ている癌の専門医を代替することになるが、平均的な医師にとっては優れたツールになるだろう。これは、ＡＩが平均的労働者のスキルを上げる典型的な例だといえよう。

薬局の自動化

薬局で多くの時間を取られるのが、薬の計算だ。カリフォルニア大学サンフランシスコ医療センターでは、常時600人前後の患者に一人平均10種類の薬を処方している。200人の薬剤師と技師が担当しているが、薬をピッキングするロボット、ピル・ピックがなければ、はるかに多くの人手が必要だろう。このロボットは、個々の薬をピッキングし、包装し、配布する。多くの場合は、バーコードで患者名と処方薬が合っていることを確認する。

人間が定型業務をロボットに移管する場合はたいていそうだが、ピル・ピックで一貫性が上がっている。2016年11月にCNBC.com に掲載されたアンドリュー・ザレスキーの論文によると、ヒューストンのある病院が、人間の薬剤師が処理した処方箋を調べたところ10万件あたり5件のミスがあることがわかった。[26] 医療センターが自動化に向かった背景には、こうしたミスがある。「看護師が小数点を打ち間違え、患者に薬を過剰投与したことがある。そのとき、二度と同じミスは犯さないと誓った」。医療センターの所長マーク・ラレットは語る。試行段階でピル・ピックは約35万件の処方箋を処理したが、1件のミスもなかった。

ジャーナリズムの自動化

ワシントン・ポスト紙には素晴らしく生産的な記者がいる。2016年11月の上下両院と州知事選挙をリアルタイムで伝え、数日間で500本以上の記事を書いた。記者の名はHeliograf（ヘリオグラフ）。ロボット記者だ。同紙が抱える60人の政治記者は、大物議員や激戦州の選挙を重点的に取材した。Heliograf には、ロボットのインターンらしく、面白味に欠ける選挙結果を報じる泥臭い仕事が任されたというわけだ。[27]

対照的に2012年の選挙では、目立たない結果を伝えるために4人の記者しか割り当てなかった。25時間後になんとか書き上げた記事は、Heliograf が網羅した選挙のごく一部に過ぎない。

こうした自動化された選挙報道はフランスでも活用されている。2015年のフランスの選挙期間中、ルモンド紙と共同で、あるIT企業が自動執筆ソフトを使って4時間で15万ウェブページ分のテキストを作成した。IT企業のCEOクロード・ド・ルピはこう語る。「ロボットは記者と同じことはできないが、素晴らしい仕事をする。メディアにとって革命だ」[28]。AP通信など多くの通信社も、市販のロボット執筆ソフトを使っている。

だが、ロボット執筆ソフトはどの程度の出来なのだろうか。全米公共ラジオのNPRは、人間対機械の試合をお膳立てした。1997年に行われたチェス名人のゲーリー・カスパロフとIBMの Deep Blue（ディープ・ブルー）との対戦のようなものだ。今回は、NPRのホワイトハウス担当スコット・ホースレー記者と、ロボット・ライター、Wordsmith（ワードスミス）の対戦だ。素材となるニュースは、ファストフード・チェーンのデニーズの決算報告だ。成果物はラジオで短く放送する。ロボットが要した執筆時間は2分。人間は7分だった。ネット投票で審査したNPRの聴取者は、記者が書いたほうが中身があり、興味をそそられると答えている。

ロボット・ジャーナリズムは人間の記者を代替しているのだろうか。ワシントン・ポスト紙のムードは、これまでのところ、かなり前向きだ。ロボットに名前まではつけていないが、ロボットを受け入れている。組合代表のフレデリック・カンクルはこう語る。「当然ながら、人間を代替する可能性のある技術について懸念しているが、この技術は地味でつらい仕事のほんの一部を引き継いだだけのようだ[29]」。

すでに述べたように、法律関係の仕事の一部も危うくなっている。

法律関連業務の自動化

2016年末、JPモルガンのAIソフトウェアCOINは、商業融資契約書を読んで解釈する作業を自動化した。COIN導入前の作業コストは、弁護士と融資担当者の36万時間と推定されていた。今では、眠らないシステムが年間1万2000件あまりの契約書に目を通しながら、はるかに速く処理し、エラーもほとんどない。クレジット・デフォルト・スワップ（CDS）やカストディ契約など、COINをもっと複雑な法律文書に使う計画が進行中だ。

現時点では規制に近い自制の状況だが、JPモルガンの最高情報責任者（CIO）のダナ・デイジーは、COINで雇用が失われるわけではないと主張する。弁護士や融資担当者をもっと生産的な仕事に向かわせるものに過ぎない。「こうした類のソフトについては、何かにつけ、人を代替するといわれるが、私は人を高付加価値の業務に振り向けるものだと考えている。だからこそ、当社には絶好の機会なのだ[30]」。トップレベルの弁護士なら、確かにそうかもしれない。だが、アメリカの法律関連サービスの就業者は100万人にのぼる。彼らが今やっている業務の多くは、ほどなく自動化できる。「法律業界の地道な仕事は、文書を読むことだ」。法律AIのスタートアップ企業ＲＡＶＮの共同ＣＥＯヤン・フォン・ヘッケはこう指摘し、同社では「読解プロセスの自動化に着手している」という。同社のＡＩは文書を読み解き、人間よりも速く、より正確に情報を収集している。ＡＩロボットはトップの法律事務所ではすでに広く使われていて、企業の法務部でも急速に広がりつつある。[31]

ＡＩが深夜まで働く若手弁護士に代わるのが、「発見」と呼ばれる分野だ。法廷ドラマで何度も目にしたことがあると思うが、若手のできる弁護士が書類の山をかき分けて、クライアントの無実を証明する証拠、あるいは相手方の有罪を決定づける証拠を見つける場面だ。今では、そのほとんどをＡＩを搭載したホワイトカラー・ロボットがやっている。

もっと軽いものでは、DoNotPayというＡＩ弁護士ボットがある。無料のオンライン・プログラムで、交通違反切符を切られたときにフェイスブックのメッセンジャーで相談すると、チャット形式で罰金の支払いを回避する方法を教えてくれる。

開発したのは、イギリスの愉快な若者ジョシュア・ブラウダーだ。「18歳で運転しはじめたら駐車違反切符を山のように切られたので、副業としてDoNotPayを開発した。たった1年で25万件以上の相談を受けるとは思ってもみなかったが」。フォーブス誌のインタビューによると、12歳でプログラミングを独学で学んだブラウダーが、DoNotPayのために作業したのは、深夜から午前3時にかけての3時間だけだったという。[32]

20歳を過ぎた現在、スタンフォード大学で法律を学ぶブラウダーは、理想に目覚め、ＡＩ弁護士ボットをアメリカやカナダで難民の移住手続きを助けるソフトに変更した。そしてイギリスでも、難民申請者がイギリス政府の財政支援を得るのを助けている。[33]

雇用に大鉈がふるわれているもう一つの高度な専門職が金融サービスだ。

金融サービス

最近は資産をある程度、自分で管理している人が少なくない。退職など資産に関わる大きな判断も自己責任の度合いが強まっている。とはいえ、金融情勢に関する基本情報を理解するのは容易ではない。銀行員やファイナンシャル・アドバイザーに相談すると高くつくし、多くは手数料稼ぎの営業担当に過ぎないのが実情だ。

個人金融では、こうした相談にホワイトカラー・ロボットを活用するのが新たなトレンドになっている。たとえばスイスのUBSでは、アマゾンのAlexaを使って簡単な財務相談に答えている。アメリカ連邦住宅抵当公庫（ファニーメイ）は、財務分析報告の作成を担当するチームをホワイトカラー・ロボットに代えた。これにより、年に一度ではなく四半期に一度、業績を審査することができ、はるかに多くの借り手をカバーできるようになった。

大手投資銀行のゴールドマン・サックスは、トレーディング部門の多くの業務を自動化している。2000年時点でニューヨーク・オフィスには600人のトレーダーがいたが、現在ではわずか2人のトレーダーが200人のコンピューター・エンジニアと共に働いている。かつては高額報酬と巨額取引で幅を利かせていた外国為替トレーディング部門だが、今では3分の1がコンピューターおたくだ（全体の頭数も大幅に減っている）。頂点に立つ人たちへの影響は好ましいのかもしれない。バブソン・カレッジのトム・ダベンポート教授はこう語る。「ゴールドマン・サックスの平均的なマネージング・ディレクターの報酬は、おそらくもっと上がるだろう。利益を分け合う下のレベルの人間が少なくなるのだから」[34]。

こうした例は枚挙にいとまがなく、増えつづけている。というのも金融の多くの仕事には、膨大なデータをもとに迅速に判断を下す――というホワイトカラー・ロボットが最も得意とする分野が多く含まれているからだ。そして、この雇用喪失はさらに進む可能性がある。

ゴールドマンの財務の副責任者のマーティ・チャベスは、投資銀行業務はグロボット対応に直面していると指摘する。投資銀行家は企業の合併・買収（M&A）にたずさわり、平均の年俸は70万ドルだ。頭数を減らす動機ははっきりしている。アイデアを売り込む、関係を構築するといったスキルの多くは属人的ではあるが、同社では100の業務（タスク）が自動化できると認定している。

ドイツ銀行の前CEOジョン・クリヤンは、2018年、最大で従業員の半数がテクノロジーで代替されるだろうと述べた。バークレイズ投資銀行のCEOティム・スロスビーが述べたように、「仕事でキーボードを叩くことが多いなら、未来は明るいとはいえない」。ゴールドマン・サックスの国際部門のトップ、リチャード・ノッドは、この点をさらに強調する。「すでにテクノロジーで代替されている機能はこれほど多く、その流れがすぐにも止まる理由は見当たらない」[35]。

全体としてどこへ向かうのか？

遠隔移民（テレマイグランツ）の形でのグローバリゼーションと、ホワイトカラー・ロボットの形での認知コンピューターを合わせた「グロボット」が新たな転換を主導している。自動化とグローバル化という旧来の破壊的コンピの最新版は、生易しいものではないだろう。破壊的コンピから守られてきた多くの職種が、自動化とグローバル化の両方にさらされている。これらの仕事の多くはオフィス内のものなので、結果はより悲惨なものになるだろう。

こうした変化で多くの職業がなくなるわけではない。ほとんどの仕事には、ホワイトカラー・ロボットも遠隔移民も扱えないことがあるからだ。だが、「グロボティクス転換」によって、現在最も一般的なサービス・セクターの職業の多くで、頭数が減るのは確実だ。デジタル技術はある程度雇用を創出するが、間接的であり、一般にはごく特殊なスキルをもつ労働者だけが対象になる。

これが意味するのは、１９７３年以降、工場労働者が経験してきた破壊、失業、混迷を、まもなく多くのホワイトカラー労働者も経験する、ということだ。デジタル技術の驚異的な進歩のペースを踏まえると、こうした変化は、20世紀の製造業セクター、19世紀の農業セクターを破壊したグローバル化よりもはるかに速いペースで専門職、サービス職を混乱させることになるだろう。

歴史が繰り返されるとすれば、急速なイノベーションは人々を引き続き守られた仕事に導くことになるが、そうこうするうちにも事態は手に負えなくなる。大変動がやってくる。そして、反動が起きるだろう。

第7章 グロボティクスによる破壊的変動

ビル・ゲイツはデジタル技術が大激変、破壊的な変動を引き起こすのではないかと心配している。そう聞くと誰もが不安になる。未来は不可知なのでゲイツに未来が見えるわけではないが、デジタル技術に何ができるのかはわかる。ゲイツはそれを幾度となく証明してきた。何十年もマイクロソフトを率いて「すごい瞬間」を演出するなかで、世界有数の資産家になった。

雇用喪失のペースは速すぎて経済は吸収できない、とゲイツは見ている。「古い仕事を新しい仕事に代替していくという営みが、あらゆる分野で一斉に分水嶺を越えてしまう。税率の引き上げに同意すべきだし、スピードを落とさなくてはいけないかもしれない」[1]。憂慮しているIT長者は、ゲイツばかりではない。

電気自動車テスラのCEO（最高経営責任者）のほか、宇宙ビジネスにも熱心な起業家のイーロン・マスクも、破壊的なテクノロジーの問題に気づいている。2017年、テスラの株式時価総額は伝統的な自動車メーカーのそれを上回った。そのマスクもゲイツと同様に心配し、こう発言している。「大量失業をどうするか。これが今後、大きな社会問題になるだろう。ロボットがうまくできない仕事はどんどん減っていく。起きてほしいと思っているわけではないが、おそらくそうなるだろうと思っている」[2]。

　やはりテクノロジーの波にうまく乗ったアマゾンのＣＥＯジェフ・ベソスは、こう言う。「今後20年の社会に与える影響の大きさは、強調しすぎることはない」[3]。イーベイのＣＥＯのデビン・ウェニグはこう指摘する。「人工知能（ＡＩ）の将来性は以前から知られているが、現在のブレークスルーのペースは脅威だ。機械のパフォーマンスが人間並みか人間を超える作業が増えている。背景には、専用ハードウェアの進歩、ビッグデータへのアクセスの迅速化と深化、フィードバックにもとづいて学習と改善を行える高度なアルゴリズムがある」。

　今は亡きスティーブン・ホーキング博士はビジネスには疎《うと》かったが、世界最高の物理学者として、デジタル・テクノロジーの行方をしっかり予見していた。「工場の自動化はすでに伝統的な製造業の雇用の多くを破壊している。ＡＩの台頭で、雇用破壊は中間層の奥深くにおよび、介護やクリエイティブ、管理職しか残らないだろう」[4]。

　こうした富豪たちは、「グロボティクスによる転換」をグロボティクスによる破壊的変動に変えるものを的確に見抜いていた。良い仕事があって、安定したコミュニティに所属することが、現代社会で成功する重要な要素である。これまで、こうした「人生の成功者」は、ホワイトカラー、専門職だった。そして、これまで、こうした職種はグローバル化からもロボットからも守られてきた。グロボットがその現実を変えつつある。

あらゆる変化は痛みと恩恵の両方を伴う。だが、変化が速すぎると「緊急措置」を取らざるをえず、それは個人的にも金銭的にも社会的にもコストが極端に高くなる。政府がほぼ常に介入し、変化を遅らせるのはそのためだ。人々に秩序立てて生活を立て直す時間的余裕を与える。だが、グロボティクスによる激変は秩序立てて訪れるわけではない。欧米をはじめ数億人にのぼる先進国の人々が転職を余儀なくされるとき――どんな形の未来であれ――経済、社会、政治は混乱するだろう。だが、事態はもっと深刻だ。

スピードのミスマッチによる破壊的変動

変革をもたらす技術は太古の昔から、少なくとも日時計ができた頃から存在する。その意味では、「グロボティクス転換」が目新しいわけではないし、変化の方向が間違っているわけではない。技術進歩は良きことであり、いずれにせよ抗うことができないものだ。

コンピューターに考えることを許し、海外のフリーランサーに国内のオフィスで働くことを許す技術は、ソフトウェアやインターネット上のプラットフォームに内蔵されている。これらを西側民主社会はなかなかコントロールできない。つまり、ゆくゆくはグロボットが我々の生活を変えてしまうということだ。政府は変化のペースを遅らせることはできるが、変化を止めることはできない。長い目で見れば、すべては最善に向かう。グロボット時代は、ねじれが解消された暁に、より素晴らしい世界になる。グロボットは、人間を生産的にし、退屈な反復作業を取り除いてくれる。ある意味で、人間らしい仕事ができるようにしてくれる。今は仕方なくやっているロボットのような単調な作業をすべてなくしてくれるのだ。

だが、破壊的変動を引き起こすのは未来の出来事ではない。今まさに起きていることだ。そこに怖さがある。問題は変化の凄まじいスピード、もっと正確にいえば、雇用破壊と雇用創出のスピードのミスマッチにある。デジタル技術は猛烈なペースで大量の雇用を破壊しているが、大量の雇用創出にはほとんど寄与していない。ポイントは単純だ。

今日のＩＴ起業家は、高コストの労働者を、低コストの海外フリーランサーやさらに低コストのホワイトカラー・ロボットで置き換えて巨万の富を得ている（あるいは、そうしたいと願っている）。それがビジネスモデル――高所得国の労働者を代替してコストを節減するというビジネスモデルなのだ。雇用破壊を主導している企業の経営者は、当然ながらそれについて口が重いが、ＡＩサイエンティストは黙っていない。

雇用破壊がビジネスモデル

デジタル技術の教祖の一人、アンドリュー・エンの発言は傾聴に値する。エンは中国の検索エンジン大手、百度（バイドゥ）の元チーフ・サイエンティストで、１０００人を超えるリサーチャーを束ねていた。同社に入社する前は、グーグルで機械学習の画期的なアプローチである深層学習の開発にたずさわった。深層学習は、自動運転車をはじめ、グーグルのさまざまな製品を支えている。一人の経歴としてはまだ足りないとばかりに、スタンフォード大学で教授を務めたときには、オンライン教育プラットフォームのCousera を共同で立ち上げている。YouTube のＡＩに関するエンの講義は１５０万回以上再生されている。

デジタル技術が雇用破壊をもたらす側面について、エンの見方は明快だ。「何千、何万という人の仕事をターゲットにした重要なプロジェクトに関わる友人が多くいる。こうした仕事がまさに標的になっている」。２０１７年のラスベガスの家電ショーで、中国系アメリカ人のアクセントに若干の香港訛りで悲しげにこう付け加えた。「率直に言えば、こうした仕事にたずさわる大勢の人たちは、自分たちの仕事が自動化される重大なプロジェクトが進行中だと気づいていない」[5]。先行きについては、人間が1秒以内に頭で考える作業ができるとすれば、ＡＩはその作業をもっと速く、きちんと、低いコストでこなすと指摘している。

ホワイトカラー・ロボットの大手メーカー、ブルー・プリズムの宣伝文句を見ると、その狙いがよくわかる。同社はコンピューター・プログラムのシリーズを「デジタル・レイバー」と称している。同社のホームページでは、こう謳われている。「多機能ソフトウェア・ロボットは、デジタル・レイバーとして企業のバックオフィス業務に導入され、手作業でのデータ入力と処理という著しくリターンが低く、リスクが高く、人がやるべきでない作業をなくします」[6]。こうしたソリューションは、すでに銀行、通信、エネルギー、政府機関、金融サービス、小売り、ヘルスケア業界のバックオフィス業務の自動化に導入されている。

ここで留意すべき最大のポイントは、グーグル、アマゾン、マイクロソフト、インフォシス、

IBMなど大手IT企業の精鋭は雇用創出に取り組んでいるわけではない、ということだ。彼らが取り組んでいるのは雇用を不要にすることだ。

グロボットのもう一つのタイプ——遠隔移民（テレマイグランツ）については、ミスマッチのスピードはまだはっきりしていない。フリーランサーが大幅に増加しているが、これまでのところ、ほとんどが国内の労働者であり、海外の遠隔移民ではない。企業側の意図もさほど明確ではない。収益狙いがフリーランサーの活用を増やしている要因ではあるが、今のところ、国内労働者の雇用の創出につながっている。

たとえば、オンライン決済のペイチェックは、ジョブ・マッチングサイトのインディードに登録されている40万人以上の履歴書を調べた。その結果判明したのは「1970年代、80年代、90年代を通じて、働くとは、9時から5時まで会社に行くことだった。だが、2000年代に入ると、フリーランス経済が離陸する。2000年から2004年のあいだに履歴書に書かれたフリーランスの仕事は、500％以上増加した」。同じことはヨーロッパでも起きた。2004年から2013年までに、フリーランサーの数は平均で45％増加している。[7]

興味深いのは、このトレンドを牽引しているのが労働者の不安である点だ。ホワイトカラーの自動化が従来の定時の仕事に及ぼす影響を懸念しているのだ。2017年にリンクトインとインテュイトが実施した大規模調査では、不安が重要な動機であることがあきらかになっている。[8]だが、これは、古い諺の言う「一難去ってまた一難」なのかもしれない。厄介なのは、企業がいったん国内のフリーランサーを起用しやすい仕組みをつくってしまえば、さらにコストが低い海外のフリーランサーに切り替えるのを止めるものはほとんどなくなる点だ。すでに述べたように、機械翻訳の著しい進歩、国際的なフリーランスのプラットフォームの台頭、そして通信技術の向上で、遠隔移民は現実になりつつある。いったん火がつけば、フリーランサーを国内から海外へ切り替える動きは雪だるま式に広がるだろう。

雇用創出を牽引するのは、まったく別のプロセスである。

雇用創出と人間の創造力

前にみたように、デジタル技術が創出している雇用もある。今日のデータの大波は新たな雇用を生みだしており、データの活用に対して報酬が支払われる。新たなデジタル・サービスは無料であるという事実も、雇用を生みだす新たな源泉である。ただ、ワッツアップなどの無料サービスの裏で働いているのはホワイトカラー・ロボットだが。そして、デジタル技術の進歩によって、たとえば以前はインドで行っていたサービス・セクターの業務の一部を高所得国に戻しても利益が出せるようになった。

だが、そうした仕事の数はかぎられている。グーグルを傘下にもち、飛び抜けて革新的で急成長しているアルファベットですら、2007年から2017年までの雇用者数の純増は7万1300人にとどまっている。[9] アメリカの就労人口1億4000万人のバケツの一滴に過ぎない。そして、いずれにせよ、今後数年で自動化により職を追われる多くのサービス業従事者にとって、グーグルの一員になるという選択肢はそもそもない。

デジタル技術を活用した雇用創出は、今日の研究や投資の主要目的ではない、という単純な事実がある。デジタル技術を使って新たな職種を創出する方法を模索している企業など、ないに等しい。だが、雇用創出にデジタル技術が使われない理由は技術以外の部分にある。

たとえば高い診断能力をもつホワイトカラー・ロボットは、医療分野でまったく新しい専門職を生みだすことができる。この仮想的職種の人材ができることは、看護師よりは多いが、医師よりは少ない。医師よりも研修期間が大幅に短い人が、Amelia のようなデジタル・アシスタントをしたがえ、簡単な医療サービスを提供できる。医療専門家の目や耳となり、医師の治療が必要な深刻なケースを見極める。病気予防の啓蒙活動に一役買うこともできる。誰もが低いコストでより良い医療サービスを受けられることになる。

こうした中間的な職種がほかの職業でうまくいかないとする理由はない。AIは、弁護士やエンジニア、会計士、税理士、投資アドバイザーほど専門性はない労働者の「スキルを向上」することができるので、それによって新たに「セミプロ」的な仕事が大量に生まれる。こうしたセミプロ的な職種によって、あらゆる専門サービスは手ごろな料金になり、それゆえ需要が新たに生まれると考えられる。

重要なのは、新たな職種をつくりだすには、規制や社会的な面で持続的な努力が必要だ、ということだ。新しい法律が必要だし、消費者の側にもこれまでとは違う姿勢が求められる。そして、既存のプロフェッショナルに受け入れられなければならない。言い換えれば、雇用の創出には長い時間がかかるのだ。5年で誰かを金持ちにするような話ではない。

悲しいことに、雇用を創出するより破壊するほうが、手っ取り早く金持ちになれるのが現実だ。要するに、雇用破壊と雇用創出のスピードのミスマッチに関して技術で避けられることは何もない。あくまで利益の話だ。そして、それは永遠に続くわけではない。

過去の経済転換は、恒常的な失業にはつながらなかった。「大転換」期に自動化とグローバル化で農業の雇用が失われたとき、製造業やサービス・セクターで新たな雇用が生まれた。同様に1973年からの「サービス転換」では、工場労働者が職を追われたが、サービス・セクターで新たな雇用が生まれた。

こうして生まれた新たな仕事の多くは、それまでに存在しないものだった。「大転換」期には起業家が聞いたこともないような製品を数多く発明したが、蓋を開けてみれば飛ぶように売れ、製品をつくるために多くの労働者が雇われた。「サービス転換」でも、消費者がこぞって欲しがるような新たなサービスが発明された。ほとんどが人手をかけた対人サービスだったので、新たな雇用が大量に生まれた。そして、所得が上昇するにつれて、既存サービスに対する需要が膨らんだ。医療でも教育でも娯楽でも、誰もがサービスの購入を増やしはじめた。

だが、こうした発明と、結果としての雇用創出を主導した要因は何なのだろうか。

もちろん、新たな技術の可能性も一因ではある。だが、何か新しいものを生みだすうえでむずかしいのは、新たな可能性が出現するかどうかではない。むずかしいのは、新しい仕事を考えるのに必要な人間の創造力を見つけられるかどうかだ。もっとむずかしいのは、そのアイデアを実現できる気概と起業家精神をもった誰かを見つけることだ。

言い換えれば、雇用創出を阻んでいるのはしごく人間的な要素だ。人間の脳は歩ける距離の範囲でしか考えないので、普通に思えるペースでしか物事は進まない。デジタル技術の爆発的なペースでは進まないのだ。これは由々しき問題だ。雇用喪失に匹敵するペースで雇用が創出されると見込むことができないからだ。人間の創造力や起業家精神に「ムーアの法則」ははたらかない。人間の創造力や起業家精神が発揮されて、ゆくゆくは万人の仕事が見つかるだろうが、これまでの歴史を見ると、それには長い時間がかかる。

雇用が暴力的なペースで破壊される一方、ゆっくりとしたペースでしか創出されないとき、安定した給料のいい職についていると思っていた人たちの多くは、苦労することになるだろう。結果として、グロボティクスによる破壊的変動が生じる懸念がある。1973年からの「サービス転換」で、製造業の就労者がどうなったか思い出してもらいたい。工場労働者は新たな職を見つけたが、たいてい社会的・経済的な梯子を大きく下がった。今後、グロボティクスにより失業の憂き目をみる労働者は、近年の製造業労働者と同じように、多くの悪い選択を迫られるだろう。

ホワイトカラー・ロボットとサービス職の自動化に関して、（DNA鑑定ができる前の）古いラテン語の諺をひとひねりすると、雇用喪失と雇用創出のスピードのミスマッチの基本的なポイントがよくわかる。「母親はつねに確実だが、父親が確実なためしはない」。グロボティクスによる破壊的変動に、これをあてはめると、こう言える。「雇用喪失はつねに確実だが、雇用創出が確実なためしはない」。だが、どのくらいの速さで起きるのか？

雇用喪失は雇用創出のスピードをどれだけ上回るのか

どのくらいのスピードか、という問いには正確に答えることはできない。ハリケーンの予測のようなものだ。毎年、大西洋上で確実にハリケーンが発生することはわかっているし、発生する月もだいたいわかる。だが、実際に発生するまで、いつ、どこで被害をもたらすかを予想することはできない。

それには根深い理由がある。気象はあらゆる類の臨界点の影響を受け、フィードバック・ループを増幅させるからだ。雇用喪失も似たような事情に支配されるが、既存企業同士の競争や既存企業と今後登場するスタートアップ企業との競争でさらに複雑になる。これにより、等式では予想のつかない人間的要素が投入される。雇用創出はさらに予想がむずかしい。過去もそうだったが、今の時点では想像すらできない活動に伴って創出されるからだ。そして、想像できないことは明確に考えることができない。それで想起されるのが、予測に関するフィードラーの主原則、「予測には数字か期日のどちらかを用いる。両方使ってはいけない」[10]だ。フィードラーはこんなことも言っている。「水晶玉の予言に従って生きる人間は、ほどなく擦りガラスを食らわされることを学ぶだろう」。

フィードラーの皮肉は、技術や経済の専門家が、失われる雇用者数よりも、雇用が失われる時期を細かく予想したがらない理由を説明している。数字を挙げることには前向きだが、期日を示そうとはしない。それは無理からぬことだ。グロボティクスが引き起こしつつあるビジネスの転換は自然科学ではないために、予測が困難なのだ。

たとえばエコノミスト・インテリジェンス・ユニットは、２０１６年に多くの企業がすでにＡＩに多額を投じている理由を説明している。「昔からのビジネスのやり方で、恐怖と希望が入り混じっている。競争圧力が企業を駆り立てており、多くの企業経営者には遅れてはなるまいという焦りがある」[11]。調査したＣＥＯの３分の１以上が、デジタル技術で新規参入者に既存事業を破壊される恐れがあり、乗り遅れるとやられてしまうと考えていた。恐怖と競争の出番となるとき、とくに変化の多くがまだ存在しない企業によってもたらされるとみられるとき、精緻な予想をしても意味がない。

部分的だが、雇用喪失のペースを直接計る尺度として参考になるのが、ロボティック・プロセス・オートメーション（ＲＰＡ）のソフトウェア・ソリューションの大手プロバイダー、ブルー・プリズムの成長率だ。

繰り返しになるが、同社が販売しているのは、サービス・セクターで人手を減らすことを目的としたソフトウェアだ。同社の２０１７年末の売上高は２５００万ドルである。投資銀行の予想では、２０２０年時点で1億ドル、その後数年で5億ドルに達すると見込まれている[12]。ＩＴ専門のコンサルティング・グループＨｆＳのフィル・フェルシュトは、ＲＰＡソフトの売り上げが年36％の複利で増加すると予想している。2年ごとに倍になる計算だ[13]。成長の原動力は、企業のコスト節減への意欲と、後れを取ることの恐れだ。コンサルティング会社のデロイトがご丁寧に指摘してくれる。「自動化を導入しなければ、御社のコストは競合他社より大幅に高くなります」。ＲＰＡは産業革命に匹敵するペースで、現在の総労働力から人間を「解放する」と、デロイトは予想している。[14]

雇用喪失に関する専門家の議論は、ほとんどが5年から10年の時間軸で論じられている。多くは雇用の大規模シフトが起きている時点として、2020年か2025年を予想する。たとえばタタ・コンサルティングサービスの2017年の調査によれば、80%の企業が自社の事業にAIは不可欠だと答え、約半数がAIを変革力のある技術だと答えている。13の世界的な産業の800人強の経営者のなかで、2020年まで競争力を維持するにはデジタル技術が「重要」またはは「きわめて重要」と答えた割合は3分の2にのぼった。経営者の半数は、2020年時点の自社のデジタル技術投資の目的は、既存のビジネスモデルの最適化ではなく、自社のビジネスの変革になると考えていた。[15]

これらを総合すると――そして、いったんコスト節減目的の解雇が現実になり、それに雪だるま効果と競争効果がはたらけば、2020年には大破壊が起こる可能性が十分あり、2025年時点にはその可能性がさらに高まる。だが、これは期日を挙げているだけで、数字を挙げているわけではない。

「グロボティクス転換」をグロボティクスによる破壊的変動に変える要因は、スピードだけではない。もう一つの要因は、転換への備えができている人がほとんどいない、という事実である。それには、もっともな理由がある。グロボティクスは、ほとんどの人が予想もしない形で訪れているのだ。これでは、準備したり適応したりするのはむずかしい。トレンドはおよそトレンドとは思えず、紆余曲折を経たものになるだろう。過去2回の大転換における雇用喪失のパターンが参考にならない、ということでもある。

グロボットが予期せぬ形で訪れる理由

2008年のクリスマスの2日前、ウィスコンシン州ジェーンズビルの自動車組立工場が閉鎖された。これを受けて、自動車用シートを納入していた地元の工場も閉鎖された。人口6万人の町で数千人が突然職を失ったことで、地元経済は大打撃を受けた。腹をすかせた高校生が汚い格好で登校するようになった。解雇された工場労働者は賃金の低いサービス職に就いたが、数千世帯が働いていても満足に暮らせないワーキングプアに陥った。絶望の連鎖に陥った人も少なくなく、自殺率は2倍に跳ね上がった。

この顛末は、エイミー・ゴールドスタインの2017年の著書『ジェインズヴィルの悲劇――ゼネラルモーターズ倒産と企業城下町の崩壊』で克明に描かれているが、これは「サービス転換」での雇用破壊であり、「グロボティクス転換」においても、同じように雇用破壊が起こるわけではない。今回の雇用破壊は、新しい形をとる。この変化は、スマートフォンが生活に浸透したのと似たような方法で、職場に浸透するだろう。これには、少しばかり説明が必要だろう。

iPhoneの「浸透」に似た経過

わずか5年前、iPhoneは、素晴らしい音楽プレーヤー付きの平凡な携帯電話に過ぎなかった。

電池の寿命は短く、カメラの性能も悪く（無線ＬＡＮは通信速度が遅く、無料スポットがなかなか見つからなかったので）、インターネットのブラウザーが使われることは多くなかった。それでも便利でコストが節減できたことから、スマートフォンは生活コミュニティに浸透した。

いまやスマホは数えきれないほどの機能を備えている。電子メールやメッセージのセンター、新聞、カメラ、ビデオ、フォトアルバム、出会い系サービス、スケジュール帳、旅行代理店、チケット代わり、キャッシュウォレット、健康計測計、地図、企業検索のイエローページ、ウェブ・ブラウザー、計算機、株式トラッカー、ＳＮＳのハブ、家族の連絡手段、スポーツの結果を知る手段、ビデオ会議の装置、映画や舞台のチケット代理店。これでも控えめなスマホだ（いまだに電池の寿命は短いが）。

スマホは生活になくてはならないものになったため、スマホがなければ裸も同然だとか、寂しくて仕方ないという人が少なくない。「スマホの電池が切れた」は、何かミスをしたときの格好の言い訳になっている。スマホというテクノロジーがコミュニティの一員になり、赤の他人を家族の夕食の席やビジネスの会議に招くようになった。コミュニティは、こうした新たなメンバーのために新たなルールを設ける必要があった。

だが、ここでの重要なポイントは、これを意識的に起こした人がいたわけではない、ということだ。ただ、そうなったのだ。

計画があったわけではない。徹底して考え抜かれたわけではないし、政府の政策が主導したわけでもない。スマホは段階を追って人と人の関係や人を取り巻く環境、ビジネスや政治の世界を劇的に変えてしまった。その利点に少しずつ魅了されていき、気づいたときには、スマホは日常に忍び込み、生活は様変わりしていた。スマホが玩具から生活を変える道具になった年を正確に指摘することはできないが、わずか数年で、「スマホなしで、どうやって生活していたのだろう？」と自問するようになったのだ。

「グロボティクス転換」も、同じような経過を辿ると考えられる。グロボットは、iPhoneが生活に侵入したときと同様、気づかないうちにじわじわと専門職、ホワイトカラーの仕事を奪うことになるだろう。企業は、一つは利便性、一つはコスト削減からグロボットを一斉に職場に導入することになるだろう。グロボティクス大変動の期日を特定できる「ジェーンズビル・モーメント」のようなものはない。ソフトウェア・ロボットや遠隔移民のせいでオフィスや工場が閉鎖されることはない。仕事への影響を捉えるのはかなりむずかしい。グロボットで職場やコミュニティがすっかり様変わりしたと気づくのは、5年後か10年後のことではないか。そのときは、こう自問していることだろう。「グロボットなしで、どうやって生活していたのだろう？」。端的にいえば、グロボティクス大変動は、我々や企業の一見無関係に思える無数の選択の結果なのだ。

経済に着実かつ累積的な影響を与えるデジタル技術の性格には、名前が必要だ。「iPhone浸透」にするのはどうか。

だが具体的に、それが起きているとどうやって知るのだろう。答えは簡単に手に入る統計にある。離職率と採用率である。

情報産業はどうなっているのか

大いなるアメリカの悲劇では、退職や解雇、一時解雇で離職する労働者は毎月500万人にのぼる。大いなるアメリカの勝利では、新たな職に就く労働者が毎月500万人にのぼる。この事実は、労働経済学者にはよく知られているが、グロボットがいかに中間層に衝撃を与えるかについて重要な知見を提供してくれる。遠隔移民とホワイトカラー・ロボットが、専門職やサービス職の労働者に取って代わる方法は3通りある。採用率を引き下げる、離職率を高める、採用率を下げ離職率も高める、の三つだ。すでに数年前からデジタル技術の照準に入っている業界を例に考えていこう。

「情報産業」は、情報の収集、処理、伝送を収益の源泉とするセクターである。出版、映画、音楽、グーグル・サーチのようなオンライン・サービスも含まれる。このセクターの採用率と離職率を、アメリカの農業を除く全産業と比較したものを図7・1に示した。

アメリカ経済は2008年の世界的金融危機から回復して以来、拡大を続けてきた。とくに2012年以降、アメリカ全体の就業者数は大幅に増加している。だが、雇用者数全体の増加は、雇用創出と雇用破壊のきわめてダイナミックなプロセスの結果である。

年間の新規採用率は2012年から2015年のあいだに急上昇し、伸びつづけている。「非農業セクター合計、採用率」と黒の実線で示してある。非農業セクター全体の離職率（具体的には、退職、自発的退職、一時解雇、解雇）も上昇しているが、上昇幅はさほど大きくない（図の黒の破線）。非農業セクター全体で、採用率が離職率を上回っているので、雇用者数は増加した。

図7.1　情報産業、採用と離職、2015年＝100

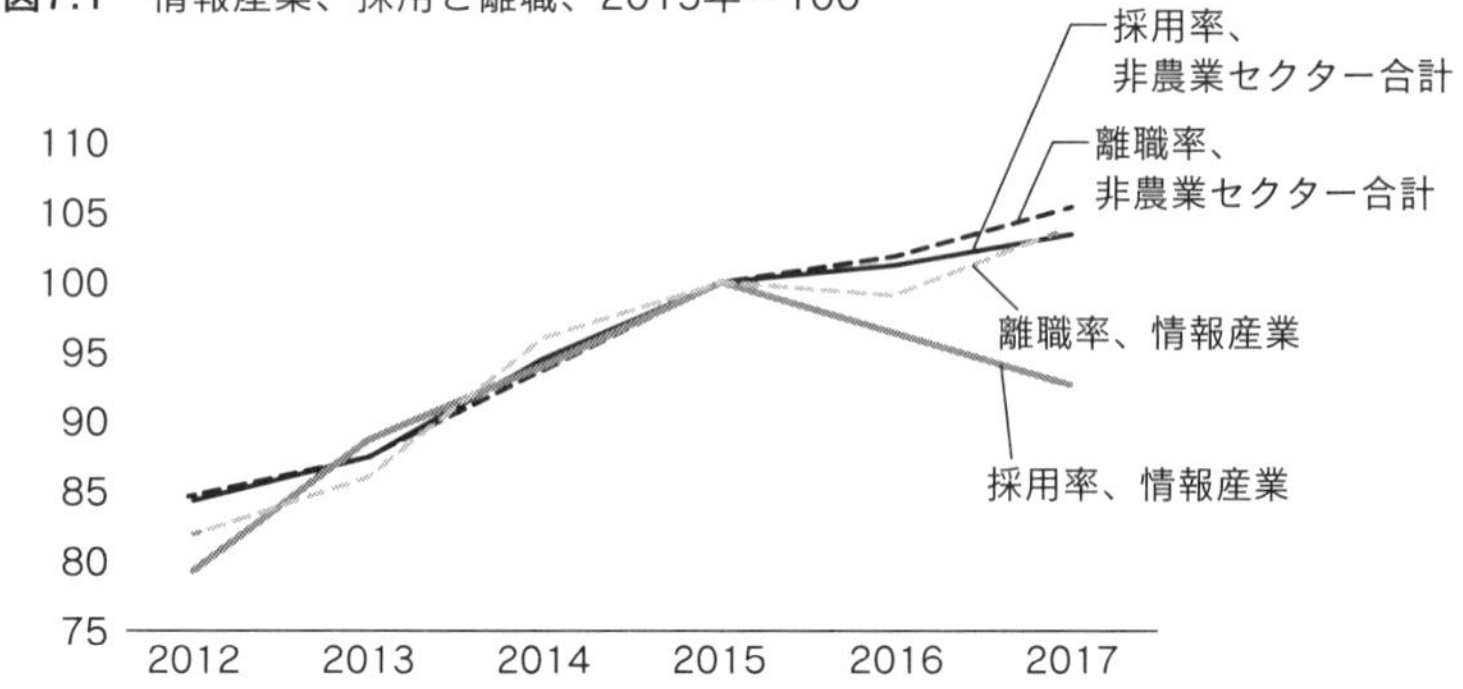

出所：BLSの公表データをもとに筆者作成。

これを喩えると、排水口を開けたままバスタブに湯を入れるようなものだ。出ていく（離職）より、入ってくる（採用）スピードが速ければ、水位（雇用者数）は上昇する。要するに、雇用創出が雇用喪失に勝っているとき、雇用者数は増加する。「情報産業」では逆のことが起きた。

情報産業の離職率は、図の灰色の破線で示してある。これは、非農業セクター全体の離職率ときわめて近い動きをしている。情報産業で際立った動きをしているのは採用率である（灰色の実線）。２０１５年以降、顕著な低下がみられる。二つの灰色の線を比較すると、離職率が採用率を上回っていることがわかる。この業界で職に就く人よりも職を失う人が多いことから、情報産業全体の就業者数は減少している。この図ではっきりとしないが、実際、２０１５年１月以降、情報産業では約２万２０００人の雇用が失われている。

この業界で生計を立てているジャーナリストたちのあいだに危機感があるのはたしかだが、ジェーンズビルのような一過性の出来事ではなかった。雇用の減少は、ニュースルームや編集室、放送スタジオに、グロボットが着実に「浸透」した結果である。多くの仕事は自動化され、フリーランサーに切り替えられたものもある。フリーランサーの一部は、低賃金国を拠点にしている。

破壊的変動の次なる主要な要因――不公正――は、スピードとは関係がなく、手がかりをつかむのがかなり大変だ。グロボットは、まさにその性質ゆえに、公正に働くことがない。人間の仕事との競争で、通常のルールに則って競うわけではない。これは由々しき問題だ。不公正な競争ほど、人々の怒りを買うものはない。

19世紀と20世紀の反動は、変化が極端に不公正だとみなされたことによって激化した。そして、トランプ大統領の誕生とイギリスのEU離脱決定につながった2016年の激変では、蔓延する不公正感と怒りがその根幹にあったのは間違いない。これは当然のことであろう。

不公正感が激しい「怒り」を生む

典型的な例は、すでに見た1800年代初頭のラッダイト運動である。「力織機」との競争が急激な雇用破壊につながったが、労働者を怒りに駆り立てたのは職を失ったことだけではない。力織機はとんでもなく不公正に見えた。養うべき家族のいる熟練職人が、何のスキルもない子供に取って代わられ、小遣い程度しか支払われなかったからだ。長年の慣行が反故にされたのだ。工場主が社会規範の一つを無視するのを目の当たりにした労働者たちは、自分たちも社会規範を逸脱しても構わないと考え、暴動を起こした。事態は収拾がつかなくなり、死者が出た。

今回はここまで暗くならないことを願っているが、失業した労働者が公正さをどう受け止めているかがカギになることを、この例が教えている。だからこそ、一つの単純な事実がとくに重要である。グロボットは公正に働かない。

欧米のミドルクラスがホワイトカラー・ロボットや遠隔移民との新たな競争を歓迎することはないだろう。人間の目には、グロボットのどちらのタイプも、著しく不公正な競争相手に映る。グロボットのグローバル化の側面から見ていこう。

海外との競争がモノの競争を意味したオールド・グローバリゼーションと違って、グロボティクス・グローバリゼーションは人材をめぐるものであり、報酬や福利厚生の直接的な国際競争がオフィスや職場に持ち込まれる。現在の遠隔移民は、求める賃金が低く、福利厚生はついていない。それでも自国の生活コストは低く、選択肢もほかにないので、フリーランスの報酬は魅力的に映る。

グロボットのもう一つのタイプ――ホワイトカラー・ロボット――も似たような意味で不公正だ。じつは、これが売りの一つでもある。「種類の違う労働力だとお考えください。その労働力には、スキルをいくらでも教えられ、教えれば教えるほど効率的になります。休暇を一切取らずに働きます。労働力は小さくもなりますし、事業が当たれば1日で拡大することも可能です。最高の人材を解放し、精鋭の人材にします。ソフトウェア・ロボット――デジタル・ワークフォースにお会いください」[16]。これは、世界有数のホワイトカラー・ロボットのプロバイダーのトップページに記載された宣伝文句だ。

RPAの別の側面は、激しい怒りをさらに増幅させる可能性がある。代替される労働者自身が、ロボットに代替する方法を教えることになるのだ。あるRPAソフトウェア企業は、次のように説明する。「ワークフュージョンは、機械学習アルゴリズムの訓練と選択という時間のかかるプロセスを自動化します。……ワークフュージョンの仮想データ・サイエンティストは、過去のデータとリアルタイムの人間の行動を使ってモデルを学習させ、カテゴライズや非構造的情報の抽出といったビジネス・プロセスにおける判断を要する作業を自動化します」。言い換えれば、仕事のどの部分をホワイトカラー・ロボットでできるのかを判断するのはホワイトカラー・ロボットだ、ということになる。そしてロボットは、人間が何をしているのか、何をしたかを観察することによって判断する。このプログラムには、ご丁寧に完了のお知らせまでついている。「ワークフュージョンは、自動化が処理に必要な正確なレベルと同等かそれ以上になった時点で、ユーザーにお知らせします」[17]。

その結果、企業は「マニュアルのサービスを50％削減」できると謳われている。そしてロボットは定型業務を引き継ぐ。「過去の会話を学習させた後、チャットボットは人間のエージェントのように働き、顧客と会話して文脈や意図を汲み取り、バックオフィス内で処理を実行し、要求を完遂する」。チャットボットは、複雑な要望は人間に引き継ぐが、Ameliaのように人間がどう処理したかを学習する。そのため人間はすぐに代替されるわけではないが、事実上、いずれは自分たちに取って代わることになるロボットを教育していることになる。

グロボットには、破壊的変動に拍車をかけることになる別の側面がある。隠れた「福祉制度」ともいうべき社会の一体感を蝕んでいる、という事実だ。失業した工場労働者の多くが、新たな職を見つけたのがサービス業だった。ありついた職は失った職ほど良くはなかったが、少なくとも海外との競争や自動化からは守られていた。「グロボティクス転換」は、それを変えつつある。

暗黙の社会の結束を蝕むグロボット

豊かな国のサービス・セクターの労働者のほとんどは、国際標準と比べて報酬を貰いすぎている。これは、かなりの程度まで仕事が競争から守られているためだ。経済学では、ボーモルの「コストの呪い」やバラッサ＝サミュエルソン効果、という名前がついている。基本的なロジックは単純だ。

大雑把にいえば、報酬は生産物の価値に応じて支払われる。もちろん価値創造の点から見ると、とんでもなく貰い過ぎていたり、逆に貰わなさ過ぎていたりするひどい例が思い浮かぶだろうが、何千万という雇用全体を見渡すと、大まかなルールはそれなりにあてはまっている。賃金や給与の各国間の大きな差は、時間あたり付加価値の差で説明される。

一般に豊かな国の労働者は、貧しい国の労働者よりも多くの時間あたり付加価値を生みだしているが、追加の価値の源泉は生産性か価格である。豊かな国の労働者のほうが、時間あたり生産量は多いが（生産性は高いが）価格は大した差がないケースもあれば、生産性はそれほど高くないが価格が高いケースもある。多くのサービス・セクターでは、生産性ではなく、価格が問題である。具体例で考えてみよう。

ドイツ経済の競争力はきわめて高いが、ドイツ人全員の競争力がきわめて高いわけではない。競争力がきわめて高いドイツ人が、競争力のないドイツ人をどのような方法で助けているかは、実証的にきわめて重要だが、あまり認識されていない。じつは、競争力のない人のサービスに「高過ぎる」報酬を支払うことで助けているのだ。しかも、これは、グローバル化の勝者から敗者への移転所得以上だ。

現代資本主義のこの奇妙な仕組みによって、競争力のない労働者も頭を高くしていられる。あからさまにいえば、豊かな国のスキルのない多くの労働者は、国際基準からみれば報酬を「貰い過ぎ」だが、社会的な観点からみると、毎月の手取り給与を貰うのに値している。その仕組みはこうだ。

ドイツの自動車メーカーの従業員は、競争力がきわめて高い。たとえばポーランドの自動車メーカーの従業員に比べて、賃金は大幅に高いが時間あたりの生産量が多いので、コスト効率が高い。だからこそ、ドイツの自動車メーカーは自国で引き続き従業員を雇っている。時間あたり生産量の優位性が、時間あたり賃金を上回っている。

これに対して、ドイツのレストランのウエイターは競争力が高いとはいえない。やることはポーランドのウエイターとほとんど変わらず、やり方もほぼ同じだが、賃金は大幅に高い。これほどグローバル化が進んだ世界で、どうして、こんなことがありえるのか。

ポイントは、レストラン業界はグローバル化されていないことにある。自然に守られているのだ。フランクフルトのバーテンダーは、ワルシャワのバーテンダーと競い合っているわけではない。フランクフルトにいる人は、フランクフルトのレストランに行きたいのであって、フランクフルトのバーテンダーが必要だ。ワルシャワのバーテンダーには注文を取ることも、サービスすることもできない。

フランクフルトのレストランは、銀行、製薬、製造業など競争力の高いセクターと、人材獲得で少なくとも間接的に競争しているので、人材を引きつけるために高い賃金を支払わねばならない。もちろんウエイターが銀行員ほど稼ぐわけではないが、競争力の高い労働者の高賃金が、全体の賃金水準を引き上げている。この奇妙な仕組みの最後のピースを埋めるのは、ドイツ人がレストランで高い料金を支払ってもいいと考え、実際、ドイツ人はそうできるだけ所得が多いということだ。

「貰い過ぎ」のサービスの裏にある暗黙の福祉システム

ここで何が起きているのかを突き詰めて考えれば、これはある種の税の再配分スキームであり、保護されたセクターの低スキル労働者に有利であることは容易にわかる。要するに、レストランの高い料金と高い賃金は、世界的に競争力がある一部の国民が「税金」を負担し、それを直接分配して、競争力のない国民の賃金を押し上げるためのものだ。

こうした分かち合いと思いやりのメカニズムは多くのサービス・セクターで作用しているが、

ロビン・フッドが金持ちから奪って貧者に施したのとはわけが違う。金持ちがロビンの愉快な仲間たちに仕事をつくっているのであり、仲間たちは生活のために強盗をする必要がない。最も競争力の高い国民に仕事をつくりださせ、競争力の劣る国民がそれなりの生活ができるようにする間接的な方法である。さらに、与える側にしても受け取る側にしても、慈善事業よりもずっと社会に受け入れられやすい。

ある意味で、国際競争力のないサービス・セクターの仕事は、豊かな国の労働者の大事な「避難小屋」になっている。グロボットが、遠隔移民との直接的な賃金競争や、ソフトウェアやハードウェア・ロボットによる直接的な雇用破壊を通して、この避難小屋を潰してしまうとき、厄介な事態になると予想される。

グロボットがこうした類のサービス・セクターの仕事を奪うと、職を失ったサービス・セクターの労働者たちは、１９８０年代以降、ブルーカラー労働者たちが味わってきた苦渋を経験することになる。

破壊的変動を招く不満の温床

アルフレッド・ペリーは19歳のとき、衰退する工業都市を離れ、高卒資格を手に意気揚々とハイテクブームに沸く北カリフォルニアに移り住んだ。「虹を渡れば黄金の壺があると思っていた」[18]。だが、低賃金で先の見えないサービス職を転々とした揚げ句、21歳でホームレスになった。

ペリーのスキル・レベルでアメリカの労働者の平均的なコースを辿るとすれば、将来、陰鬱な瞬間が待ち受けているだろう。

「サービス転換」では、自動化とグローバル化で低学歴の労働者から良質な雇用が奪われた。これで、いわゆる「惨めな転落」が始まった。製造業の雇用は不況のたびに削減され、景気が回復するたびに回復するが、回復のピークは過去のピークを下回った。1979年以降、アメリカの製造業の就業者数は増減を繰り返しながら、減少のトレンドを辿った。脱工業化はまた、教育を受けるリスクを高めた。

解雇された工場労働者の子供の多くは、大学教育を受けてサービス業に就いた。工場労働者自身も苦労したが、20年ほど前までは、多くが労働組合の一員であり、経験と年功により退職まで働けるだろうと安心していられた。ニューディール政策のおかげで、年金でそれなりの生活を送る手段があった。工場閉鎖は、地域の地理に関連する別の問題を引き起こした。

産業革命以降、ある地域に関連産業が集積する産業クラスターが形成された。ニューヨークやロンドンなど大都市圏近郊に多いが、地方の中小都市にも工場が立地し、アメリカなら中西部、イギリスならミッドランドに企業城下町が誕生した。業界の景気がいいときには地域経済も潤うが、製造業の雇用が減少しはじめると裏目に出る。一つの工場が閉鎖されると、地域経済全体が急激に悪化しかねない。その結果、生まれたのが「ラストベルト（錆びついた工業地帯）」だ。

そして、そこで待っていたのは「絶望死」だった。

絶望死――アノミー（疎外感）のなかで

良質な雇用――医療保険などの福利厚生が充実し、従業員教育が行われ、昇進の見込みのある仕事がなくなったことで、職のない製造業労働者は結婚もむずかしくなった。スキルの低い白人についてみると、１９５０年代生まれは30歳でほとんどが結婚していたが、１９８０年代生まれの既婚者は半数しかいない[19]。家庭という安定がなければ、個人や社会の不安は高まる。この階層は、肉体的にも精神的にも病んでおり、孤独感を感じ、肥満、離婚、自殺が多い。

高卒資格しかない45～54歳の白人の死亡率は、男女とも１９９０年代後半以降、大幅に上昇している。「死ぬべきでなかったのに死んだ人が50万人にのぼる」とノーベル経済学賞受賞者のアンガス・ディートンと共著者のプリンストン大学経済学教授のアン・ケースは指摘し、これを「絶望死」と呼んでいる。絶望死は、全米で都市化の度合いにかかわらず上昇している。

死亡率の上昇の直接の原因は薬物、アルコール、自殺だが、ケースとディートンに言わせると、これらはすべて同じだ。「ある意味では、全員が自殺したといえる。（銃を使うなど）素早く実行したのか、薬物やアルコールで徐々に実行したかの違いだけだ」。失業率の上昇、婚姻率の低下、肉体的・精神的な健康状態の悪化が、間接的に死亡率の上昇を招いた、とケースとディートンはみている。かつては社会的、経済的支援で厳しい時期が乗り越えられたが、そうした支援を打ち切ったことで死亡率が上昇したという。

ケースとディートンの見方は、デュルケームの「アノミー的自殺」の理論に通じる。アノミー――社会との断絶、疎外感、社会的紐帯の弱体化――によって人々は強い虚無感を抱き、自殺に至るという。[20] 1897年の著書でデュルケームは、とくにアノミーが広がりやすい時期として、社会や経済や政治が動揺して、コミュニティや日常生活が急激かつ極端に変化するときを挙げている。[21]

ケースとディートンは、この理論を現代風の表現に改めて、死亡率の上昇は「不利の蓄積」の結果である、としている。

不利の蓄積

ケースとディートンは、人々は生涯を通してさまざまな「重荷」を背負っていると考える。重荷が重いほど、耐えなければならない時期も長く、困難は増す。そして1970年代以降、低学歴の白人層には重荷が積み重なりはじめた。

人生は子供の頃に思い描いたとおりにはいかなかった。アメリカン・ドリームがアメリカン・イリュージョン（幻想）に変わるとき、虚無感が忍び寄る。過食やアルコール、薬物の濫用に走る。彼らはもはや、伝統的な教会や結婚、家族といった標準的な社会組織には頼らない。だが、こうした安定的な社会機構なしでは、事態が手に負えなくなる。実際、そうなった。ディートンはこう言う。「訴えたいのは、長期にわたる低所得と雇用機会の喪失で社会機構が引き裂かれる、ということだ。自殺を抑止するのは、この社会機構だ[22]」。

こうしたトレンドは、ほぼアメリカ的現象である。アメリカでは、レーガン大統領がニューディール政策を解体する前に比べて、社会的市場資本主義がはるかに市場寄りになり、社会的要素が薄れたのが一因だ。ヨーロッパや日本でも、低学歴の中高年は自動化とグローバル化で同じように打撃を受けたが、一体的な社会機構や政府が支援するセイフティーネットに支えられた。政府が定期的に金銭的な支援、医療手当、児童手当、年金を支給したことで、個人は「不利の蓄積」から概ね免れている。

ルーズベルト大統領が「忘れられた男女」として形容した労働者階級は、ふたたび忘れられかけていた。アメリカの政治システムは、自動化が工場労働者に及ぼす打撃に手を打つどころか、事態を悪化させた。ニューディールから半世紀経って、政府の政策はふたたび、上位「1％」の人々のマネーと政治力に左右されるようになった。うに。ちょうど19世紀のイギリスがそうであったように。

富裕層の税負担は軽減される一方、貧困にあえぐ国民のセイフティーネットは削られた。特筆すべき政策転換は、個人が一生涯に受けられる生活保護の受給期間を5年に制限したことだ。5年の限度に達した者には、頼るべきものがない。こうした流れのなかで、労働組合を弱体化する法律がこの政策の旗振り役のロナルド・レーガン大統領のもとで州レベルでも連邦レベルでも可決された。市場寄りで企業にやさしい改革の名のもとに、労働市場の規制が緩和され、労働組合の加入者は減少し、社会的セイフティーネットはさまざまな点で弱体化した。

破壊的変動から反動へ

「グロボティクス転換」が進行するかたわら、あちこちで不満の火の手が上がっている。とくに激しいのがアメリカである。1973年以降、「サービス転換」が社会にもたらした破壊的作用の重荷に耐えてきた多くの国民を助けるには、セイフティーネットがあまりにお粗末だからだ。

現代を代表する経済史家でカリフォルニア大学バークレー校のバリー・アイケングリーンは、2017年の著書『ポピュリストの誘惑――現代における経済的苦境と政治的反応』のなかで、2016年の反動を歴史の文脈において分析している。1800年以降の事例を引いて、次のようにまとめている。「経済不安と国家のアイデンティティに対する脅威、そして硬直的な政治システムがあいまって、ポピュリズムが勢いづく」。結果として起こるポピュリストによる反動は、破壊的なものになる。「ポピュリズムは、一般市民と知識層、自国生まれと外国人、多数派の民族、宗教、人種と少数派を対立させる」。

1973年以降、自動化とグローバル化という破壊的なコンビがアメリカや欧州の経済に与えた打撃が引き起こした経済不安、困窮、絶望が、2016年のトランプ大統領選出やイギリスのEU離脱決定をもたらした。これまでのところ欧米の政治システムは課題に対応できておらず、「グロボティクス転換」に伴う経済不安や国家のアイデンティティに対する脅威が、さらなる反動に発展するのは必至とみられる。各国政府は、変化の速さを認識していないか、ミドルクラスの繁栄にいかほどの影響を及ぼすかに目を背けているかのどちらかだ。

「グロボティクス転換」をグロボティクスによる破壊的変動に変える要素は明確であり、すでに作用しはじめている。過去の歴史を指針とするなら、次の段階はなんらかの形の反動、そしておそらくは新たなポピュリズムの波となるだろう。

それは過去にもあった。

第8章 グロボティクスが招く反動とシェルタリズム

1999年11月30日の朝、シアトル警察は「反グローバリゼーション運動」が始まったことに気づいた。それはあまりに突然だった。以前にも反グローバリゼーションの「モーメント」はあったが、30日にモーメントがムーブメントに変わったのだ。

その前夜、グローバリゼーションを推進する世界貿易機関（WTO）の開会セレモニーを翌朝に控え、会場のパラマウント・シアターとコンベンション・センターを1万人のデモ隊が取り囲んだ。シアトル警察は虚を突かれた格好だ。大勢の市民の抵抗で開会セレモニーは中止された。だが、それで終わりではなかった。

シアトルの別の地区では、2万5000人の労働組合員が平和的な行進を開始した。ダウンタウンに到着したとき、環境運動家と組合員の数が膨らみ警察の警備力を上回った。黒いフードを被ったアナーキスト（無政府主義者）たちは、この機に乗じて窓を叩き割り、車に火をつけた。

昼前にはシアトルは大混乱に陥った。州兵とアメリカ陸軍部隊が召集され、夜間外出禁止令が発令された。デモ隊は催涙ガスを噴射され、警棒で殴られ、５００人が逮捕された。この「シアトル暴動」の被害額は数百万ドルにのぼった。

その後、このムーブメントは世界各地に広がった。反グローバル化運動は、多くの国の当局の虚を突き、アッと驚く速さで世界の舞台に躍り出た。２０００年から２００１年にかけて、ワシントンＤＣ、プラハ、ニース、イェテボリで反グローバル化を掲げる大規模な抗議行動が繰り広げられた。スウェーデンでは暴徒と化したデモ隊の数に圧倒された警察は、警棒を振り上げ、馬や犬を駆り出し、最後は銃で群衆を制した。警察は３人を射殺した。暴徒はレンガや火炎びんで応戦した。だが、その後、イタリアのジェノヴァで開かれたＧ８サミットでは、抗議行動はさらにエスカレートした。

Ｇ８の首脳会合の会場の周りを３万人のデモ隊が取り囲み、１万人の警察官と睨み合った。各国首脳を守るため、会場の周りには13フィートのフェンスが設置され、ジェノヴァに入る鉄道、航空サービスは停止され、高速道路の出口は封鎖され、名の知れたアナーキストのイタリア入国を阻止するため特別監視リストが作成されていた。こうした事前の準備にもかかわらず、暴動は起きた。23歳のカルロ・ジュリアーニは警官に射殺された。負傷者は数百人、逮捕者も数百人にのぼった。市の中心部は戦闘地帯の様相を呈した。

この事件は、グロボティクスによる激変が、いかにして暴力的なグロボティクス反動に変わりうるかの大きな教訓となる。

反動の仲間——復讐の女神を結合させる

自然を愛する人々による平和的な抗議が「シアトル暴動」に変わったのは、環境保護活動家、労働組合、アナーキストという、ありそうもない組み合わせ、ありそうもない政治的同志の結合が実現したからだ。当時、ワシントン・ポスト紙の記者は、こう記している。「何より驚かされるのは、自由貿易をよしとしない人々——パット・ブキャナン、ロス・ペロー、そして労働組合員、環境保護活動家、薬物中毒者、何かしら怒れる人々——が、意見や立場の異なる互いの存在にどうにか耐えて大規模な抗議行動を組織したことだ」[1]。

1990年代のグローバリゼーションは、さまざまなグループに異なる理由から怒りを引き起こしたが、そうした違いゆえに、グループ同士の協力は長らく阻まれてきた。シアトルでは、怒れる人々が連帯した。グロボティクスによる破壊的変動が極まって暴力的な反動に発展するとすれば、同じような連帯が見られるだろう。

数百万人のブルーカラーは、何十年にもわたって海外では中国の製造業と、国内では工業用ロボットと競争してきた。どちらの競争もうまくいかなかった。自動化とグローバル化で、ブルーカラーは経済的見通しが立たなくなり、コミュニティは崩壊した。こうしたブルーカラーには、まもなく仲間ができる。

さまざまな専門家の予測では、グロボットで職を失うと予想されるサービス職、専門職の雇用者数は、数百万から数千万、数億人まで幅がある。数百万人に「とどまり」、変化が長い年月をかけて徐々に進むのであれば、グロボティクスによる破壊的変動は引き続き抑えられるだろう。だが、失業者が数千万単位で、2、3年のあいだに起きるとすれば、悪い意味での革命になる。ごく単純化すると、グロボティクス大変動でサービス職・専門職が職を失うことは、花火工場に火のついたタバコを投げ入れるようなものだ。

ブルーカラーとホワイトカラーの有権者というこの組み合わせは、不安定なものになるだろう。過去には爆発したことのある組み合わせである。20世紀初頭、長引く経済的苦境から欧州の人々は、権威、公正、経済的安定を渇望したが、これがファシズムと共産主義という極端な解決策を信奉することにつながった。事態はそこまでには至らないだろうが、心情的に当時とそれほど違っているわけではない。とりわけアメリカではそういえる。

怒りのもと——何も見返りがなかった2016年の反動

パティ・ストラウドは、アメリカの脱工業化を推し進めたグロボットの破壊的影響を嫌というほど知っている。夫は25年間、ペンシルベニア州の製鋼所に勤めていた。安定した良い仕事だったが、2016年の大統領選のわずか数週間前に工場は閉鎖されてしまった。

生活のため現在は清掃の仕事をする56歳のパティは、過去との決別を公約に掲げるトランプ候補に投票した。「私たちには大きな変化が必要だと思った。そしたらなんと、そうなったのよ」

と2018年3月のニューヨーク・タイムズ紙のインタビューに答えている。[2] だが、それは彼女の望んだ変化ではなかった。

2016年、トランプとブレグジットに投票した有権者は怒っていた。コミュニティの破壊、良質な雇用の喪失を止められず、ことごとく期待を裏切ってきた主流派の政治家に怒っていた。これら有権者は技術と貿易の破壊的影響にあまりに長きにわたって耐えてきた。1973年以降、自動化とグローバル化が労働者階級にもたらした「恩恵と痛み」のパッケージのうち、過度な「痛み」に耐えてきた人たちだ。イギリスでEU離脱票を投じ、アメリカの大統領選で規格外のアウトサイダーに投票したことは、「もう我慢の限界だ」と訴える手段だった。

だが、実際のところ、2016年の反動にはほとんど見返りがなかった。2016年、大衆迎合的な政治家たちは、脱工業化や賃金の伸び悩みといった現実的な問題に対して、国境に壁を築くだの、EUを離脱するだの、幻想にもとづいた解決策を提示した。トランプ大統領もEU離脱派も、事態を大きく改善してはいない。とりわけアメリカで経済的苦境は続いている。

製造業の雇用喪失によって、多くのアメリカ国民の生涯設計は根本的な打撃を受けた。製造業を解雇された50歳の労働者が、賃金が同程度か所得が安定している職を見つけるのは至難の業だ。こうした現実から、この先良い仕事は見つからない、仕事にありつけても賃金は上がらない、ばらばらになったコミュニティがふたたび結束することはない、という絶望感が生まれた。そして、この絶望感は貧困と結びついていた。

アメリカの数字を見ると、現実を思い知らされる。貧困層は4000万人にのぼり、そのうちの半数は所得が貧困水準の半分未満だ。[3] アメリカの子供の4分の1は貧困家庭に暮らしている。先進国のなかで肥満率が最も高く、水と清潔な環境へのアクセスという点ではレバノンにも劣る。総人口に占める受刑者の割合は世界一で、先進国平均の5倍以上にのぼる。

なかでもアメリカ人男性、とくに高校しか出ていない男性が人生をあきらめている。25歳から55歳のいわゆる働き盛りの男性で、仕事に就いているか、仕事を探している割合は1970年代以降一貫して低下しており、とりわけ高卒以下の学歴の男性について、この傾向が顕著である。労働参加率は1974年の92％から2015年には約82％に低下している。カレッジ卒の労働参加率も同様に低下しているが、97％から94％への低下にとどまっている。

脱工業化の打撃が最も大きい人たちには、将来の明るさは見えない。アメリカ経済の流動性は1970年代以降、低下を続けている。1970年生まれのアメリカ人の80％は世帯をもち、その平均所得は親世代を上回る見通しだ。だが、1980年に平均的な家庭に生まれたアメリカ人が、親世代よりも経済的に豊かになる確率は半分に過ぎない。そしてとくに打撃の大きい中西部州の状況はさらに悪い。平均的な親から生まれた子供が、経済的な梯子を滑り落ちる確率は、かつてないほど高まっている。

アメリカのミドルエイジのほぼ半数は、快適な老後を送るために必要な蓄えがほとんどない。最近のある調査によると、借り入れるか、モノを売るかしなければ、緊急時に必要な400ドルを賄えない人が40％にのぼるという。4人に1人は医療費を負担できないため、なんらかの医療を断念せざるをえない。

アメリカでは医療費の高騰が続いている。国債発行による減税の恩恵を受けたのはもっぱら富裕層で、職を失った労働者が21世紀の経済の現実に適合するのを助けるための対策は何ら打ち出されていない。イギリスでは、公共サービスが低下の一途を辿り、脱工業化の打撃を受けた労働者の支援策を強化する動きはほとんど見られない。両国とも、自分たちのコミュニティが文化的、経済的な脅威にさらされていると感じる有権者が多く、結果として反外国人感情が高まっている。

歴史を振り返ると、不満から怒りや苛立《いら》ちを強めて無秩序な群衆と化した例は枚挙にいとまがない。だが、通常はそれでは終わらない。時に、個人が結集して集団と化し、結果として歴史を動かすことがある。複雑な社会的な事象はすべてそうだが、このプロセスは複雑怪奇で、よく理解されていない。

反動は暴力的抗議に発展するのか？

「このムーブメントに参加した大多数の人々は、最初は何かが間違っているという漠然とした感覚で始めただけで、必ずしも中身を理解していたわけではないと思う」。こう語ったのは、イギリスのガーディアン紙のコラムニスト、ジョージ・モンビオだ。[4] これは、いくつもの反グローバル化の「モーメント」を巨大な反グローバル化のムーブメントに変えた１９９０年代のプロセスについて述べた言葉だが、今日の風潮もそれによく似ている。欧米をはじめとする多くの高所得国では、足元が脆弱で、自分たちは搾取されていて、世の中は不公正だという気分が蔓延している。だが、誰を責めるべきかがはっきりしない。「何かが間違っているという漠然とした感覚」が、集団のデモ行進や街中での暴動に直結するわけではない。ムーブメントには、怒りの矛先を向ける標的が必要だ。反グローバル化運動の標的は多国籍企業だったが、なるべくしてそうなった。

さまざまな活動家は、「自分たちの手からパワーが奪われたという感覚をもっていて、その後、たいていはごく限定された分野で情報が広がった」とモンビオは説明する。当初、接点はほとんどなかった。「農業を心配している人がいれば、環境に強い関心をもつ人もいた。あるいは労働基準や公共サービスの民営化、途上国の債務など、関心はさまざまだった」。こうした点と点をつなぐのが大企業だった。「こうした関心が結びつき、すべてが集約されたのが、パワーを持ち過ぎた巨大企業の問題だった」とモンビオは論じている。

グロボティクスが招く反動がグローバル化し、表面化するとすれば、標的になるのはおそらく多国籍企業、とりわけ巨大テック（IT）企業だろう。

反動の標的は誰か？

本書が印刷に回った時点で、フェイスブック、アマゾン、グーグルといった巨大テック企業は、世論の「競技場」で手荒く扱われはじめたばかりだった。2018年初め、フェイスブックのCEOマーク・ザッカーバーグは、ユーザーの個人情報の不正利用に絡むスキャンダルで、アメリカ下院とＥＵ議会に召喚され、証言を行った。

　こうしたテック企業の経営者は、ポピュリストの反動の格好の標的になる。超富裕層であることが一つ。ザッカーバーグの資産は推定で７００億ドルを超える。ちなみにアメリカ海兵隊の年間予算は２７０億ドルに過ぎない。さらに、彼らは一般大衆に広く知られていて、一部の企業はホワイトカラーの仕事の自動化と、オンラインのフリーランス事業に関わっている。彼らが日和見主義者の標的になると考えられるもう一つの理由は、こうした男性（全員が男性だ）とその会社は、他者の共感を求めるという人間らしい感情につけこんで個人的利益を上げている、というもやもやとした不快感があるからだ。

　これまでの批判では、ユーザーの心を操ろうとするＩＴサービスの性質が強調されている。２０１１年にグーグルに買収されたスタートアップ企業のＣＥＯ兼共同創業者で、グーグルでデザイン倫理、プロダクト・フィロソフィーを担当したトリスタン・ハリスは次のように語る。「依存性については、『これは偶然起きているだけだ』と考えがちだが、じつはデザインによって引き起こされている。意図的に使って、子供を中毒にさせておく手法はいくらでもある」[5]。

　全米５万５０００の学校を対象にした反デジタル技術依存キャンペーンで、この問題に対する認識を高めたい、というのがハリスの願いだ。もっと強烈な意見もある。初期のフェイスブックの社員で、現在はベンチャー・キャピタリストのチャマス・パリハピティヤはこう指摘する。「世界最大のスーパーコンピューターは、グーグルとフェイスブックの社内にある。この２社がスパコンを動かして狙うのは、人々の脳であり、子供だ」。その結果、「社会を動かしているシステムがずたずたにされている」。この路線で批判を展開する人々の激しい憤りは、1920年の憲法改正による禁酒法成立につながった1910年の「禁酒運動」の情熱とよく似ている。

悪行だ、強欲だと非難することで、抗議の標的が絞られる。ベルギーの元首相のヒー・フェルホフスタットは、フェイスブックのCEOのマーク・ザッカーバーグがEU議会で議会証言を行った際に、こう面罵した。「自分自身がどのように記憶されたいのか、自問してみることだ。スティーブ・ジョブズやビル・ゲイツと並んで、我々の世界や社会を豊かにしたインターネットの三大巨人として記憶されたいのか、それとも民主主義や社会を破壊しつつあるデジタル・モンスターを生みだした天才として記憶されたいのか」。

もちろん、こうした類の糾弾は、グロボットの雇用破壊的な影響とはかなり距離があるが、反グローバル化運動でみたとおり、反動の標的は、往々にしてさまざまな怒りを抱えた人々から集中砲火を浴びることになる。しかも、大きな怒りを買いそうなもう一つの要因がある。巨大テック企業の金鉱――ビッグデータだ。ビッグデータに注目してテック企業に大きな一撃が加えられようとしている。

〈革命的な市場とデータの支配者〉

シカゴ大学の2人の学者、エリック・ポズナーとグレン・ウェイルは、2018年刊行の著書で、「データ経済」が出現する以前に、それを徹底して考えた者は一人もいないと指摘している。著書『ラジカル・マーケッツ――公正な社会のための資本主義と民主主義の見直し』で、データをベースとする経済は、その結果がどうなるか体系的に考えることなく無自覚に発展したと論じる。その設計を主導したのは人間の欲望と好奇心だ。それゆえに非効率で非生産的で、不公正であり、ラジカルな解決策が必要だと主張する。

彼らが提唱する解決策は、容易にグロボットが引き起こす反動の一部になりうる。

現在のデータは、「資本としてのデータ」の世界観に支配されている、と著者らは指摘する。いったんデータを企業に渡してしまえば、データの帰属権は企業に移り、好きなだけ、好きなように利用されてしまう。本を図書館に寄贈したら、それをどうするかは司書が決めるようなものだ。著者らは、根本的に異なる解決策、すなわち「労働としてのデータ」を考えるよう提唱する。この世界観では、データを生成しているのはユーザーであり、データの所有権はユーザーに帰属する。巨大テック企業がデータを利用したければ、ユーザーに対価を支払わなければならない。こうしたデータの帰属権の単純な切り替えが、どれほど革命的な意味をもつのか想像してみてほしい。

データは労働であるとの想定のもとでは、デジタル技術企業はデータの提供者に対価を支払わなければならない。一例として、すべての先進国の議会でフェイスブックに対して、全ユーザーにデータの利用料として年間100ドルを支払わせる法律を可決するとしよう。これは幅広く所得を分配し、「デジタルの尊厳」を養う試みだ。

EUのデジタル法である一般データ保護規則（GDPR）は、この方向への第一歩である。EU市民のデータのプライバシーとそれらのデータの権利について、市民を保護し、権限を与えている。すでにこの規則は、組織とオンライン・ユーザーとの関わり方を変えつつある。

フィナンシャル・タイムズ紙のコラムニストのジョン・ソーンヒルは次のように語る。「我々消費者は賢くなって、デジタル・ワーカーとしての役割に目覚めるべきである。マルクス主義の言葉を使えば、『階級意識』に目覚めなければならない」。ソーンヒルは、集団権を行使すべく、「データ労働組合」を結成するよう提唱する。やや皮肉をこめて、人々が「ソーシャルメディア・グループに対して、デジタル上のピケを張る」ことを始めたら深刻になるとわかるだろう、と予想している。プラカードに書く警句も考えている。「対価を払わずに、投稿を掲載するな」。

この「ラジカル・マーケッツ」の解決策は、そのとおり、根本的な変革をもたらすものである。そして、ホワイトカラー・ロボットや遠隔移民（テレマイグランツ）に仕事を奪われるトラック運転手、弁護士、オフィスワーカーのなかに仲間が見つかることはすぐにわかる。

グロボティクスによる激変と反動が、大規模で暴力的なものになるとすれば、反グローバル化運動を顕在化させたプロセスに注目する必要が出てくる。だが、そうしたプロセスを支配しているのは何なのか。個人の集まりがどのようにして集団に発展したのか。その答えは、正確とはいえないながら、社会学のなかに見つかる。

個人から集団行動へ

社会学の先駆者の一人、エミール・デュルケームは、人間には二つのレベルの実存——いわば二つの人格があると見立てた。ほとんどの時間にあらわれる一つのレベルでは、個人は自分自身と愛する人のことを気にかけている。もう一つのレベルでは、個人は滅私となる。自己の利益が集団の利益と同じであるかのごとく振る舞う。そうすることが自分に不利になるときですら、集団の行動を真似、集団の指示に従う。

デュルケームによれば、こうした二つのレベルは、各人のなかでつねに共存しているが、同時には作用しないという。それにより、一見矛盾した行動が生まれる。たとえば、わずかな現金を節約するために税金をごまかした若い男性が、状況が違えば、自分が欺いた国のために喜んで命を捧げることもある。

最大の問題は、二つのレベルを切り替えるきっかけは何か、ということだ。何がきっかけで、個人レベルから集団レベルの行動へと切り替わるのだろうか。反響を巻き起こした著書『社会はなぜ左と右に分かれるのか――対立を超えるための道徳心理学』の著者ジョナサン・ハイトは、そのきっかけを「ミツバチ（群居）スイッチ」と名づけた。このスイッチを切り替えて自己を殺し、集団本能が勝れば、人間は自分よりも大きな何かの一部だと感じるようになる。

こうしたスイッチの切り替えが、２０１６年の反動――とりわけトランプ大統領の選出で決定的に重要だったとハイトは主張する。経済的困難に直面している個人としてではなく、脅威にさらされているコミュニティの一員として反応した多くのアメリカ人にとって、トランプの権威主義的な側面が魅力的に映った。ハイトが論じているように、多くのアメリカ人は、「道徳秩序が崩れ、国の一体感が失われつつあり、多様性が増すなか、国の指導者は信用ならないと感じていた」。こうした状況で、人口のかなりの割合が本能的に独裁者の解決策を求めた。「『道徳が脅かされる場合、国境を閉鎖し、異質な人間を締めだし、道徳的に逸脱した者は罰せよ』と書かれた額の上のボタンを押されたようなものだった」[6]。

「グロボティクス転換」は、アメリカのミドルクラスを何十年にもわたって苦しめた脱工業化ほどはっきりしたものにはならないだろう。オフィスの自動化で、オフィスビル全体が閉鎖に追い込まれるわけではない。グロボットは少しずつ忍び込む。転換は、ジェーンズビルの工場閉鎖ではなく、iPhoneの普及に似たものになるだろう。これでは、人々はなかなかその趨勢に気づかない。だが、みずから権力を獲得する手段として、標的を名指しで大袈裟に言い立てるポピュリストはつねに存在するはずだ。

アメリカでは、そうしたポピュリストの一人が2020年の大統領選挙に名乗りを上げている。冒頭で紹介したアンドリュー・ヤンだ。彼の選挙サイトには厳しい言葉が並んでいる[7]。「良質の雇用が消滅しつつある。ロボットや人工知能（AI）などの最新テクノロジーは、企業にとっては素晴らしいが、数百万人ものアメリカ人労働者をあっという間に追放するだろう。今後12年で、アメリカの全労働者の3分の1が永久に職を失うリスクがある。大恐慌よりはるかに深刻な危機である」。

ヤンはブルーカラーの苦悩と、最近グロボットの直撃を受けたホワイトカラーの苦悩を、継ぎ目なくカバーする。「大規模な雇用の危機はすでに進行している……AI、ロボティクス、ソフトウェアが数百万人の労働者を代替しようとしている。これは推測ではない――すでに起きていることなのだ」。トラック運転手、コールセンターの担当者から、弁護士、会計士に至るまで数千万のアメリカ人が、現実的な脅威に直面している、とヤンは主張する。ヤンは暴力的な反動を予想する。「自動運転車が実現するだけで、社会は不安定化する。100万人のトラック運転手が仕事にあぶれるのだ。たった一つのイノベーションが、街中で暴動を起こせるのだ」。

ヤンは、「アウトサイダーとしてのポピュリスト」の典型的な姿勢をとっている。（純粋な）人々のために立ち上がり、腐敗したエリートに立ち向かう、という構図だ。「私は職業政治家ではない。技術と雇用市場を理解している起業家であり、実態は支配階級（エスタブリッシュメント）が認めるよりはるかに悪くなることを知っている」。

2018年の著書『普通の人々の戦争――アメリカの雇用喪失の真実とベーシック・インカム（最低所得保障）に未来がある理由』で打ち出したヤンの解決策は革命的なものではない。全体主義や共産主義のように、新たに「主義」がつくようなものではない。だが、今は変動の激しい時期であり、事態はあっという間に手に負えなくなる可能性がある。ヤンはこう断じる。「選択肢は二つだ。今の路線を続け、勤勉な数百万のアメリカ国民を失業させ、絶望の淵に追いやるのか、それとも、共に難題に立ち向かい、人間らしさが市場と同じくらい重視される社会をつくるのか」。

グロボティクスの破壊的な性質を踏まえると、ヤンのようなポピュリストの出現は当然予想されることだ。2020年の大統領選が近づくにつれて、ヤンが掲げたテーマは確実に主流になっていくだろう。だが、爆発のタイミングを特定することはできない。

暴力的な抗議行動は、不合理なもの——不公正感によって引き起こさせる感情的なものだと考えると理解しやすい、と社会心理学者は言う。[8] 典型的な例が、シアトル暴動の2年後に見られた。1992年、スピード違反を犯した黒人男性のロドニー・キングが、ロサンゼルス市警の4人の白人警官に激しく暴行を加えられる事件が起きた。この様子を撮影したビデオを見た多くのロサンゼルス市民は、あきらかに警官に非がある事件だと確信したが、陪審員裁判では無罪となった。それが引き金となって不満が爆発した。その結果、大規模な暴動が5日間にわたって続いた。夜間外出禁止令が発令され、州兵が召集された。死者50人、負傷者は数千人、破壊された建物は1000軒以上にのぼった。グロボットで職を失った労働者がこのように突然、暴徒化することはないだろうが、これを見ると、不満が嵩じれば反動がいかに暴力的なものになるかがわかる。

怒りに「激しさ」を注ぐプロセスは、秩序だっているわけではないし予想できるものでもないことは、最近のいくつかの社会科学の研究でもあきらかだ。

不公正感の共有が「激しい」怒りを生む

「怒りのダイナミクス」に関する魅力的な研究のなかで、ノーベル経済学賞受賞者のダニエル・カーネマンらは、3000人の市民と500人の陪審員を巻き込んで陪審員の「模擬」裁判実験を行った。実験の目的は、人々が不公正について議論することで、集団としての評決が、議論する前の個人としての評決よりも重くなるのか軽くなるのかを検証することだった。言い換えれば、陪審員が集団になると、個人（個々の陪審員）の場合よりも、過激な行動を取るのだろうか。

まず6人の陪審員に架空の傷害事件の証拠を示した後、加害者は被害者に賠償金をいくら支払うべきかを個別に尋ねた。その後、6人に協議して適切な刑を決定してもらう[9]。この観察結果をみると、社会的な混乱が暴力化する時期を見極めるのがいかにむずかしいかがよくわかる。

模範的な陪審員が、「模擬」犯罪を凶悪だと感じたとき、集団の評決はきわめて厳しいものになった。言い換えれば、犯罪が凶悪であるという事実から、集団で決めた刑罰は、個々の陪審員が決めた罰則の平均を上回る厳しいものになった。「群衆心理」というのは、非科学的な言葉だ。怒りは、その感情を他者と共有するときに一段と激しいものになる。そして、似たようなことは、逆の方向でも起きる。模擬犯罪が軽微であるとか形式的なものにとどまると判断されたとき、協議後の陪審員団は寛大な評決を下した。

ここで重要なのは、こうした類の集団の力学によって、社会的な怒りがきわめて不安定で、予想もつかないものになりうる、という点である。キャス・サンスティンは最近の論文で、セクハラ被害を訴える #Me Too 運動が急速に広がるなかで、不公正感が果たした役割がいかに大きかったかを論じている。怒りが広がった原因は予期せぬ力学に依存すると、サンスティンは強調する。「出発点のわずかの差と慣性で、……怒りは収まることもあれば、膨らむこともある」[10]。

もう一つの重要なポイント――グロボティクスが招く反動は、ホワイトカラーの怒りとブルーカラーの怒りが合体したものになるとの見方を補強するポイントは、通常、長らく蓄積された不満が爆発すると怒りになる、ということだ。経済的困難と過激思想は、昔から歴史を共にしてきた。

経済史家は、深刻な経済的ショックが長期にわたって続くと、政治的反動を招きやすいことを見いだしている。ある経済史研究のチームは、20ヵ国の政治史を1870年まで遡り、深刻な経済的ショック（とくに金融危機）の後には、民主主義は極右政治へと舵を切りやすい、との教訓を引き出した。[11] ショック後の5年間で、極右の得票率は平均で約3分の1上昇していた。さらに、このトレンドを助長するように、国の統治が困難になっていた。議会の多数派が議席を減らし、政党が乱立する。その結果、最も必要とされているときに、断固とした政策遂行がますます困難になっていた。

経済的ショックの影響は、選挙だけにとどまらない。長引く経済ショックは反動的な動きと結びつき、街頭にあふれることになる。大規模な経済ショックの後は、ゼネストが30％増え、暴動は2倍に増え、反政府デモは3倍に増えていた。

問題はショックの規模だけではない。カリフォルニア大学バークレー校のバリー・アイケングリーン教授やオックスフォード大学のケヴィン・オルーク教授をリーダーとする別の経済史研究のグループは、長期の経済的苦境がとくに極右政党の支持率上昇と密接に関連していることを突き止めた。[12] 極右政党の支持とポピュリスト政党が最も伸びたのはアメリカで、この数十年そうだったように、経済的苦境が長らく放置された時期だった。

では、グロボティクスが招く反動は、過激思想に走り、暴力化するのだろうか。この問いに確信をもって答えることはできない。暴力的な反動に関しては確かなことは言えないが、その可能性は考えておくべきだ。少なくとも穏やかな形の反動があるのは確実で、私はこれを「シェルタリズム」と呼んでいる。

シェルタリズムとは、人々が事態の進行を止めようとするわけではないが、「嵐から身を守るシェルター」を求めるときに望む政治の形態であり、すでに始まっている。デジタル技術に脅かされている政治力のある集団が、変化を遅らせるか、反転させるべく規制当局によるシェルターを要求し、実現している。

確実な反動――シェルタリズム

2016年2月、ロンドンの象徴である黒塗りのタクシーの運転手8000人が、ロンドン中心部に集結し、ゆっくり走行するデモを行った。抗議の相手はデジタル技術――正確に言うと、ライドシェア（相乗り）大手のウーバーだ。ウーバーは、黒塗りタクシーに乗るはずだった数百万人の乗客を奪っていた。抗議に際して運転手組合のトップ、スティーブ・マクナマラは、経済的な競争には焦点をあてなかった。槍玉に上げたのは不公正さと不公正な入札だ。「ウーバーはロンドンの街に入ってきて以来、法を破り、運転手を搾取し、乗客の安全に責任を負うことを拒否している」[13]。

ウーバーは、ホワイトカラー・ロボットでもないし遠隔移民でもないが、グロボットがサービス・セクターの多くでそうしたように、タクシー業界を保護された業界から開放的な業界へと変えた。そして、1811年のイギリス北部の力織機のように、ウーバーの技術はひどく不公正に見えた。熟練の労働者は、自分たちの職業が突如として、質が劣り、規制を受けない労働者との競争にさらされていることに気づいた。

変化に歯止めをかけようとするこのデモは、労働者の生活やコミュニティが技術（あるいはグローバル化）に脅かされたとき、とりわけ変化が不公正に見えるときに労働者が示す典型的な反応だといえる。タクシー運転手は、ショックから身を守るための何らかのシェルターを求めていた。そして2017年11月、それを手にした。

ロンドン市交通局は左派系の市長に促され、ウーバーは営業に「不適格」だとして免許の更新をしなかった。最大の争点は乗客の安全だった。ロンドン市交通局は、ウーバーが運転手による犯罪を当局に報告しなかった点を問題視した。なかには性的被害もあった。だが、安全性が、ウーバーに反対する唯一の根拠だったわけではない。主たる動機ですらなかっただろう。タクシー運転手は、新たな技術のコストの大半を負担していた。ウーバーの営業停止は、その痛みを分け合い、いずれは不可避のウーバーの業界参入を遅らせる唯一の方法だった。ウーバーの契約運転手4万人と利用者85万人が決定を不服として、オンラインで請願書を提出するという反動に対する押し戻しはあったものの、決定は支持された。ウーバーの禁止は、イギリスのほかの都市へも広がった（訳注：その後ウーバーは提訴し、裁判で暫定的な営業が認められている）。

健康、安全、環境、そして何よりプライバシーの規制は、破壊的なコンビが生活に及ぼす影響を遅らせる明白な手段になる。銀行や自動車など、もともとの規制が厳しい業界では影響を遅らせることは容易だろう。たとえば、ロボット記者に新たな規制を課すには監視と執行メカニズムを備えた、まったく新たな規制のインフラが必要になる。これを整備することは可能だが、ウーバーへの免許を取り消すよりははるかに時間がかかる。

現在進行中のシェルタリズムの好例がある。アメリカのトラック運転手が、自動運転車に対する規制当局のシェルターを要求して闘っているやり方だ。

法規制によるシェルタリズム

ジョシュア・ブラウンはグロボットに殺された、そう申し立てる人がいる。２０１６年5月、彼が乗った自動運転のテスラ車がトラックと衝突した。即死だった。この一件をはじめ、事故で安全性が問題になる一方で、アメリカの各州では自動運転車の普及を推進する法整備が進められている。たとえば２０１６年12月にはミシガン州が公道での自動運転車の試験走行と使用を認めた。相乗りや自動運転による複数台のトラックの隊列走行（トラック・プラトーン）も認められた。ミシガン州の法律では人間が乗車する必要はない。トラック運転手は不安を抱き、労働組合は対抗手段を検討している。

全米トラック運転手組合は、運転手が馬を引いていた時代に組織され、１００年以上の歴史がある。組合トップのジェイムズ・ホッファはこう言う。「高速道路の安全性が心配だし、雇用も心配だ。人命が関わっているだけに確実に事を運ばなければならない、きわめて戦略的な分野で我々は急ぎ過ぎているのではないかと心配している……輸送をより安全かつ効率的にするために新しいテクノロジーが使われるよう、議会がお墨付きを与えることが重要だ」。この規制を動かしているのは大企業だと、ホッファは主張する。大企業の狙いは、「運転手を追い出し、金儲けをすることだ。……トラックで10万ドル稼いでいる運転手は、ほかではそんな仕事を見つけられない」。だが、現代版のラッダイト運動とは見られたくないホッファは、こう付け加える。「当然ながら、我々が進歩を止めることはできない」[14]。こうした声に同調する者がいる。ニューヨークの二つのロビー団体、アップステート運輸協会と独立運転手ギルドは、数千人の運転手の失業を回避すべく、自動運転車の規制を求めて圧力をかけている。

大企業と大規模組合の戦いで、労働側はまずまずの成果を手にした。アメリカ下院を通過した自動運転車に関する法案は概ね自動化を支持する内容だが、特筆すべき例外がトラックなのだ。本書が印刷に回る時点でまだ法制化はされていないが、法案では安全性の承認なしに全米で最大10万台の試験走行を許可するが、商業用トラックは除外すると明記されている[15]。

ジョシュア・ブラウンの事故は、ロボットが運転する乗用車と人間が運転するトラックが絡んでいたため、自動運転を乗用車には許す一方、トラックには認めない法律が安全性の問題だけでないのは歴然としている。問題なのは、自動運転への急速な移行を進めると、タクシー、バス、トラック運転手を筆頭に４００万人以上の労働者が職を失う恐れがあるということだ[16]。そして、トラック運転手組合が中西部州に多くの組合員を抱え、２０２０年の大統領選でカギを握る点も後押ししたと考えられる。

2018年1月のアメリカの宅配大手UPSと北米の組合員26万人の協議で、動機はさらにあきらかになった。組合側はUPSに対し、ドローンや自動運転トラックの導入にあわせて運転手を解雇しないことを確約するよう求めた。あからさまに反テクノロジーを訴えているわけではない。特定の団体を保護する方向で推進力がはたらいているようにみえる。アメリカのテレビ司会者マルコム・グラッドウェルは次のようにコメントしている。「長期にわたる反動の始まりといった大袈裟な話ではないのではないか……ごく短期間にとてつもない変化に直面したとき、人間は『止めてくれ。もうたくさんだ』と言うものだ[17]」。

AIが動かす自動運転車は、シェルタリズムの最もわかりやすい標的だが、トレンドは広がりつつある。アメリカ下院は、幅広い規制に向けて第一歩を踏み出している。2017年12月、上下両院の議員は、AIがアメリカの経済・社会に及ぼす幅広い影響を評価する連邦諮問委員会を創設する法案を上程した。ジョン・デラニー上院議員はこう語る。「AIについて先手を打つべき時が来た。大規模な破壊には、新たな政策で対応しなければならない。今こそ、社会の利益になり、企業の利益になり、労働者の利益になる方向でAIの育成に取り組みはじめるべきだ」。

こうした政治家には、規制に積極的になるもっとも理由がある。最近の世論調査によるとアメリカの有権者は、グロボットに歯止めをかける規制を支持している。2017年、ピュー・リサーチ・センターは、「グロボティクス転換」――「現在、人間がやっている仕事のほとんどをロボットやコンピューターができるようになる」世界――に対する意識調査を行った。それによると、人間が現在やっている仕事の多くをロボットやコンピューターが代替するとのシナリオは現実的だと答えた回答者が、全体の4分の3以上にのぼった。

この調査ではまた、シェルタリズムへの強い支持があることもあきらかになった。[18] 回答者の60%近くが、企業が機械で代替できる雇用者数に政府が上限を設けるべきだと考えていた。単にロボットはコストが安いという理由で企業が労働者を機械に置き換えることは正当化されると答えた割合は、40%に過ぎなかった。機械の活用を「基本的に、人間にとって危険か不健康な仕事」にかぎる政策を支持する割合は80%を超えた。

こうした意見を踏まえると、アメリカの有権者はシェルタリズムを受け入れているといえそうだ。有権者は、少なくとも理論上は雇用喪失を遅らせる政策を支持している。もう一つ、雇用喪失を遅らせる既存の政策として挙げられるのが、EUが遠隔移民ではなく現実の移民に対処するために導入した法律である。

ヨーロッパにおける社会的ダンピング

「これは、労働者を守り、公正な競争が行われる欧州社会を建設するための重要な一歩である」。欧州議会のオランダ労働党議員アグネス・ヨンゲリウスは言った。これは、遠隔移民に似ているが、「在宅」ではなく、EU域内で短期労働に従事する海外労働者に関する改革についての発言である。

労働に関してEUは基本的に単一市場である。EUのある加盟国の企業は、別の加盟国で行う事業に、自国の労働者を連れていくことができる。たとえば、ポーランドの建設会社は、ポーランドの賃金を支払い、ポーランドの社会保険（アメリカの社会保障のような給与税に相当）を負担して、ポーランド人労働者をドイツの建設現場で働かせることができる。労働者自身は、ドイツで働いていても、引き続きポーランドで税金を納める。ここから、遠隔移民が広がるにつれて欧米の労働者から予想される反応に対する教訓を引きだせる。

賃金の安い外国人労働者を活用する慣行は、ドイツ人労働者を怒らせた。この不公正な競争には、「社会的ダンピング」という名前がつけられている。社会的ダンピングとは、労働規則が緩く、賃金や税金が安い労働者との競争の激化で、受け入れ国の労働環境が損なわれることを指す。この名称は、国際貿易交渉で法律家によって使われるダンピングという言葉を多分に意識している。国際貿易交渉での「ダンピング」とは、生産コストを下回る価格で製品が輸出されることを意味する。「社会的」という言葉をつけることで、その製品が社会的な保護が弱い国でつくられたことを指す。こうした慣行は反動を招き、「海外派遣労働者指令」という規制にもとづくシェルタリズムが広がった。

このシェルタリズムがどのように台頭したかを見ると、社会的怒りや混乱が予想外の動きにつながることがよくわかる。EU域内での移民の自由は1990年代から現実としてあったが、社会的ダンピングに対する懸念は長らく希薄な状況が続いた。だが、その後、社会的ダンピングは勢いづく。欧州域内の賃金と税金の大幅な格差に加え、2008年の世界的金融危機以降の景気減速を受けて海外派遣労働者が増加し、政治的反動を招いた。ジャン＝クロード・ユンケルEU委員会委員長が2014年に述べたように、「EU域内の同一の場所の同一の労働は同一に扱うべきであった」[19]。ユンケル委員長が言及した改正海外派遣労働者指令によって、派遣労働の期間は12ヵ月に制限された。それ以降は、派遣労働者の賃金と雇用は受け入れ国の法律に従わなければならない。

遠隔移民の台頭は、同じような反応を引き起こすだろう。受け入れ国の労働者が遠隔移民を、企業と労働者間の暗黙の社会協約を破る「社会的ダンピング」とみなすのは確実だ。そして、遠隔移民の就業期間や賃金に規制をもうける派遣労働指令のような対策を求めるだろう。

こうしたシェルタリズムの例は、なんら目新しいものではない。シェルタリズムには、強い政治力をもつ産業を保護してきた長い歴史がある。

歴史上のシェルタリズム——赤旗法と労働組合の雇用水増し要求

19世紀に数百万人の雇用を脅かしていたのは、自動運転車ではなく人間が運転する車だった。イギリスでは、自動車の出現で馬車や鉄道関係の労働者の生活が脅かされた。これらの産業は、「赤旗法」と呼ばれる反動的な規制で対抗した。赤旗法は、アメリカの一部の州にも広がるが、自動化を遅らせる点で効果的だった半面、恐ろしくばかげていた。

最も有名な1865年赤旗法（the Locomotive Act）は、「蒸気力ないし畜力以外で推進されるすべての自動車」に極端な要件を課すものだった。第一の要件として「運転手、機関員など最低3名で運用」しなければならない。「赤旗」は、第二の要件に由来する。「うち1名は……車両の60ヤード前を歩き、たえず赤旗を振って、自動車の接近を馬車の乗客や御者に知らせなければならない」。

だが、何より新たな技術の競争力を損なったのは速度制限だ。「有料高速道路や一般道路では時速4マイル以上で走ってはならない」。これは歩く速さだが、「市街地では時速2マイル以上で走ってはならなかった」。この法律が、イギリスの自動車産業を30年以上にわたって苦しめた（1896年に廃止されている）。

こうした「事実は小説より奇なり」の節目は最近もあった。サンフランシスコ市は2018年、歩道での自動運転の配達ロボットの走行を禁止した。ロボットは時速3マイル未満に制限され、テスト走行中は30フィート以内に人間のオペレーターがいなければならない。19世紀の歴史上のシェルタリズムへのささやかな賛辞なのか、大いなる偶然なのかはわからないが、ワシントンDCでは、歩道を走行する宅配ロボットには、歩行者や運転手に接近を警告する赤旗が付けられている。

荷役作業の自動化では、違うタイプの反動的な規制が導入された。石炭車がディーゼル車に切り替わったときもそうだ。「雇用水増し要求」と呼ばれ、自動化で仕事がなくなった労働者にも賃金を支払いつづけるよう迫った。これは、今後のシェルタリズムにおいても模倣される運命にあると思える。

コンテナ貨物輸送は、1960年代以降、貿易と製造業に恩恵をもたらした。標準的な輸送コンテナに切り替え、列車やトラックから巨大クレーンで直接揚げ降ろしができるようになったことで、輸送コストを大幅に引き下げることができた。ただ、労働と時間を節約する技術は、伝統的なやり方で貨物の揚げ降ろしをして高給をもらっていた港湾労働者の運命を破滅へと追いやった。

究極の問題は、技術の変化に伴う経済的、社会的コストを誰が負担するのか、労働者なのか企業なのか、ということだ。アメリカでは港湾労働者が組合を組織し、経済の急所を押さえていたことから、かなりの交渉力をもっていた。そして、その交渉力を使って技術から身を守るシェルターを獲得した。度重なるストライキや港湾閉鎖の末、船舶会社と港湾労働者は、仕事がほとんどなくなった労働者にも給与を払いつづけることで合意した。これは水増し雇用と呼ばれた。

鉄道業界でも同じような事態が１９７０年代まで続いた。石炭列車からディーゼル列車に切り替わって石炭をくべる人間が要らなくなっても、労組はそうした人間を雇いつづけるよう要求した。労働者が勝ち取った法律と契約には、１車両あたりの最低乗務員数を定めた「フル乗務員法」、列車の車両数を制限する「車両編成法」、一時解雇や配置転換された従業員に対する補償を定めた「雇用保護法」がある。

最近では、個人情報保護法によって、スイスの金融セクターの雇用が海外移管を免れている。スイスには銀行業界を対象にした厳格な個人情報保護法がある。顧客の秘密を海外で漏らした場合には、３年の禁固刑に処される可能性がある。国内で漏らした場合は25万ドルの罰金刑である。このためスイスの銀行は、アメリカやイギリスの銀行では一般的な、バックオフィス部門の海外移管に積極的でない。この法律はバックオフィスの仕事を守ることを意図したものではないが、結果としてそうした効果をもっている。意図せず「グロボティクス転換」を遅らせ、スイスの一部の労働者をグロボットから守ることになった。

容易に想像がつくことだが、同じようにデータの個人情報保護法を使って、多くのサービス・セクターの遠隔移民の活用を妨げることも可能だ。個人情報保護を根拠としつつも、実態はシェルタリズムによる政治的な動機による新たな規制の対象になるのが、医療、会計、データ保存などの業界だ。

こうした類の特異な反応は避けられないが、それによって、雇用代替の一般的なスピードが大幅に遅れるわけではない。遅らせる可能性があるのは、まったく別の政策である。高所得国の多くは、労働者の解雇の方法と理由を明示した広範な規則、規制、法律――雇用保護法制を整備している。

「グロボティクス転換」を大幅に遅らせる規制

ミカエラ・パリーニは創業137年の老舗企業の経営者だ。イタリアの最大の強みである食文化を活かした事業は好調だ。2012年夏、合弁事業で生産を倍増させるチャンスがあった。「チャンスは追わなかった。合弁事業が失敗した場合、イタリアの法律では従業員を解雇してコストを調整することはほぼ不可能だからだ[20]」。

イタリア並みの労働市場のシェルタリズムはアメリカでは聞かないが、ヨーロッパや他の高所得国ではかなり一般的だ。こうした法律は、労働者保護が目的だ。より正確にいえば、変化のコストを労働者だけに負担させないようにすることを目指している。イギリスのように、法律は基本的な公正さの問題だとみなす国もある。労働者は恣意的に解雇されるべきではない。一般に、解雇される場合はなんらかの補償を受けるべきである。

南欧の法律では、いかなる理由であれ労働者を解雇するのは容易ではなく、時間がかかり、コストがきわめて高くなる点で終身雇用制度を目指している、といえる。裁判では解決まで何年もかかる。パリーニの例をみると、経済学者の多くがこうした包括的な規制に反対する理由がよくわかる。パリーニが指摘するように、解雇がかなりむずかしいということは、採用もかなりむずかしいということを意味する。1973年以前の好況期には、こうした法規の害はほとんどなかった。売り上げが伸びていたので、ほとんどの企業が成長し、採用を増やした。だが、成長率が大幅に低下した現在、厳格な雇用保護法制は生産性の伸びに悪影響を及ぼしている。この法律があるがため、企業が技術の変化や需要パターンの変化になかなか適応できない。だが、生産性を向上させつづけるには変化に合わせるしかない。成長には変化が必要であり、変化は痛みを伴う。国はその痛みを分担する方法を見つけなければならないが、変化を止めることで痛みを止めようとすると停滞を招く。

だが、進歩を遅らせることが、暴力的な反動や社会の混乱を回避するために決定的に重要だとすればどうだろうか。

グロボットの進行を遅らせる最もわかりやすい方法は、労働者の解雇をむずかしく、時間がかかり、コストがかかるものにすることである。原理的には、グロボットがもたらす解雇と連動させることができるが、現実には、こうした条件をつけた運用はきわめてむずかしく、手間がかかる。

経済にこうした摩擦を加えるのは、生産性の伸びという観点ではコストがかかり、労働生産性の実績値は間違いなく低下することになる。そのため、軽々しく実施できる政策ではない。とはいえ、政治家が雇用代替のスピードを落とす必要があると判断すれば、雇用保護法制は使える手段の一つである。アメリカ以外のほとんどの先進国では、労働者の解雇を扱う広範な規制が整備されており、この政策オプションをかなり迅速に発動できる。

反動から問題解決へ

将来を大胆に予想することは昔から行われてきたことであり、少なくとも古代ギリシャの時代に遡ることができる。イソップ物語には、羊飼いが狼を呼ぶオオカミ少年の有名な話がある。この物語の結末を覚えているだろうか。羊飼いが狼が来ると触れ回ったのに狼が来ないことが何度か続いたことから、村人は今度もそうだろうと無視したところに狼があらわれ、羊を残らず食べられてしまった。これは村人にとって「聖なる牛」（なんということだ）の瞬間だった（もっとも、村人は「聖なる羊」の瞬間と思っただろう）。

本書が印刷に回る時点で、デジタル技術が暴力的な反応につながる兆候は見えなかった。この延長線上で今後を見通すと、現状のまま変化はゆっくりとやって来ることになると考えられる。シェルタリズムが広がり、反動的な規制によって、デジタル技術の雇用喪失の影響が先送りされ、雇用創出が続く可能性もある。一方、グロボットによって数億人が路頭に迷うようなことがあれば、収拾のつかない事態に発展しかねないことは念頭に置いておくべきだ。

大胆な予想をするかどうかはともかく、未来はいずれ訪れる。ＡＩロボットのスキルと、外国人フリーランサーの能力は――きわめて低いコストと相まって、現在、人間が担っている仕事の多くを奪う。反動的な規制や暴力的な蜂起によって、その流れが遅くなることはあっても、永遠に先延ばしされることはありえない。いずれ落ち着くべきところに落ち着く。長期的な視野で解決できた暁には、はるかに良い社会が実現できるだろう。

第9章 グロボティクス問題の解決：人間らしく、地域性豊かな未来

第1章でみたホワイトカラー・ロボットの Amelia は、仕事を奪いもするが、仕事をつくってもいる。Amelia は、アバターのもとになった生身の女性モデルローレン・ヘイズに一風変わった仕事をつくった。Amelia が大勢に知られているせいで、20歳そこそこのモデルのヘイズは妙な形で人気者になった。Amelia を使っている大手保険会社の幹部から、6万5000人の社員が君のファンだと告げられたのだ。そんな人気とは裏腹に、ヘイズ自身は最初から Amelia を気に入っていたわけではない。

「ほんとに気持ち悪かった。こんなに本物っぽくなるなんて想像もしていなかった。話したり、動いたりするようになるなんてわかっていなかったわ」とヘイズは語る。デジタル・モデル用にはじめての写真撮影に臨んだヘイズは、ホワイトカラー・ロボット用の顔のモデルになるなんて妙な仕事だと思っていた。「あの瞬間、今までやった仕事とは違うと思った。衣料品のギャップ

の写真モデルになるのとはわけが違う」[1]。3Dのイメージと自然な姿勢や表情を捉えるため、写真撮影では、映画『スター・ウォーズ』に登場する宇宙要塞デス・スターをひっくり返したようなものが使われた。

この風変わりな仕事から学ぶべき教訓がある。ヘイズの仕事には、彼女らしさが大きく関わっていた。純粋にロジックの問題として、将来の仕事の多くは、我々が思う以上にヘイズの仕事のようなものになっていくと考えられる。

欧米人でグロボットと対抗できる人はいない。裏を返せば、こちらも同じ土俵には乗らないということだ。グロボットはグロボットができることをやる。こちらはグロボットにできないことをやるまでだ。

ただ、それがどんな仕事になるかを考えるのは無駄である。歴史を指針とするなら、労働経済学者のデビッド・オーターが指摘しているように、ほとんどの仕事は我々が想像もしていないセクターで生まれることになるだろう[2]。だが、その仕事がどんな名称で呼ばれることになるかはわからなくても、どんなものになるかについては直観をはたらかせることはできる。そのためには、人間がロボットや遠隔移民（テレマイグランツ）よりもうまくできることを調べるといい。まずは人間ならではの能力を詳しくみていこう。

人間がソフトウェア・ロボットより優れているのはどんな場合か？

人間が人工知能（ＡＩ）よりも優れているのは、判断力、共感、直観、人間同士の複雑なやり取りの理解といったことだ。心理学者はこれを「社会的認知能力」と呼ぶ。人間がそれをもっているのには特別な根深い理由がある。社会的認知能力こそが、人間に進化上の優位性をもたらしたのだ。

歯、爪、筋肉では他の大型動物に大きく劣っているにもかかわらず、ホモサピエンスは地球上で一番の存在だ。一対一の決闘なら到底かなわない種を、根絶やしにしたり、飼いならしたり、取り込むことができた。種として大成功を収めたのは、社会的な能力がずば抜けていたからだ。

人間が檻のなかのチンパンジーを観察するのであって、その逆ではないのは、人間には集団を形成して素晴らしいことができるからだ。この人間らしいスキルのドアを開けるカギが社会的認知能力だ。社会的認知能力とは、他人の頭のなかで起きていることを概念化できる能力、自分自身の頭のなかを理解できる能力、そして、自分が考えていることを他人がどう思っているかを振り返り、把握できる能力を意味する。これは、人類の生存にとって決定的に重要な能力だった。

マイケル・トマセロが画期的な著書『人間の認知能力の文化的起源』で論じているように、人間は社会的認知能力によって比較的大きな集団で生活できるようになったが、集団では、信頼、血縁、支配が絡む複雑な関係の網の目のなかで、個人が他者と協力してうまくやっていけるかが生存のカギを握っていた。これを実行するための装置として、万人の脳に神経細胞が備わっているが、その一つが「社会的ミラー」だ。

人が他者とコミュニケーションをとる際は、用向きに関係のある情報を伝えるだけでなく、何らかの意図や感情をもって接している。身振りや表情、姿勢などでそれらが伝わる。脳の一部――ミラー・ニューロン――は、こうした社会的なやり取りに特化した神経細胞である。これは「猿まね」ならぬ「人まね」のメカニズムだ。

精神科学・生物行動科学教授という長い肩書をもつマルコ・イアコボーニは、こう説明する。「相手が笑っているのを見ると、こちらの笑いのミラー・ニューロンが起動し、神経伝達が起きて、笑っているのと同じような感情が喚起される」。その意味は、「相手の感情を推測する必要がない。相手が経験している感情をただちに、苦労なく（もちろん、穏やかな形で）経験できるということだ」[3]。これらはすべて瞬時に苦もなく起きるので、意識することは稀である。ただ、話している人同士が、無意識のうちに同時にうなずいたり、同じように腕組みしたり、手振りで伝えようとする場面にはよく出くわす。繊細な感性の持ち主は、他人が暴力を受けたり、感情を害したりするのを見ただけで、身体の具合が悪くなることもある。悲しい話を耳にすると、自分も悲しくなって涙を流したりする。それがどれほど昔に遠い場所で起きた出来事であったとしても。ミラー・ニューロンが音波を感情に変える。

要するに、人間の脳のかなりの部分は、社会的知能向けにできている。誰もが同じように社会的認知能力が秀でているわけではないのは、誰もが代数が得意なわけではないのと同じだ。だが、コンピューターは、社会的認知能力よりも代数がはるかに得意なことがわかっている。だとすると、社会的なやり取りを伴う仕事であれば、人間は競争力を維持できると考えられるはずだ。

AIコンピューターが社会的認知につまずく理由

トレーニングされたAIを内蔵するコンピューターのなかには、一対一で接する人間の感情をかなり正確に読み取れるものもある。第6章で取り上げたAIセラピー・ロボットのエリーがそうだ。信頼や同情といった感情を人間から引き出す方法を習得したロボットすら存在する。たとえばパロという名のセラピー・ロボットは赤ちゃんアザラシ型で、2005年の発売以来、日本の老人を慰める友達のような存在になっている。だが、これは集団の力学を理解するにはほど遠い。

集団内で何が起きているかを理解するには、集団を構成する各メンバーの感情を理解しなければならない。心理学では「こころの理論」という奇妙な名前がつけられている。こころの理論とは、自分自身のこころのなかに他者のこころのモデルがあるので、他者の感情や信念、意図、欲望、欺瞞を特定できるというものだ。自分が考えたり、行動したりすることを母親や夫や妻、子供がどう思っているのか、どうやって知るのだろうか。相手がどう反応するのかは「わかっている」。というのは、相手がどう思うかのモデルが脳のどこかに仕舞われているからだ。このプロセスには、多くの経路と段階がある。2010年のハリウッドのSF映画『インセプション』のように。

第一段階では、他者の思考や感情を理解する。第二段階では、チームの各メンバーを自分がどう思っているか、各チームのメンバーから自分がどう思われているかを理解する。グループがうまくいくには、各チームのメンバーが他のチームのメンバーをどう思っているかを理解する必要がある。これが第三段階である。人を束ねるのが得意なマネージャーやチームのメンバーは、各メンバーが他のメンバーをそれぞれどう思っているかを把握している点で、さらに数段上の段階にあるといえる。計算上、この問題は、メンバーの数が増えるほどむずかしくなる。数学では、こうした類のことを研究する分野を「組み合わせ論」と呼ぶ。

組み合わせられるものの数が増えるにつれて、考えられる組み合わせの数が急激に増えるのがポイントだ。3人のケースを考えてみよう。第一段階の社会的認知能力だけを使うと、Aさんは、Bさんの考えとCさんの考えという、二つのことを考える必要がある。だが、Bさんの考えは、AさんとCさんの考えによって変わると想定するとどうなるか。だとすると、リーダーは、BさんがAさんとCさんの考えをどうみているか、CさんがAさんとBさんの考えをどうみているかを理解しなければならない。より高いレベルの社会的認知能力が必要になるほど、とくにチームのメンバーの数が増え、ありうる見解の幅が広がるほど、社会的な思考の量は天井知らずになる。

社会的な計算は、このように複雑だが、多くの人は意識することなく瞬時にこなすことができる。普通の子供は、4歳までに第一段階に、6歳までに第二段階に達するという。

こうした社会的な能力は、身体的に勝る他の種の餌食になりかねない世界で、人間が数十万年という自然淘汰の過程を経て獲得したものである。人間がホワイトカラー・ロボットより優れているのは、公正や互恵といったチームを形成するうえで重要な慣行を重んじ、共感性があり、衝動をコントロールできる点である。多くの人は協力して働くことに喜びを感じている。要するに、人間は社会的な算術の天才だが、コンピューターはそうではないのだ。

進化の圧力から生まれた、仕事で重要な第二のスキルは、人の嘘を見抜き、人を信頼する能力だ。

社会的に協力するというと、ややもすれば社会的な搾取やただ乗りになってしまう可能性がある。ほかの人全員が共通善について心配しているのに自分自身のことしか頭にない場合、ほかの人があなたの嘘を突き止められなければ、あなただけ得をしてしまう。だが、じつは多くの人に、嘘を感知する見事な能力が備わっている。無意識ながら他人の嘘を見破る能力を見事に磨き上げてきた。その本質には、一方で搾取に対する根深い嫌悪があり、もう一方で社会的に疎外されることへの根深い嫌悪がある。この二つが相まって、協力と信頼を醸成する社会的行動が生まれる。[4]

機械学習が社会的認知に適していないのには、いくつかの理由がある。第一に、今の演算能力でも十分ではない。第二に、適切なデータが揃っていない。第三はもっと思索的なものだ。機械学習の手法は、人間の思考や学習の生態を表面的に模倣しているに過ぎない。人間が備えるほとんどのスキルで、機械が人間と互角になるには、まったく新しいコンピューター・サイエンスのアプローチが必要になると考えられている。[5]

社会的認知には小さすぎ、鈍すぎるアルゴリズム

サービス・セクターの自動化を牽引するＡＩ技術の主流が機械学習であることはすでにみたとおりだ。機械学習で使われている主な手法の一つが「人工ニューラル・ネットワーク」である。人工のニューロン（神経細胞）と、それらの接合部（シナプス）で構成される神経回路網で、ニューロン同士のつながりの強さに応じてシナプスには重みが付与される。各ニューロンは小さなコンピューターと考えることができ、曲を聴き分けるとか顔を認識するなど、学習している問題のごく一部の接合部を担当する。接合部と重みは、全体の問題解決を調整する役割を担っているので重要である。これらのはたらきは、人間の脳の機能に似ているが、あくまで大雑把なものに過ぎない。そして、ごくごく小さい。

２０１７年時点で、一般的なニューラル・ネットワークのニューロンはせいぜい数百万だった。[6] 一般的な人間の脳のニューロンはその１０００倍以上で、それをつなぐシナプスは数百兆個ある。さらに、人工ニューラル・ネットワークではシナプスが固定されているのに対し、人間の脳のシナプスは、認知のニーズに合わせて変化する。人工ニューラル・ネットワークでは、メッセージは「オン」か「オフ」または「イエス」か「ノー」のデジタル信号でしか伝えられないが、人間のニューラル・ネットワークはもっと微妙なメッセージを伝えることができる。

神経科学者のクリストファー・チャタムはこう指摘する。「人間の脳の正確な生物学的モデルをつくるとすれば、細胞型のあいだに存在する2億2５００万回の10億倍の相互作用」と、かなり専門用語的な響きのする脳の詳細な部位のリストが存在していなくてはならない。「脳は非線

形であり、現在のすべてのコンピューターよりもかなり大きいので、まったく異なる方法で機能しているようだ」[7]。

人間の脳においては、メッセージは神経細胞（ニューロン）が「発火」したときに伝達される。この発火とは、神経細胞の一方の端からもう一方の端に弱い電気信号を送ることを意味する。だが、脳内でのメッセージの伝達は、「発火」の速度と、発火するニューロンのグループの同期性によって決まる。何よりも、人間の脳は、（ほとんど無意識に）同時に多くの問題を処理しているという意味で、巨大な並行処理装置だといえる。これに対して人工ニューラル・ネットワークはモジュールで構成され、連続的な処理を行うという性質がある。たとえば、写真をコンピューターに読み取らせ、顔が映っているかどうか判定する。

ここでのポイントは、ホワイトカラー・ロボットとの競争では社会的知能が武器になる、ということだ。社会的能力なら、多くの人たちがもっている。しかも社会的な安定性の観点から朗報といえるのは、こうした社会的能力をもっているのが、必ずしも学歴が高い人には限らないということだ。

社会的認知以外に機械学習にできないこととは？

ＡＩはあくまでデータにもとづいてパターンを認識しているに過ぎない。そしてパターン認識は知能ではない。つまり、ＡＩは心理学で使われる広義での知能とはいえない。機械学習で訓練されたホワイトカラー・ロボットに考える力はない。論理づけをすることも、計画を立てることもできないし、見たことのない問題を解くこともできない。物事を抽象的に考えたり、データのパターン以上に複雑なアイデアを理解したりすることもできない。

コンピューター・サイエンティストはいずれホワイトカラー・ロボットに汎用的な知能を授ける方法を見つけるかもしれないが、それは遥か先のことであり、欧米のミドルクラスにとって明確かつ差し迫った問題ではないのはあきらかだ。

大きな壁となるのがデータである。AIのパターン認識は通常、構成データ——問いと答えが明確なデータをもとにしている。だが、多くの社会的状況において、問いも答えも明確ではない。そのため思考ではなく感情が要求される。この点はきわめて重要である。AIコンピューターは、パターン認識はすこぶる得意だが、得意なのは特定のパターンだけだからだ。Ameliaなどのホワイトカラー・ロボットが、あてはまるパターンを見つけられなかったとき、本物の知能をもつ担当者に案件を引き継ぐのはこのためだ。

人間が現状でホワイトカラー・ロボットよりも優れていて、今後も優位を保ちつづけるとみられるのは、問題が明確でなく、成功を定義するのがむずかしいか、結果が明確でない状況を含む活動である。また、AIは大量のデータがなければ学習することはできないので、データが少ない細々した作業も人間の手に残るだろう。これに対して、ビッグデータでコード化できる業務では、ほどなくAIが本格的なライバルになるだろう。

人間の活動のコンピューター化には、さらに決定的な限界が二つある。第一の限界は、「ブラックボックス」問題、意思決定の責任問題と呼ばれるものだ。

個人の責任――ブラックボックス問題

未来が明るいと考えるフューチャリストの億万長者、ベンチャー・キャピタリストのビノッド・コースラは、大胆にも「医師の仕事の80%はコンピューターで代替されるだろう」と予想した。コンピューターは、平均的な医師よりもコストがかからず正確で客観的だから、というのがその理由だ。こう予想したのは2012年のことだが、見通しは明るくない。

アメリカ労働統計局は、分析と最近のトレンドをもとに、2024年まで職業としての医師の数は年14%で増加すると予想している。最近のコースラはこう言っている。「腫瘍内科で膨大なデータが蓄積されていることを踏まえると、人間の腫瘍内科医が付加価値をつけられる理由がわからない」。コースラは、5年後にはAIが放射線医を駆逐しているはずだと考えている。[8] その可能性はないわけではないかもしれないが、いくつか問題がある。

ホワイトカラー・ロボットが、顔を認識するなど優れた仕事をする際は、巨大な統計モデルを使って、こちらが提供したデータのなかから、あるパターン――この事例では写真――を探し出している。AIプログラムは計算するわけではなく推測している。AIにこれまで自分が生きてきた日数を計算するよう依頼する場合と違って、AIは正確な答えを探しているわけではない。AIプログラムは推測する。こうしたアルゴリズムは、天気予報で毎日使われているモデルと似ていなくもない。天気予報では、天候を左右する膨大な数の因子を投入すると、コンピューター・モデルが、どんな天気になりそうか予想をはじき出す。この推測の特徴は、フェイスブックがときどき間違った写真をタグづけすることがある理由でもある。第4章でみたポピーやヘンリーといったAIプログラムが、ソフトウェアに過ぎないにもかかわらず、エクセルのスプレッドシートよりもはるかに「人間」に近いように思えるのも、そのためだろう。

ブラックボックス問題と呼ばれる大きな限界は、推測のもとになるアルゴリズムが、なぜそう推測したかを説明できないということだ。統計モデルは、それ自身を説明するために構築されていない。たとえばIBMのWatsonが、日本の白血病患者の命を救う警告を発したとき、コンピューター・モデルに何が伝えられたのか医師は正確にはわからなかった。同様に、グーグル翻訳がある「こと」を翻訳するのに、なぜほかでもない、その言葉を使ったのかは説明できない。

これは多くの場面で問題になる。たいていの仕事は、推測を伴うコンピューター・アルゴリズムで完全に代替できないことを意味するからだ。たとえ、その推測が平均的な人間よりも優れているとしてもだ。たとえば、なぜそれが必要なのかを答えられないのに、診断の精度が高いからといってコンピューターの医師に右脚を切断する判断を全面的に委ねられるだろうか。こうした特徴から、AIシステムは、意思決定に責任を負える人間がいてこそうまくいく場合が多いといえる。

結局のところ、誰かが意思決定に責任をもたなければならない仕事、推測を活用する人間がその背景の根拠を知りたい仕事をコンピューター化するのはきわめてむずかしい。ビジネスにおいて高度なプロフェッショナルの多くが、数は減ったとしても残ると考えられる理由だ。建築の設計であれ、処方薬であれ、アート作品であれ、何かを決めるとき、人は何を決めるかだけでなく、「なぜ」それに決まったのかを知りたいものだ。そして、間違った決定が下された場合、誰かに責任を負ってほしいものだ。

機械学習にまつわる第二の深刻な限界は、別の状況に見られるもので、経済学ではよく知られているものだ。

AI学習のアルゴリズムに対するルーカス批判

ノーベル経済学賞受賞者のロバート・ルーカスは、1960年代にうまくいっていたケインズ経済モデルが、インフレが亢進した1970年代に崩壊した理由を説明したことで有名だ。主張の骨子は、ケインズ・モデルでは経済の仕組みをもはや説明できないというもので、ルーカス批判と呼ばれる。モデルは、説明されていない相関性が引き続きあてはまるかぎりにおいて、経済の仕組みを説明しているに過ぎない。ここでは細部は重要ではないので、要点だけ押さえてもらいたい。

アルゴリズムが有効なのは、学習データに存在する相関性が引き続きあてはまるかぎりにおいてである。根本的なことが変化して相関性が崩れた場合、相関性にもとづいた推論はめちゃくちゃになる。

架空の例として、1950年代の卒業写真で男子と女子を見分けることをAIロボットに教えるとしよう。アルゴリズムに確実に取り入れられる要素の一つが、髪の毛の長さだ。当時は女子の髪の毛が男子より長いのが当たり前だった。だが、髪型は必ずしも重要でないことに留意すべきだ。もし髪型がアルゴリズムに取り入れられると、男女の判別はむずかしくなる。1960年代から70年代にかけて根本的な変化が起き、女子より髪の毛が長い男子と、男子より髪の毛が短い女子が増えた。このため1950年代のアルゴリズムを使うと、多くの学生の性別を取り違えることになる。

ここで何より重要なのは、学習したAIロボットは世の中を理解しているわけではない、ということだ。ロボットは学習データに存在するパターンを理解しているに過ぎない。このように因果関係ではなく相関関係に依存すると、基本的な要因が変化した場合、系統的な間違いが発生するのは避けられない。

これが、AIロボットに決定的に重要な仕事を任せられないもう一つの理由である。フェイスブックの友人宛てにタグをつけさせるなどはたいしたことではないが、より重要な業務でAIロボットに全面的に頼った場合、本当の意味で危険なことになる。今後も長きにわたって意思決定の回路に人間を置くことが求められるだろう。

では、これは将来の仕事にどんな意味をもつのだろうか。どんなタイプの仕事が、AIとの競争から自然に免れるのだろうか。きわめて多様な職種があるため、この質問に答えるのは容易ではない。先に進むには、単純化する必要がある。

AIが主導する自動化から免れる活動は何か？

どんな職業も業務（タスク）の積み重ねでできている。ロボットの得意な業務もあれば、ロボットが使い物にならない業務もある。ＡＩの自動化に関する有力な研究を指揮したオックスフォード大学の研究者カール・フレイとマイケル・オズボーンは、ホワイトカラー・ロボットにとって最もむずかしいタスクは、創造的知能と、前に論じた社会的知能を伴うタスクだと主張する。

創造的知能とは、斬新で優れたアイデアや解決策を考案できる能力である。フレイとオズボーンが定義する社会的知能は、ある出来事に対する人々の反応に気づき、それに適切に反応できる能力であるとしている。仕事で社会的知能を駆使する典型的なタスクといえば、交渉と説得である。交渉は、協力を取り付け、相違があれば妥協点を見出し、説得では、考え方や物事の進め方について同意を取り付ける。人を助け世話をしたり、心の支えになったりすることも重要である。創造的知能、社会的知能のウエイトが高い仕事の一部は、今後もロボットから守られると考えられる。

２０１７年にコンサルティング大手のマッキンゼーが行った重要な研究『労働の未来――自動化と雇用、生産性に関する研究』でも「どの仕事がロボットから守られるか」という質問に関連するアプローチが取られた。このアプローチでは、個々の仕事で何がなされるかではなく、仕事のなかで人が何をしているかに注目した。

このアプローチは数段階に分かれる。まず、仕事上の「能力（スキル）」を18に分類した。いずれも、あらゆる仕事で必要とされることすべてだ（これらの能力については、第6章で取り上げた）。次に専門家が、これら18のスキルそれぞれについて、ＡＩの現在の実力を判定した。この「能力」を仕事にあてはめて、仕事上のあらゆる作業を以下の七つの活動の「ブロック」に分

図9.1　職場活動における自動化の可能性と重要性

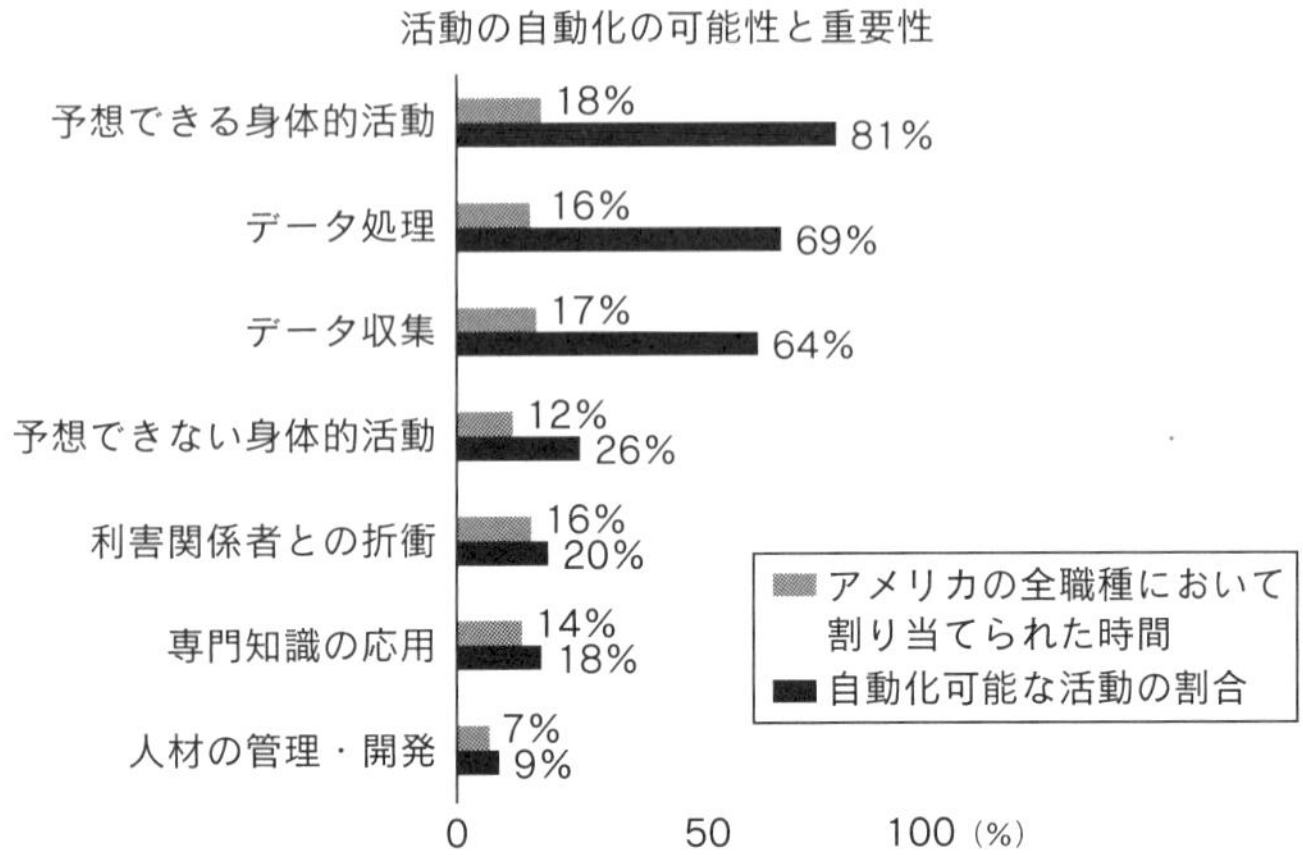

出所：McKinsey Global Institute ExhibitE3. "A Future That Works: Automation, Employment, and Productivity," January 2017. の公表データをもとに筆者作成。

類した。予想できる身体的活動、データ処理、データ収集、予想できない身体的活動、利害関係者との折衝、専門知識の適用、人材の管理・開発である。これら七つの活動の重要度を判定するため、アメリカのすべての業種について、それぞれの活動に費やされている時間を計算した。その結果を示したのが、図9・1の灰色の棒グラフだ。たとえば、アメリカの全労働者の全業種を合計した総就労時間の18%が、予想できる身体的活動に費やされている。

最後のステップでは、18の能力とそれらの自動化の度合いを七つの活動とマッチさせる。その結果が図9・1の黒の棒グラフで、それぞれの活動で自動化できる割合を示している。では、マッキンゼーの試算は何を伝えているのだろうか。

自動化できる可能性が最も低いのは、「人

材の管理・開発」である。この活動に費やす時間は全就労時間の約7％を占めていて、うち自動化できるのは9％である。これは、人間の優位性とぴたりと合致する。人材を管理するには、感情的スキル、社会的スキルを駆使し、集団にうまく対処しなければならない。コンピューターはこれらが得意ではないので、人材の管理・開発が多くからむ仕事は自動化から守られるとみられる。

次に自動化の可能性が低いのが、「専門知識の応用」である。これも人間がソフトウェア・ロボットよりも少なくとも微妙な部分で優れているスキルと一致する。膨大なデータの習得では、確かにロボットは優れている。Amelia は、SEB銀行の口座開設手続きの200ページのマニュアルを習得できたし、法律ロボットは、山のような判例に目を通し、分類することができた。だが、物事を知るのと、その知識を応用するのは別物だ。

前述のケースのAIロボットは、話す百科事典のようなもので、質問すれば歴史にもとづいた明確で素晴らしい答えが返ってくる。だが、どんな質問をすべきかをロボット自身がわかっているわけではない。知識を応用するには、未知の事例のなかでうまく定義できないパターンや課題を認識する必要がある点がポイントだ。経験にもとづいた専門知識の応用がからむ仕事は、今後もロボットから守られるだろう。脅かされるのは、現在、こうした専門家のアシスタントが担当する仕事だ。この結論がより確かだと思わせるのは、AIのもう一つの側面――ブラックボックス問題と責任の問題である。AIは責任を取ることができないが、助言を求める人々は、助言どおりにしてうまくいかなかった場合、誰かに責任を取ってもらいたいものだ。そう思うのは顧客ばかりではない。法律も責任の所在をはっきりさせることを求めるだろう。

次に自動化がむずかしいのが「利害関係者との折衝」で、自動化できる割合は20％に過ぎない。この類の活動では、人間の社会的認知能力が有利にはたらき、ＡＩ学習をしたホワイトカラー・ロボットの認知能力は見劣りする。こうした「ソフト」な人間寄りの仕事は、急激な雇用破壊から免れるだろう。ただし、一部のローカルの社員はオンラインの遠隔労働者に代替されることになるだろう。

四番目に自動化がむずかしいのは、「予想できない身体的活動」である。対象となるのは歯科治療から盆栽の剪定まで幅広い。これらの活動の一部は、最終的に遠隔地の人間がコントロールするロボット（遠隔ロボット）でできるようになるかもしれないが、多くは今後も守られると考えられる。

以上を除く三つの活動（「予想できる身体的活動」「データ処理」「データ収集」）は、かなり自動化に向いている。これらの活動を多く含む仕事では、近い将来、大量の雇用破壊が起こるだろう。最も「危うい」のは予想できる環境での身体的活動、機械の操作である。これらの活動に費やされる時間の80％以上が、ＡＩロボットによって自動化できるスキルに頼っている。あらゆる職種で、こうした活動がすべて代替されるわけではないが、今後破壊されるのは、こうした類の活動である。

ここで「自動化できる（automatable）」とは、その活動が技術的に自動化できる、という意味である。現実にどのくらいの速さで自動化されるかは答えるのがむずかしい問題だ。答えは企業

図9.2　サービス分野において自動化できる仕事の割合

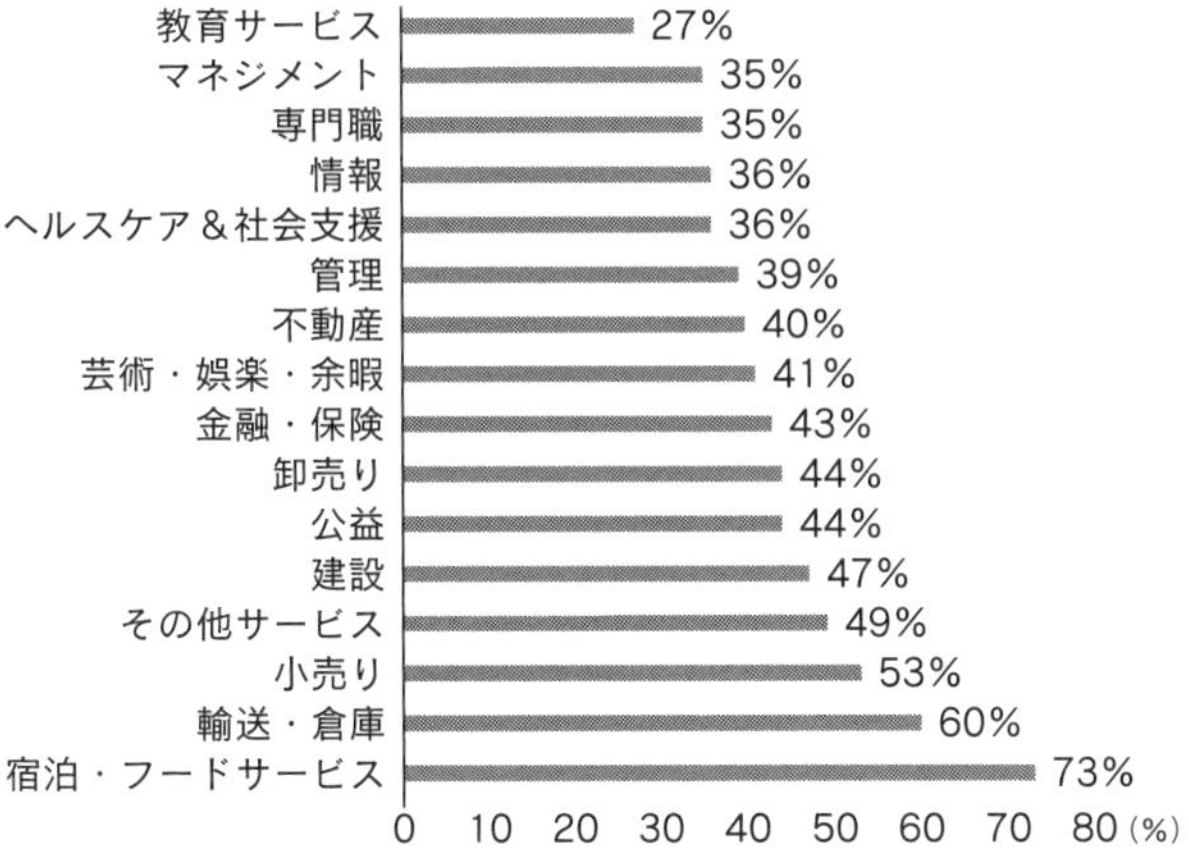

出所：McKinsey Global Institute, "A Future That Works: Automation, Employment, and Productivity," January 2017. の公表データをもとに筆者作成。

の意思決定、さらには、各企業がライバルの出方をどう見るかで変わってくるからだ。時期の予測を困難にしているのは、まさにこうした群衆行動である。だが、ひとたび自動化競争が始まると、コスト削減競争から自動化のプロセスが急加速する可能性がある。

こうした自動化が可能な活動に関する議論は示唆に富むが、完全に満足できるわけではない。多くの人はまだ存在していない仕事で働くことになること、その仕事でどんなことをするのかは知っておいたほうがいい。だが、誰もが気にしているのは、今やっている仕事だ。知りたいのは、自分自身の職業が影響を受けそうかどうかだ。それには、ＡＩの実力を実際の業種にあてはめてみると参考になる。マッキンゼーの役立つ調査がある。

最も守られている業種とは

マッキンゼーはすべての職業を19の業種に分類し、自動化できる能力の基礎的な推計を使って、各業種で自動化できる時間の割合を推計した。マッキンゼーがリストに挙げた16のサービス業に絞って、結果をプロットしたのが図9・2だ。[9]

この推計をどう考えるべきだろうか。たとえば「宿泊・フードサービス業」には、コンピューターが得意でない活動が含まれるので、自動化できない仕事は少なくないと考えられる。だが、大まかに言って、この業種の就労時間のかなりの割合——最大73％が今後、ロボットに代替されることを示唆している。これは、かなりの量だ。

他方、守られる仕事についてみると、教育、専門職（弁護士、会計士、建築士など）、マネジメント、ヘルスケアとソーシャル・サービスなどでは、自動化できる業務は半分以下である。これらは、判断が必要であったり、感情知能がモノを言ったり、不測の事態への対処が求められたりする仕事である。

オックスフォード大学のフレイとオズボーンは、やや異なるアプローチをとったが、似通った結論に至った。自動化されにくい職種として挙げられているのは、宿泊サービスの支配人、幼稚園や小学校の教諭、栄養士、セラピスト、歯科医、総合診療医・家庭医、専門医、消防署長・消防隊長、歯科技工士、聴覚訓練士、言語療法士、テキスタイル・パタンナー、皮革製品製造業者、野外スポーツのガイドである。

このリストは魅力的だが、普通の人にとってはほとんど意味がない。消防署長といっても、世の中に必要な数はたかが知れている。このリストのポイントは、特定の職業を目立たせることではない。多くの人々が就くことになるが、現時点ではまったく予想できない仕事がどんなものになりそうか、手がかりをつかむことにある。より一般的にいえば、少なくとも40％がＡＩから守られる職業は以下のようになる。マネジメント、教育、専門職、科学・技術、メディア、アート、娯楽、政府、公益事業。

「どの仕事が守られるか」という問いに対する答えは幅広いが、マッキンゼーとフレイ＝オズボーンの推計を併せて考えると明確になる。守られる仕事とは、共有、理解、創造、共感、革新、管理といった、人間らしさが重視される仕事だと考えられる。

この生来の「人間の優位性」によって、どのくらいの期間、グロボットから守られるのだろうか。機械学習の一般的な限界についてはすでにみたとおりだが、それを踏まえると、シェルターはかなり長期にわたって存続するとみられる。マッキンゼーがより精緻な推計をしている。

コンピューターが人間のスキルの大半を習得するのはいつか？

社会的スキルの習得では、機械はさほどうまくいっていない。だが、ＡＩは急速に進歩している。仕事や活動が引き続き自動化から守られるとすれば、機械が現時点で得意でないスキルについて、いつ人間並みに追いつくと予想されるかに注目しなければならない。このむずかしい予想にユニークな方法で取り組んだマッキンゼーの調査を再度、取り上げよう。

マッキンゼーでは、エコノミスト、ビジネス・ストラテジスト、ＡＩサイエンティストがチームを組んで調査を行った。ＡＩの現在の実力を定量化するなど、幅広い専門知識を動員して、水晶玉を覗き、ホワイトカラー・ロボットが人間並みのスキルを習得する時期を占った。彼らが発見した結果は、社会的安定という観点からすると心強いものだった。

最も人間らしい業務――とくに社会的認知能力がからむ業務では、ＡＩのスキルは、当面、平均的人間を下回るとされる。仕事上で有用な四つの社会的スキル――社会的・感情的な推論、多くの人の調整、感情的に適切な振る舞い、社会や感情の感知力で、ＡＩがトップレベルの人間並みにスキルを習得するには、50年あまりかかると推測している。

これほど遠い将来を予測するには勇気がいるが、誰かにそうした勇気をもってもらわなければ話が進まない。教育や規制制度など、影響が長期にわたる事柄について、社会は選択しなければならない。結論として、社会的スキルに関しては、我々が生きているあいだは、ＡＩとの競争を免れると考えられる。簡単にコード化できない他のスキルについてもほぼ同じことがいえる。図9・3は、こうした推定に数字を入れたものだ。

図9・3では、仕事上で求められる18のスキルについて、ＡＩが人間のトップレベルのスキルを習得できると推定される年を示した。注目すべきは、思考に関する6つのスキルのうち3つで、ＡＩの能力は平均的な人間を上回っているが、それ以外のスキルについては、人間が長期にわたって優位性を維持するとみられることだ。「論理的推論と問題解決」については、今後40年は人間が優勢である。「創造力」については50年、「未知のパターンの生成、新たな状況を新たなカテゴリーに分類」については25年、優位性を保つとみられる。

図9.3　職場のスキルでAIが人間のトップレベルに到達する年

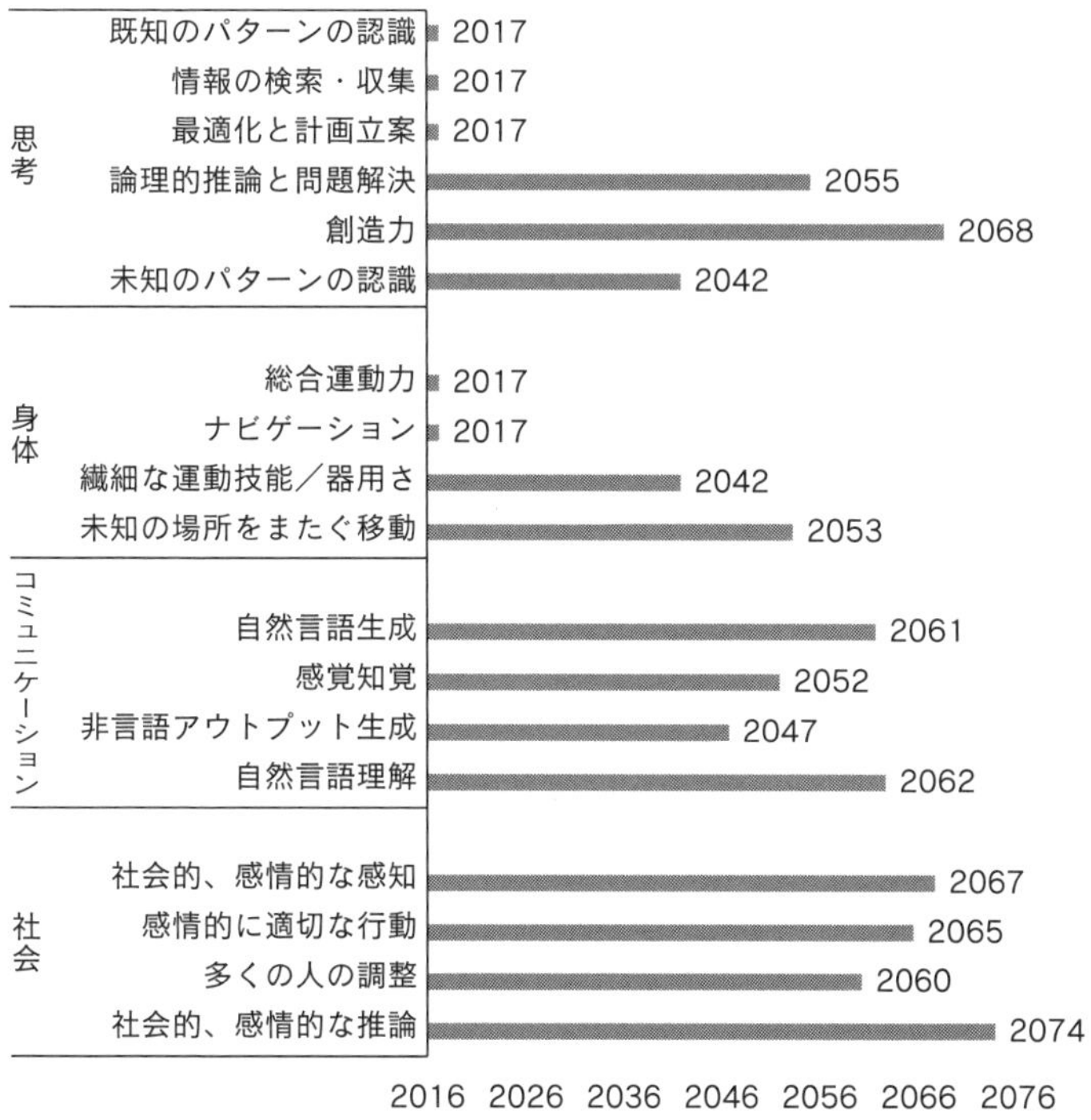

出所：McKinsey Global Institute, "A Future That Works: Automation, Employment, and Productivity," January 2017. の公表データをもとに筆者作成。

ＡＩの限界の多くは、人間の脳の社会的な配線と関係がある。遠隔移民は人間なので、こうした欠点がない。遠隔移民は、本国の人間と同様に、社会性、感情、創造性がある。とはいえ、遠隔移民にもおのずから限界はある。生身の人間が同時に同じ場所に居合わせなければならない業務は必ずある。この現実を踏まえると、検討すべき課題はほかにある。

現場にいることが優位になる場合

遠隔移民から自然に守られる仕事は見つけるには、対面でのコミュニケーションがなぜ重要なのか、その理由を突き詰めて考えなくてはならない。最近は言語コミュニケーションのコストはほぼゼロなので、非言語コミュニケーションからみていくのがいいだろう。非言語コミュニケーションは魅力的な研究対象であり、心理学で幅広い研究が行われている。

非言語コミュニケーション

コミュニケーションとは、言葉だけを介して行われるものではない。心理学の実験によると、同じ部屋で顔をつきあわせた場合、交換される情報のうち会話を介したものは30％未満だ。わずか７％だとする研究者もいる。残りの情報は、言語以外で交換される。このもっともらしい事実の不思議さについて考えよう。

誰かの話を聞いているとき、話している相手を見るのが重要なのはなぜだろうか。答えは単純ながら奥深い。それは人類が進化するうえでコミュニケーションが重要な役割を果たし、人類やその祖先は、今の猿と同じように非言語でコミュニケーションをとっていた事実と関連している。これは非常に興味深い。

非言語コミュニケーションの歴史は、言語コミュニケーションよりはるかに古い。進化によって非言語コミュニケーションは人間の脳の回路の奥深くに埋め込まれているが、その理由は単純で、新人類が話しはじめたのがそれほど昔ではないからだ。新人類は5万年から20万年前のどこかの時点で言葉を使ってコミュニケーションをとるようになった（もっと早いという見方もある）。だが、人類がほかの類人猿から分かれたのは約６００万年前だ（これはロケット科学ではないので、１００万年前後は大目に見てもらいたい）。

何百万年にもわたって、雄弁であることとイコール話すことではなかったわけだ。非言語コミュニケーションが最善の手段だった。新人類は顔の表情や身振り手振りで「話して」いた。人間以外の猿はいまだにそうだ。実際に動物園で猿を観察してみると、猿同士の「会話」の一部が理解できるはずだ。猿は人間に似た表情をする（人間が猿に似た表情をすると言うべきか）。

ここで重要なポイントは、言葉が発明されるよりはるか昔、非言語メッセージをやり取りする能力は、「適者生存」の重要な要件だったということだ。だからこそ、人間の脳には、非言語コミュニケーションの領域がある。これは遠隔移民にとって重要な意味をもつ。

我々が伝達する非言語のシグナルは、言語よりもはるかに本能に近く、脳の深い部分に埋め込まれているからこそ、言語よりも確かで、ずっと信頼できる。その証拠に、言語は各国で大きく異なるが、非言語コミュニケーションはほぼ世界共通だ。世界各地で行った実験から、万人に理解される六つの基本的な表情――嫌悪、恐怖、喜び、驚き、悲しみ、怒りが特定されている。その一部はごく本能的なもので、生まれつき目の見えない子供も使う。電話で話しているときにも、無意識のうちにそうした表情になっているはずだ。

重要なポイントは、非言語コミュニケーションが、表情を読み取る豊かな「辞書」になるということだ。話し言葉によらないコミュニケーションは、顔よりも雄弁にメッセージを伝えるが、何より顔が大切なポイントだ。人間の顔には40超の筋肉がある（驚いたことに、身体全体の筋肉は600なので、顔の筋肉がかなりの割合を占めていることになる）。40の筋肉が動くのだから、その組み合わせは数えきれない。

もう一つ念頭においておくべきなのは、こうした表情を読むことに関連した情報処理は、それと意識しないまま行われている、ということだ。（前にシステム2と呼んだ）意識的な脳と違って、システム1の無意識の脳は、マルチタスクがすこぶる得意だ。大量の視覚、聴覚データをほぼ瞬時に無理なく処理することができる。こうした類の思考から、「本能的な反応」や「直観」が生まれ、人の本心やどれだけ信頼できるかを読み取っている。人間の脳は、本人の許可を得ることなく、そうした見極めをしているのだ。

愛する人とのコミュニケーションは、フェイスタイムなどのビデオ電話のほうが、ふつうの電話よりも満足度がはるかに高いのはなぜか、あるいは誰かにノーと言う場合、面と向かって言うより電子メールのほうが楽なのはなぜか、深く考えたことはないと思うが、意識的な思考がほとんどないことが理由の一つなのだろう。

標準的なビデオ電話では伝わらない非言語メッセージに、「微表情（マイクロエクスプレッション）」と呼ばれるものがある。25分の1秒しか続かないことから、この名前がついた。こうした0・1秒単位の表情の変化は、相手が意識的あるいは無意識のうちに本心を隠しているかどうかの重要な手がかりになる。

一般に顔と顔をつきあわせた会議のほうが、電話会議やSkypeなどのビデオ通話よりも、はるかに理解と信頼が深まるのは、この微表情が一因だ。通常のビデオ会議の装置は、微表情が読み取れるほど解像度が高くない。SDや4K版の映画を見たことがあるなら、4Kと同様、解像度がほぼ実物に近いときの表情が、いかに「雄弁」かがわかるだろう。

人間の脳に備わっている社会的な暗号解読装置（デコーダー）

なぜ直接会うのが大事なのかを理解するうえで、この無意識のコミュニケーションの裏側も重要だ。非言語のメッセージを読み解く装置は、人間の脳の大脳辺縁系に備わっているが、非言語のメッセージを送る装置も備わっている。非言語メッセージは無意識のうちに素早く発せられ、コントロールするのがむずかしい。

名優のメリル・ストリープやベネディクト・カンバーバッチならいざ知らず、自分が実際に感じていない感情をさも感じたふりをするのは容易ではない。逆に、本当はショックを受けているのに、平静を装うのも同じように大変だ。言葉で取り繕うことはできても、直接面と向かって嘘をつくことはなかなかできない。そして、人間が信用するのは、メッセージのこうした無意識の側面だ。面と向かって話す人を信用しやすいのはそのためだ。

この点に注目する研究者は、非言語コミュニケーションには以下の五つのタイプがあるとしている。ボディランゲージ（動作学）、接触（触覚学）、音声品質（音調学）、話し手と聞き手の物理的近接と相対位置（近接学）、タイミング（時間学、たとえば複数の話し手の話す時間の長さ）である。

このなかでよく知られているのがボディランゲージだろう。信頼や協力関係を築くのに、対面で話すのが効率的なのは、ボディランゲージが使えることが大きな理由だ。ボディランゲージは、身振り手振り、頭の動き、姿勢、視線、表情を含んでいる。これらの動きは、重要なシグナルを送る手段として広く認められている。だが、ここには微妙な問題が存在し、それを考えることが実際に直接会ったうえでのやり取りが効率的な理由を理解するのに役に立つ。

誰しも人と付き合ううえでの大きな問題は、相手が信頼できるかどうかだ。その判断材料に大いに使われているのが非言語のメッセージだ。相手が騙そうとしているのか、ミスリードしようとしているのか、あるいは本音を話しているのかは、「表情を読めば」だいたいわかる。だが、読み取れるのは表情だけではない。幼い子供が嘘をつくと、たいてい体の動きでばれてしまう。

嘘について研究する心理学者は、こうしたミスマッチを「漏洩」と呼ぶ。嘘をつこうとする人は、自分のすべての言語的シグナルと非言語的シグナルに、同じことを「語らせる」のに苦労する。たいてい、ボディランゲージで本心が「漏洩」してしまう。視線を逸らせたり（表情）、顔をさわったり、腕を組んだり、貧乏ゆすりをしたり（身振り手振り）、声の調子でバレてしまうのだ。

だが、嘘をついていることが自動的にわかる何か決定的なものがあるわけではない。お粗末な嘘をつくたびに、同じ筋肉がぴくぴく痙攣して「嘘をついています」と知らせるわけではない。専門家は、なんらかの漏洩が起きていることを示す、表情や微表情の食い違いを探そうとする。言語メッセージは、話し手の頭のなかで起きていることを必ずしも反映しているわけではない。

どんなに嘘がうまくても、「微表情」をごまかすのはむずかしい。唇や眼球、眉毛、小鼻のまわりの皺など顔の筋肉がかすかにせわしなく動く。

遠隔移民が職場に馴染めるかどうかを判断するのに微表情は決定的に重要なので、もう少し掘り下げよう。ユーチューブには有名人が嘘をついたときの微表情を分析した動画があるが、これを是非ご覧いただきたい。5分の動画を見たほうが、それについて書かれた章を丸々読むよりもずっと納得がいくはずだ（もちろん、非言語コミュニケーションのパワーのせいだ）。私のお気に入りは、ツール・ド・フランスを連覇して名を馳せたロードレースの選手のランス・アームストロングが、テレビのインタビューでドーピングを否定する場面をスローモーションで分析した動画だ。

嘘をつく人にとって、腕や脚、体の姿勢よりも顔の表情をコントロールするほうが簡単なことが研究であきらかになっているので、顔は必要条件の一つに過ぎない。顔の表情は最もコントロールしやすく、そのためボディランゲージのなかで最も信頼できないとする研究結果がある。身体の動きはコントロールが効きにくく、声の調子はまったくコントロールできない。そのため多くの話し手は、下半身が発するメッセージを抑制できているかを気にしないですむ演壇や机が前にあったほうが話しやすいと感じる。

遠くにいる人より近くにいる人があきらかに有利なことがもう一つある。その場ならではの知識――ローカル・ナレッジだ。これは不変のものではない。

ローカル・ナレッジ

インド人のアンドリュー・マランツは、インドにあるアメリカ企業のコールセンターの仕事を希望していた。第一段階では、3週間の研修を受けてインド訛りを矯正し、インド特有の英単語や表現を避けるユニークな方法を習得する。第二段階では、アメリカ文化に集中的に浸る。イディオムや州都を覚えることから、国民的コメディ番組『となりのサインフェルド』を見る、ハンバーガーやピザを食べる、といったことをやる。

マランツの電話の会話研修を見ると、文化を共有する人とはコミュニケーションを取りやすく信頼しやすいという、自明かもしれないが重要な事実がよくわかる。その一部は純粋なメカニズムだ。アメリカ出身者の多くは、イギリスのグラスゴー出身者を理解するのに苦労する。これには信頼性も関係する。たとえばスイスでは、初対面でもドイツ方言を話しているとドイツ系スイス人から信頼されやすい。訛りがあるということは、幼い頃に同じ文化のなかで過ごし、その文化で尊重されるルールがわかっていることを意味するからだ。こうした同朋意識も進化のルーツに遡ることができる——今の世界でもあからさまな現象として同朋意識が広くみられるのは、そのためだ。

ローカル・ナレッジの重要性は、作業によってばらつきがある。たとえばオンライン・ストレージ・サービスのドロップボックスからファイルを自分のハードディスクにダウンロードするには、ローカルな文化に詳しい必要はなく、技術の知識や忍耐力のほうがずっと重要だ。他方、心理療法士にとっては、患者を理解することが不可欠であり、患者の育った環境を深く知ることが助けになる。

遠隔移民から守られるのはどの仕事か？

外国人労働者は低賃金であることから、欧米や日本などの先進国の労働者に対して大きな競争力をもっている。したがって守られる仕事とは、遠くにいてはできない業務を含むものになる。直観的に思い浮かぶのは、特殊な装置の前にいること、同僚や顧客と同じ部屋にいること、あるいは決まった場所にいることが重要な仕事である。

10年前、プリンストン大学のアラン・ブラインダー教授は、こうした基本的な基準に従って、第5章で取り上げたアメリカ政府統計の職種を調べて分類した。その結果、アメリカでは相当数の職業が、決まった場所での作業が必要であることがわかった。これらは、遠隔の働き手との競争を免れるとブラインダーは判断した。具体的には、農場にいなければならない農作業者、子供のそばにいなければならない保育士、その場にいなければ仕事にならないディズニーランドの接客係などである。[10]

ブラインダーの調査以降、遠隔勤務を支える技術は飛躍的に進歩しており、遠隔で働く労働者も大幅に増えてはいるが、「その場にいることが必要」な仕事の性格は、オンラインでの海外労働者との競争から免れる効果的な盾であることは変わりない。だが、絶対にその場にいる必要はないが、現場にいることが有利である仕事の場合はどうか。遠隔移民はこうした仕事を奪うことができるのか。

ブラインダーはプリンストン大学の同僚のアラン・クルーガーと共に、より精緻な方法で、遠隔移民との競争にさらされやすい仕事と、さらされにくい仕事を見分けようとした。アメリカ人労働者に、自分の仕事が遠隔でできるかどうかアンケートに答えてもらったのだ。多くの労働者が自分の仕事は海外に移管できると考えていることがわかった。

遠隔移民でできる業務が20%未満のセクターは、その場にいることが必要なタイプの業種だ。ホテル・レストラン、運輸・倉庫、建設、娯楽、教育、ヘルスケア・ソーシャルケアだ。逆に、遠隔移民との競争にさらされやすいのは、専門職、科学・技術職、金融、メディア・セクターだ。ブラインダーとクルーガーは、これらのセクターでは、半分以上の仕事が、海外との直接的な賃金競争にさらされると推測している。

一方でホワイトカラー・ロボットの自動化を免れそうな業務のタイプ、他方で海外の遠隔移民から守られそうな業務を見てきたので、次の質問はあきらかだ。ＡＩからも海外のフリーランサーからも守られるのは、どんな業務なのだろうか。

ＡＩからもＲＩからも守られる仕事とは？

オックスフォード大学教授のフレイとオズボーンが開発した、フレイ＝オズボーンの自動化指数を見ると、ＡＩが得意でない分野がよくわかる。同じように、プリンストン大学のアラン・ブラインダー教授が開発したオフショアリング指数を見ると、遠隔移民が得意でない分野がよくわかる。二つの指数を合わせると、共に破壊的な作用をもつ自動化とグローバル化の両方を免れそうな現在の職業が見えてくる。

具体的な手順として、ブラインダーが海外移管は不可能として挙げた職種をすべてリストアップした。これらは、遠隔知能（ＲＩ：リモート・インテリジェンス）の脅威にさらされる可能性が低い仕事だ。だが、ＲＩから守られる職種には、ＡＩの現在の実力を考えると、自動化される可能性がかなり高いものがある。ＲＩを免れそうな職種のリストから、こうしたＡＩの脅威にさらされる職種を除外して出来上がったリストは、将来の仕事の性質について興味深いことを教えてくれる。リストの左側の職種は、ホワイトカラー・ロボットに代替される可能性も、遠隔移民に代替される可能性も低い。これらは、将来も守られるとみられる現在の職種である。

約８００の職種のうち２００程度が、ＡＩからもＲＩからも「守られる」とされる。改めて念を押しておきたいが、将来の仕事のほとんどは現在のリストにはない職業に分類されることになる。だが、リストはグロボティクスを免れる仕事のタイプを浮き彫りにしている。間接的だが、このリストを見ると、まだ知られていない新しい仕事とはどんなものかインスピレーションが湧いてくる。

最大のカテゴリーはマネジメントに関する業務である。このリストでのマネジメントは通常、人々に物事を迅速かつ的確に遂行させる仕事だ。複数の人同士が協力して働くように仕向けることも含まれる。そのため、あらゆることに社会的知能が関わってくるが、これはＡＩが得意ではない。また、個人的な信頼関係の構築やモティベーションが必要だが、こちらはＲＩが得意ではない。

専門職・科学系専門職に関連する多くの職種も、相当程度守られる。コンプライアンス担当、監査、経営コンサルタント、イベント・プランナー、景観設計士、土木技師などだ。これらの業務は多彩で、高度な認知力と操作、創造的知能、社会的知能が関わっている。エンジニアは一般に物事を動作させる仕事なので、多くのタイプのエンジニアはこのカテゴリーに入る。

専門職で守られるには、じかに会ってのやり取りが得意であること、あるいは不安定な状況、未知の状況に対応できることが必須になる。これにあてはまるのが、弁護士、判事、法曹関係者、医療関連の専門職である。このリストから外れている職種で目立つのが、会計士、編集者、それに弁護士である。

科学者は、そもそも、未知のもの、あるいは理解されていないものを扱うので、ＡＩから守られている。科学者の多くはチームで研究を進める必要があり、これまでにない革新的業務では、全員が同じ場所に揃ったときに最高の成果が得られることが少なくない。

人間を対象とする社会科学では、少なくとも集団とのやり取りが含まれる場合はＡＩから守られる傾向にある。さまざまなタイプの心理学者はこれにあてはまる。社会科学者、都市・地域プランナー、人類学者、考古学者、政治学者も、ＡＩに代替されにくいとされる。ヘルスケア・サービスの従事者も概ね守られるが、生身の人間相手で、臨機応変に対応しなければならない対面サービスが中心だからである。

代替されにくい職業の第三のクラスは教育である。ヘルスケア・サービス同様、教育関係者の仕事も、一人一人に目と目をあわせながら教えることが効果的だ。初等・中等教育、特殊教育、中等後教育の教師や講師など、あらゆるタイプの教師がこれにあてはまる。

芸術、エンターテインメント、娯楽産業でも、サービスの提供に人と接することが不可欠であることが多く、代替されにくい職種が少なくない。工芸作家、フローリスト、インテリアデザイナー、展示会のデザイナー、コーチやスカウトが挙げられる。ダンサー、振付師、俳優、音楽家、歌手などのパフォーマーも含まれる。

すでに述べたように、このリストは、将来の仕事の輪郭を捉えたものとみるべきだ。将来の仕事はこのリストに近くなるはずだが、この仕事そのものではない。１８５０年当時、将来の仕事の大枠ははっきりしていたが、細かい点は見えていなかった。アメリカでは農業従事者が全体の60％を占めていたが、この割合が大幅に低下するのは確実だった。製造業とサービス業で雇用が増えることもわかっていたが、どんな職業になるかが正確にわかっていたわけではない。

ＡＩとＲＩに代替される仕事に代わって生まれる将来の多くの仕事の名前はわからないが、新たな仕事がつくりだす経済を思い描くことはできる。

地域性豊かで、人間らしく、コミュニティ主体の経済へ

ヴィクトリア朝時代に活躍した架空の探偵シャーロック・ホームズには、こんな名言がある。「不可能なことを除外していったとき、どんなものが残ろうとも、どれほど信じられなくとも、それは真実に違いない」。「グロボティクス転換」が終了した後の生活の有り様を考えるにあたっては、この原則に従うべきだろう。将来の仕事では、グロボットがもっていないスキルがものを言うことになる。

直接的な賃金競争は、雇用破壊に立ち向かう現実的な方法にならない。ホワイトカラー・ロボットは賃金がゼロでも喜んで働くし、海外の遠隔労働者の多くはわずかな賃金で働く。グロボットができる仕事を続けることを前提にはできない。残る仕事――そして人間のかぎりない想像力で生まれる多くの仕事――は、グロボットから守られる分野の仕事になる。それによって生活は変わる。経済やコミュニティの形も変わるだろう。

農場から工場へ、そして工場からオフィスへと人々が移動したとき、コミュニティは変わった。同じことが再び起きる。より良い社会になるのではないかと私はみている。その根拠は三つある。第一に、残る仕事は、顔と顔をつきあわせた意思の疎通が必要なものになる。それによりコミュニティは地域色が強まり、おそらくは都会的なものになるだろう。毎日どうしてもオフィ

スに行かねばならないとすれば、職場に近い場所に住むことが大きなメリットになる。

第二に、ＡＩとの競争に負けずに生き残る仕事は、人間ならではの強みを活かしたものになる。社会的知能、感情知能、創造力、革新性、あるいは未知の状況への対応力については、機械はうまく習得できていないので、将来の仕事は、こうした人間の強みが活かせるものになるだろう。

第三に、新しい仕事、新しい業種へ移行することができた暁には、グロボットによって豊かな社会が実現する。グロボットでモノが安くできると、生活費は下がり、物質的には豊かになる。グロボット革命とは、生産性が大幅に上昇して、新たな理想郷——やりがいのある仕事を提供し、思いやりや分かち合いの精神を育む、より良い社会への突破口へ資金を回せる、という意味でもある。20世紀初頭のイギリス貴族を描いたドラマ『ダウントン・アビー』で、召使が全員グロボットである状況を想像してみてほしい。医学と生物工学に革新的方法が取り入れられると、寿命がかなり延びるということでもある。

将来予測に関する以上の三つの流れをあわせると、別の潮流が見えてくる。新たなローカリズム——地域、社会、家族、コミュニティの絆を重んじるトレンドの台頭である。この論理の飛躍を理解するには、社会人類学——異質な社会がかくも異質である理由を研究する学問を掘り下げなくてはならない。

出発点はいわば社会的ジレンマである。個人は自己を優先する傾向があるが、万人にとって好ましい成果を上げるには利己心を抑えることが求められる。ハーバード大学心理学教授のジョシユア・グリーンは、この二分法を「人間の実存の根本問題」と呼んでいる。[11] 成功や幸福を実現するには公共の利益の追求が必要だが、その一方で、コミュニティにただ乗りする利己的な個人によってこそ進化が引き起こされる傾向がある。社会で最優先すべきは、この根本問題の解決である。社会がうまくいくとは、社会構造や制度的組織が、公と私の問題の解決という「不可能を可能にする」ことだ。

二つの基本的な「親族関係システム」が存在し、この根本問題に大きく異なる二つの解決策を提供している、とグリーンは主張する。一つは強力な集団主義で問題を解決する。極端な場合、濃密な社会的ネットワークをもつ高度に組織化された、一体的な社会を形成することを意味する。全員顔見知りで、親族である村のようなコミュニティを思い浮かべればいい。これは、「親類縁者」による解決策だ。もう一つは、外部の制約によって個人主義を調整し、方向性を変えることで問題を解決する。宗教や道徳、法律にもとづいて反社会行為を恥ずべきものとすることが、これに当たる。[12] ほとんどの社会は、親類縁者による解決策と外部制約による解決策を融合したものに頼っている。

グロボティクスによる劇的変化の裏返しのように思える地域性豊かでより人間的な社会は、外部制約による解決よりも親類縁者による解決策が優勢になる社会である。頻繁に直接会って親交を深めることが、絆を育む点がポイントだ。また、その延長線上でさらに豊かになると、全員が協調しやすくなる。物質的な豊かさが広く行き渡った社会は、「私対私たち」の鋭い対立の多くが解消される社会である。

こうした考え方をそのまま将来にあてはめると、職場は地域性が強まり、より人間的になり、それが結束力のある協調的なコミュニティを育むことになるだろう。将来について推測を重ねてきたが、最後に考えられるのが地域優先主義だ。地元のものを購入する傾向が強まるだろう。アメリカの地域主義の象徴であるクラフト・ビールは、このトレンドを反映している。高いカネを支払って地元のクラフト・ビールを購入するのは、まさに、そのビールがそれほど「非効率」に手間暇かけてつくられているからだ。生産量が少ないので自動化できず、高い原材料を使って工夫を凝らしてつくられるビールは、価格も高くなるが、不思議な魅力のある大人の飲み物だ。

こうした点を総合的に考えると、長期的には楽観的になることができ、将来の経済は地域性が強く、より人間らしいものになると信じられる。将来も守られるセクターでは、実際に人々が同じ場所にいる必要があり、人間らしさが弱みではなく強みになるような仕事に共同で取り組むことになる。仕事上、同じ場所にいる人同士のあいだで、思いやりや理解、共感が深まり、それを踏まえたマネジメントで、仕事が分担され創造性が発揮され、革新が行われる。コミュニティへの帰属意識が高まり、メンバー同士が支え合うことになる。そんな世界になるのではないか。

もちろん、これらは大雑把な推測に過ぎないが、19世紀と20世紀に「大転換」が生活を変えたように、「グロボティクス転換」がいずれ、我々の生活を根本的に変えると示唆することが無謀だとは思わない。

「グロボティクス転換」で繁栄を築くことができるような態勢をとるために、我々自身や子供たちはどう備えればいいのだろうか。

第10章 定められた未来はない：新しい仕事に備える

2017年6月、ニューヨークのプロモーション・イベントで、ホワイトカラー・ロボットのAmelia はアバターのもとになったモデルのローレン・ヘイズとフェイス・ツー・フェイスで向き合った。Amelia はコンピューターの内部で作動するソフトウェアなので、実際にはフェイス・ツー・スクリーンと言うべきだが。

Amelia の開発者チェタン・デュベが企画したヘイズと Amelia のクイズ対決は微笑ましいものだった。軍配は人間に上がった。一般的な問題にヘイズは Amelia よりも早く淀みなく答えた。もちろん、問題がスウェーデン語で出題され、銀行口座に関することに絞られていたら、結果はかなり違ったものになっていただろう。

このクイズ対決は、「グロボティクス転換」全体のメタファーと捉えることができる。今後、企業は人間とグロボットを対決させることになる。人間が勝つこともあれば、グロボットが勝つこともあるだろう。先のケースでヘイズが勝ったのは、人間の最大の強み――汎用的な知能と未知の状況への対応力――が活かされたからだ。

グロボティクス時代にいかに備えるべきなのか、ここに重要なヒントがある。

古いルールはもはや通用しない

経済の転換が起きるたび、チャンスを捉えた者には勝利が、捉えられなかった者には悲劇が待っている。何より重要なのは備えである。そのための方法として、生身の人間が同じ場所にいる強みを念頭におきつつ、人工知能（ＡＩ）と遠隔知能（ＲＩ）の能力の分析に立ち返ることが重要なのは言うまでもない。要するに、将来の備えとしては、ＡＩもＲＩも強くない分野で人間の強みを磨くことに注力し、まもなくＡＩとＲＩが怒濤のように押し寄せ、激しい競争となる分野のスキルに多額の投資をするのは避けるべきだ。

ここからグロボティクス時代に活躍するための、第一の鉄則が導き出せる。それは「古いルールは通用しない」だ。

よく知られる古いルールといえば、「スキルを身につけ、教育を受け、訓練を積み、経験を重ねるほど成功する」だろう。このシンプルな格言は、多くの国家戦略を支える柱になり、子供の将来を心配する多くの親たちの考えだった。

デジタル技術がなかった時代には、古いルールに意味があった。自動化とグローバル化の破壊的な影響は、モノづくりに関わるセクター――製造業、農業、鉱業――にかぎられる、という基本的な事実に裏打ちされていた。これに対してサービス・セクターは、コンピューターに考えることができず、ほとんどのサービスは国境を越えるのがむずかしかったことから、自然に自動化とグローバル化から守られていた。

これを踏まえると、古いルールが通用したのは、ごく単純な理由だったといえる。より高度なスキルを身につけ、より高い教育を受けるほど、自動化とグローバル化にさらされるモノづくりセクターではなく、守られたサービス・セクターで仕事を得られる可能性が高まったからだ。古いルールは、国内では工業用ロボットと海外では中国との競争を避けるのを助ける一方、サービス・セクターで、情報通信技術（ICT）が創出したチャンスをつかむのを助けたのだ。

より多くのスキルを身につけると、「スキルのねじれ」の勝者側の仕事を得られる可能性が高まった。ICTは、手を使って働く人々のために優れたツールを生みだす一方、手を使って働く人々を不要にし、生産性を高める自動化を実現させた。ICTを敵ではなく味方とする仕事にスムーズに就くには、古いルールに従うのが一番だった。

デジタル技術革命が起きるまで、とりわけ機械学習が離陸するまで、ほとんどのサービス職、専門職は自動化から守られていた。産業用ロボットは話すことも聴くことも読むことも書くこともできなかったし、いずれにせよオフィス回りの仕事には役立たなかったからだ。同様に、海外のサービス労働者との競争は、たとえば経費処理や顧客口座の更新といったバックオフィス業務では問題になったが、遠隔コミュニケーションの限界や遠隔地のチームと調整するむずかしさから、海外移管が可能な仕事の幅はかなりかぎられていた。要するに、より高い教育を受けることは、モノづくりのセクターから抜け出し、サービス・セクターに移る切符だったのだ。だが、もはや、このルールは通用しない。

デジタル革命は、古いルールが依って立つ古い現実を消し去ってしまった。かつては守られていたサービス・セクターの多くの仕事が、いまや「グロボティクス転換」の「爆心地（グラウンド・ゼロ）」になった。そしてこれは、「もっとスキルを身につけろ」という助言が、今の世界には的外れであることを意味する。単に多くのスキルを身につけ、より高い大学資格を修得するだけでは、AIとRIによって破壊される仕事から抜け出すことはできない。グロボット革命の破壊的な側面は、かつては守られたサービス職を徹底的に狙い撃ちすることだ。デジタル技術の急激な進歩によって、ホワイトカラー・ロボットはオフィス回りの仕事を助けるのが得意になり、現在は頭を使って働く人たちが担っている業務の多くをうまくこなせるようになりつつある。

またデジタル技術によって、遠隔地の労働者をチームの一員に加えることが容易になっている。これまでの主流は、国内労働者のテレワークだったが、同じ変化によって外国人労働者を本国のチームに加えることが増えていくだろう。その結果、国内の労働者は、わずかな報酬でスキルを活かして貢献してくれる海外在住の優秀な労働者との競争にさらされるのは避けられない。先進国のサービス・セクターの多くの労働者は、新興国の労働者との直接の賃金競争に巻き込まれることになる。

古いルールがもう通用しないのは、そのためだ。グロボットは、国民の75％が生計を立てているサービス・セクターの雇用を脅かしている。「グロボティクス転換」に備えるには、違う考え方が必要だ。

グロボット時代に繁栄を築くための三つのルール

根本的な変化に関して、変わったことは何もない。チャンスが増える人もいれば、激しい競争に巻き込まれる人もいる。ひとえに準備が問題なのだ。グロボティクス革命に自分自身や子供たちが備えるうえで、助けになるルールが三つある。これらはごく常識的なものだ。第一に、ホワイトカラー・ロボット（ＡＩ）や遠隔移民（テレマイグランツ：ＲＩ）と直接競争しない仕事を探す。第二に、ＡＩやＲＩとの直接競争を避けられるスキルを磨く。第三に、人間らしさはハンデではなく強みだと心得る。経済的に成功するには、19世紀には強い腕っぷしが、20世紀には優れた頭脳が重要だったが、将来はこれらと同じくらい温かい心が重要になるかもしれない。

第一のルールに従うと、経験をもとにしたパターン認識だけに頼るスキルから遠ざからなければならない。そうしたことなら、ＡＩのほうが圧倒的に有利になるからだ。機械学習によって、コンピューターの自動化は、かつてはコンピューターやホワイトカラー・ロボットが立ち入れなかった認知の領域にまで拡大した。特定業務に関するビッグデータの収集が可能なら、その業務はまもなく訓練したＡＩロボットに代替される。そうなってきた、あるいは現在そうなっている、まもなくそうなりそうな仕事は避けることだ。

他方で、身につけるべきスキルは、頻繁に直接会う必要のある生身の人間との付き合いが良くなるようなスキルだ。遠隔移民にはできないことなのだから。デジタル技術——とくに高度な通信技術、機械翻訳、オンラインの国際的なフリーランスのプラットフォーム——によって、低コストの優秀な外国人は自国にいながらにして、先進国のオフィスの多くの業務を請け負うのが容易になっている。それはどんな業務なのか。わかりやすい手がかりは、現在、国内の労働者がパートタイムまたはフルタイムで遠隔で行っている業務にある。ほかの人と同じ場所にいる必要のない仕事や業務は避けるべきだ。こうした仕事や業務に就いていると、まもなく、時給10ドルでミドルクラスの生活スタイルが維持できる高学歴の外国人労働者との競争に巻き込まれる。

能力向上のための訓練という観点では、チームワーク、創造力、社会的認知能力、共感性、倫理感といったソフト・スキルを養うことに投資すべきだ。グロボットはこれらが苦手なので、今後、仕事上で求められるスキルになる。

もちろん100％のソフト・スキルはありえない。誰もがもっと技術に精通する必要があるだろう。ただ、30歳未満の若者の多くは、現にそうなっている。公の議論では見落とされがちだが、きわめて単純なポイントがある。「グロボティクス転換」で勝ち残る人たちの多くは、グロボットを【設計する】のではなく、グロボットを【使いこなす】人たちだ、ということだ。ごく少数のAIや通信の専門家は莫大な富を築くだろうが、それは仕事の世界では無関係だ。厳しい言い方をすれば、グロボットに代替されたくないなら、仕事のなかでグロボットを使いこなす方法を学ばなければならない。

動きの速い将来の仕事の世界では、柔軟性と適応性がものを言うはずだ。これに対し、語学力は、機械翻訳の出来が悪かった以前ほど武器にならない。

一例として、グロボットで法律関係職での成功の意味がどう変わったか考えてみよう。最近まで、法律の学位と「なせばなる」の精神は、ミドルクラスの成功への切符だった。だが、いまや駆け出しの弁護士はホワイトカラー・ロボットと競争している。最新テクノロジーを使いこなせるなら活躍する可能性があるが、使いこなせない者は、ほかにできることを探すしかない。

法律職の例

バーウィン・レイトン・ペイズナーは、財産権紛争を得意とするイギリスの法律事務所だ。以前は駆け出しの弁護士やパラリーガルを一つの部屋に缶詰めにして、数百ページの文書から重要なデータを抜き出させていた。弁護士を目指す若手には、数週間かかる仕事だった。今では、AIシステムを使って同じ情報をわずか数分で抽出する。

イギリスの別の法律事務所のイノベーションの責任者で、イングランドとウェールズの法律協会会長のクリスティナ・ブラックローは、法学部の学生には法律だけでなくテクノロジーの知識が必要だと指摘する。「ほとんどの大学は、相変わらず従来のカリキュラムで教えている。2、3年前まではそれでもよかったが、若者の将来への備えにはなっていない」。法学部の学生は自分で学ぶしかない。

ブラックローの助言には、人間らしさはハンデではなく強みだとする第三のルールのヒントも含まれている。ロボット弁護士は、自分で法律事務所を経営するわけではない。明日の弁護士にとってロボット弁護士は、今日の農家にとっての鋤のような存在だ。使い方を知っていれば、自分の生産性を最大限に高めてくれる手軽なツールなのだ。ロボット弁護士にできなくて、人間の弁護士ができることはたくさんある。だが、こうした知見を実際の所得増に結びつけるには、特定分野の知識に関する投資をしなければならない。

三つのルールのもう一つのケーススタディとして、現代企業が将来の仕事を創出している方法に注目しよう。

俊敏（アジャイル）なチームの例

現代の企業には、デジタル時代の創造的破壊とも呼ばれる根本的な変化が起きている。テクノロジーの進化と競争の激化を背景に、サービス・セクターの企業は、より柔軟な組織モデルに移行しつつある。これは、労働者との雇用協定も、より柔軟なものになることを意味する。そうした企業は、直接対面する仕事をRIやAIと組み合わせ、従業員を「俊敏」にし、その強みを活かしてほとんどの仕事をする現場の労働者を雇用しつづける伝統的な企業を破壊する。

AIとRIによって、遠くない将来、同じビル内の所定の場所にいる賢明で献身的なゼネラリストが柔軟にチームを組み、遠隔移民とホワイトカラー・ロボットから成る巨大チームを指揮することが可能になる。こうした直接対面する労働者と遠隔労働者、人工労働者がチームを組むことで、チームは新しい機会に素早く反応し、また失敗を素早く回避することができる。そこでのキーワードが「アジャイル」だ。

マネジメントの専門家、ダレル・リジー、ジェフ・サザーランド、竹内弘高によると、「新たな価値、原則、プラクティス、利益を含むアジャイルの方法論は、指揮命令型の経営に根本的に代わるものとして、幅広い産業に広がりつつある」[1]。アジャイル・チームのアプローチを活用する企業では、新たな課題が持ち上がると、チャンスを捉えるのに必要なスキルをもった3人から9人のチームを編成する。アジャイル・チームは自主的に運営されるが、行動に全責任を負う。こうした賢明で献身的で現場にいるチームのメンバーこそ、「グロボティクス転換」の最大の勝者といえるだろう。彼らにとって、グロボットは新たな競争ではなく、新たなツールとしてはたらく。

以上は、一般の国民がどう備えることができるかについての推測だ。これとは別の問いがある。国民を助けるために、政府は何ができるのだろうか。

大激変に備える——仕事ではなく労働者を守る

変化は簡単ではない。変化のペースが速く、不公正に思える場合はとくにそうだ。グロボティクスによる破壊的な変動が暴力や過激な反応につながるとすれば、その原因は、このトレンドの速さと不公正さにある。こうした不都合な事態を抑えるには、失業する労働者を支援し、転職を促し、ペースが速すぎると判断すれば、規制や雇用保護規則によってペースを落とさなければならない。

グローバル化と自動化の鉄則は、進歩は変化を意味し、変化には痛みを伴う、ということだ。

世界貿易機関（WTO）の事務局長として長年グローバル化の大反動への対処にあたったパスカル・ラミーはこう指摘する。「貿易がうまくいっているのは痛みを伴うからである、痛みを伴うのは貿易がうまくいっているからである」[2]。まったく同じことが、グロボティクスにもあてはまる。グローバル化と自動化は、すでに有利な人々をさらに有利にするという事実によって、政治をますますむずかしくさせている。

この難題の最善の解決法は、変化にうまく適応できるような政策を強化することだ。爆発的な反動を回避したい政府は、変化への政治的な支持を維持する方法を見つけなければならない。痛みと恩恵の両方を分け合う方法を見つける必要がある。

再分配政策は間違いなくその一部になるが、人々の生活とコミュニティの帰属が仕事によって決まることを踏まえると、一時しのぎにしかならない。実現可能な方法を考えるうえで、柔軟性（フレキシビリティ）と安全（セキュリティ）を兼ね備えたデンマークのフレキシキュリティ政策が参考になる[3]。

デンマークのフレキシキュリティは、政策のトライアングルが基礎にある。第一は、従業員の解雇と採用を容易にする政策。第二は、失業者に提供される包括的なセイフティーネットだ。失業給付は寛大だが、そこそこの所得水準にとどめる。賃金の約90％を支給するが、最大で月額2000ドルに抑える。最後が「活性化」政策で、職を失った労働者の就業を支援するものだ。これらの政策は、職探しの支援、カウンセリングから再訓練、賃金補助に至るまで幅広い。

政府の政策に関していえることはほかに山ほどあるが、新奇なことが必要なわけではない。産業革命以降、経済の転換によって人々は転職を余儀なくされてきた。国民がこうした変化に適応するのを助けるため、国によって異なる政策ミックスが試されてきた。それがうまくいった国もあれば（北欧や日本が好例だ）、うまくいっていない国もある。「グロボティクス転換」によって必要な政策に目新しいものが加わるとは思えない。ただ、すべてが猛烈な速さで進むため、将来必要なデンマーク型の労働市場調整政策は過去よりも大規模なものになるだろう。

１９７３年以降に経験した混乱をうまく乗り切った国家は、同様にグロボティクスによる大激変期の極端な反動も回避できるのではないかと私はみている。一方、とくに懸念しているのはアメリカだ。徹底した個人主義の信奉が、富裕層にはきわめて優しいが平均的国民にはとくに厳しい結果をもたらすのではないだろうか。

おわりに

テクノロジーと国際的に開かれた市場は、優れた成果をもたらしもするし、ゾッとする事態を引き起こしもする。それは概ねスピードの問題だ。優れた成果を手にし、悲惨な状況を避けるにはどうすればいいのか。その重要な手がかりは歴史にあり、過去の事例をまとめておくことが役に立つだろう。

「大転換」を支えた技術の衝撃は蒸気力だった。蒸気は馬力から馬を取り出し、馬力をマンパワーに変えた。人間には巨大な筋肉が与えられたかのようだった。かつては想像もできなかったパワー量を制御し、集中できるようになった。これによって、もっぱら手を使って働く人たちのためのツールがつくられた。１００年後、蒸気は近代のグローバル化を離陸させた。

この衝撃により経済は3世紀にわたる大きな波に乗り、その間、二度の世界大戦と大恐慌があり、ファシズムと共産主義が台頭した。アメリカのフランクリン・ルーズベルト大統領、イギリスのクレメント・アトリー首相のような大衆迎合的な指導者が「ニューディール」型の社会福祉制度を導入して以降、「大転換」は大多数の人にとって素晴らしいものになっていった。所得格差は縮まった。

１９７３年以降、大きく異なる技術の衝撃を背景に「サービス転換」が始まった。コンピューターの小型化が引き金となって次々とイノベーションが起こり、情報の処理と伝送が安価で容易になった。

この情報通信技術（ＩＣＴ）革命が仕事の世界に及ぼした効果は二つあった。第一に、以前は人間の手にしかできなかったことをロボットの「手」ができるようになり、製造業から「人間」が取り除かれた。第二に、頭を使って働く人の手に強力なツールを授け、頭脳労働者の頭の「筋肉」を何倍にも増やした。オフィス労働者は、かつては想像もできなかった情報量を管理し、処理できるようになった。その20年後、ＩＣＴをテコに「新たなグローバル化」が始まり、企業がノウハウを海外に移植し、低コストの労働者と組み合わせたことで、工場労働者の富を奪った。

ＩＣＴの衝撃を受けて、経済はきわめて不平等なものになった。結果としての脱工業化とサービス業へのシフトで、傷つく人もいれば喜ぶ人もいた。手を使って働く人は、技術によって自分たちの付加価値が低下したことに気づき、頭を使って働く人は逆に、自分たちの付加価値が上がったことに気づいた。所得格差が広がった。

この技術と貿易のチームが経済に与えた影響は、1973年以前とは大きく異なっていたことから、全般的に脆弱性や不確実性が広がった。変化は、より微細なレベルで経済と雇用パターンを襲った。直撃を受けたのはセクターやスキルのグループではなくなり、生産工程や個人の仕事のレベルで変化が起きた。

「グロボティクス転換」は、ICTとは微妙だが重要な点で異なるデジタル技術によって引き起こされた。あえて単純な言い方をすれば、ICTは手を使う人たちを代替し、頭を使う人たちに報いた。この延長線上で言えば、デジタル技術は頭を使って働く人を代替し、心をこめて働く人に報いようとしている。

定型的な情報の操作を伴う仕事は、グロボットに代替される。グロボットに奪われない仕事とは、人間らしさが活かされるもの、同じ場所にいることが重要な業務である。これらの業務は、将来の仕事の世界でも、自動化とグローバル化から守られるだろう。

その結果、グロボットから守られるサービス職や専門職への移行が進むことになるが、そこで報酬が支払われるスキルは、ICT時代のスキルとは別物になる。突き詰めれば、AIのおかげで、知能指数（IQ）やパターン認識という意味では、誰もがこれまでよりずっと「賢く」なる。この変化は平均的な人たちにとっては革命的だが、最初から頭が良かった人たちにとっては、そうとはいえない。

「頭脳」という意味で「頭」を使うと、ＡＩは心の大きな人たちに大きな「頭」を授けるが、頭が大きい人たちの心を広くするわけではない。この21世紀のスキルのねじれが、今後の所得格差に意外な意味をもつことになると私はみている。総人口における「心」のスキルの分布が、基本的に「頭」のスキルの分布と無関係だとすると、新たなスキルのねじれがさらなる所得格差につながる理由はない。長い目でみれば、格差は縮まる可能性すらある。

この幸せな未来に辿り着くのは容易ではない。人々の中心的な仕事がグロボットによって奪われるサービス職から、その打撃から守られるサービス職へと移行する動きが、あまりに速く進むという現実的なリスクがある。恐れをなしたコミュニティが破壊的な手段で流れを押し戻そうとするリスクもある。職を失ったブルーカラーの怒りの炎が燃え広がり、職を失いかけているホワイトカラーの怒りに火がつけば、１９３０年代型の大反動が起きかねない。

だが、これらが不可避だということはまったくない。

すべては、我々の選択にかかっている

コンピューター、航空輸送、戦後の世界貿易の再開で社会は変わったが、この変化は数十年をかけて広がった。どの変化もある者にはチャンスを与え、ある者を競争に巻き込んだことから、コミュニティと社会全体を動揺させた。どの変化も社会的・経済的に強い緊張を伴った。概して新たなチャンスは、その国で最も競争力がある企業や労働者の富を加速度的に増やす一方、新た

な競争は最も競争力のない企業や労働者の富を奪ったからだ。

この数十年は社会やコミュニティに調整する時間的余裕があったことから、破壊や痛みを数多く目にしても、過激な反動は見られなかった。イギリスのEU離脱が決まり、ドナルド・トランプが大統領に選出されたが、本当の意味で過激な人物が権力を掌握したわけではない。暗い側を代表する21世紀版のムッソリーニ、ヒットラー、スターリン、明るい側を代表する21世紀版のフランクリン・ルーズベルト、クレメント・アトリーはまだ出現してない。だが、いつもそのように進んだわけではなかった。

産業革命に伴う劇的な転換と、封建主義から資本主義への移行は、何世紀も続いてきた相互依存関係、古くからの階級の関係にもとづく社会体制を破壊した。1942年の著書『大転換』でカール・ポラニーが述べたように、労働の商品化と都市や工業地帯への大量移住によって伝統的価値観は大きく動揺し、人々はその流れを押し戻すために共産主義やファシズムを信奉するほどだった。だが当時は、前進も反動も何十年もの時間を要した。産業革命や社会革命が加速しはじめたのは1820年前後だが、共産主義や全体主義が離陸したのは1920年代になってからである。

今回、事態ははるかに速いスピードで進行している。長期的にはうまくいくと楽観視しているが、それにはグロボティクスが人間的なペースで進むこと、破壊は創造的なものであり、良い方向に向かっているのだと多くの人たちに認識されることが絶対の条件だ。

だからこそ、進歩のペースを決めるのは抽象的な自然の法則でないことを肝に銘じるべきだ。創造的破壊のスピードは制御できる。そのためのツールはある。すべては我々の選択なのだ。

原注

第1章

1 Francis Potter, "How the Hathersage Group Built a Global Development Team," *Upwork* (blog), September 21, 2016, https://www.upwork.com/blog/2016/09/hathersage- group-global-development-team/.

2 Elain S. Oran and Forman A. Williams, "The Physics, Chemistry, and Dynamics of Explosions," *Phil. Trans. R. Soc. A.* 370, no. 1960 (2012): 534–543, http://rsta.royalsocietypublishing.org/content/roypta/370/1960/534.full.pdf.

3 Kevin Roose, "His 2020 Campaign Message: The Robots Are Coming," *New York Times*, February 10, 2018, https://www.nytimes.com/2018/02/10/technology/his-2020-campaign-message-the-robots-are-coming.html.

4 Erik Brynjolfsson and Andrew McAfee, *The Second Machine Age: Work, Progress, and Prosperity in a Time of Brilliant Technologies* (New York: Norton & Company, 2014).（邦訳、村井章子訳『ザ・セカンド・マシン・エイジ』日経ＢＰ社、２０１５年）

5 Jack Welch and John Byrne, *Jack: Straight from the Gut* (Warner Business Books, 2001).（邦訳、宮本喜一訳『ジャック・ウェルチ　わが経営』日本経済新聞出版社、２００１年）

第2章

1 以下の記述による。John Ruskin, *Fors Clavigera: Letters to the Working Men and Laborers of Great Britain*, vol. IV (London: George Allen, 1874).

2 William Bernstein, *A Splendid Exchange: How Trade Shaped the World* (New York: Atlantic, 2008).（邦訳、鬼澤忍訳『交易の世界史』ちくま学芸文庫、２０１９年）

3 Gregory Clark and David Jacks, "Coal and the Industrial Revolution, 1700–1869," *European Review of Economic History*

(2007) によると、１８６０年にイギリスの調理と暖房用の需要を薪で賄うには、それだけで国内の全農地を森林に転換する必要があった。

4 Jean-Baptiste Say, *A Treatise on Political Economy*, Grigg and Elliott, 1834;　翻訳は以下による。Guy Routh, *The Origin of Economic Ideas: Edition 2*, Springer, September 1, 1989.

5 以下を参照。Angus Maddison, *Contours of the World Economy 1–2030 AD:Essays in Macro-Economic History* (Oxford: Oxford University Press, 2007) .

6 Kevin H. O'Rourke and Jeffrey G. Williamson, "When Did Globalization Begin?," *European Review of Economic History* 6 (2002): 2350.

7 軍事の喩えは私による。これらの発明は「第二次産業革命」と呼ばれることがある。第一次産業革命は主に織物、蒸気、石炭、鉄鋼に関するものである。

8 オンラインのOurWorldInData.orgで公表されたMax Roser and Esteban Ortiz-Ospina, "Income Inequality"を参照。もとのデータは以下。Peter H. Lindert, "When Did Inequality Rise in Britain and America?,"*Journal of Income Distribution* 9 (2000): 11–25, and Anthony B. Atkinson, "The Distribution of Top Incomes in the United Kingdom 1908–2000,"in *Top Incomes over the Twentieth Century: A Contrast between Continental European and English-Speaking Countries*, ed. Anthony B. Atkinson and Thomas Piketty (Oxford: Oxford University Press, 2007), ch. 4.

9 考え方は以下による。Robert C. Allen, "Engel's Pause: A Pessimists Guide to the British Industrial Revolution," Department of Economics Discussion Paper Series no. 315, University of Oxford, April 2007.

10 引用は以下。Carl Wittke, "The German Forty-Eighters in America: A Centennial Appraisal." *The American Historical Review* 53, no. 4 (1948): 711–725.

11 とどまるところを知らない所得不安、経済の脆弱性、貧困は、体制の欠陥ではなく特徴――体制の責任者が評価する特徴にみえるとする論者もいる。カール・マルクスのような革命思想家は、産業革命期の経済は基本的に、価値創造エンジンを円滑に動かしつづけるために、失業者や脆弱な労働者の「産業予備軍」に依存していたという。

12 オリジナルのイタリア語は以下。*Il manifesto dei fasci italiani di combattimento.*

13 Nicholas Crafts,“British Industrialization in an International Context,” *Journal of Interdisciplinary History* 19 (1989): 415–428.

14 詳細とデータについては以下を参照。 Berthold Herrendorf, Richard Rogerson, and Ákos valentinyi, “Growth and Structural Transformation,” Chapter 6, in Philippe Aghion and Steven Durlauf (eds.), *Handbook of Economic Growth*, vol. 2B (Amsterdam and New York: North Holland, 2014).

第3章

1 もっぱら脱工業化とサービスの台頭に関わるものだが、第三次産業革命と呼ぶ論者もいる。以下を参照。Jeremy Rifkin, *Third Industrial Revolution: How Lateral Power Is Transforming Energy, the Economy, and the World* (New York: St. Martin’s Griffin, 2011).

2 Alain Touraine, *The Post-Industrial Society. Tomorrow’s Social History: Classes, Conflicts and Culture in the Programmed Society* (New York: Random House, 1971).

3 Richard Baldwin, *The Great Convergence: Information Technology and the New Globalization* (Cambridge, MA: Harvard University Press, 2016).（邦訳、遠藤真美訳『世界経済　大いなる収斂――ＩＴがもたらす新次元のグローバリゼーション』日本経済新聞出版社、２０１８年）

4 Jeffrey W. Henderson,*The Globalization of High Technology Production* (New York: Routledge, 1989).

5 Richard Baldwin, *The Great Convergence: Information Technology and the New Globalization* (Cambridge, MA: Belknap, 2016). 前述の『世界経済　大いなる収斂』の序章による。

6 H. Allen Hunt and Timothy L. Hunt, *Human Resource Implications of Robotics* (Kalamazoo, MI: W.E. Upjohn Institute for Employment Research, 1983).

7 Jonathan Haskel and Stian Westlake, *Capitalism without Capital: The Rise of the Intangible Economy* (Princeton, NJ: Princeton University Press, 2017).

8 David Autor, “Skills, Education, and the Rise of Earnings Inequality among the ‘Other 99 Percent,’”*Science* 344, no. 6186(2014): 843–851.

9 Antoine Gourévitch, Lars Fæste, Elias Baltassis and Julien Marx,"Data-Driven Transformation:Accelerate at Scale Now," Boston Consulting Group blog, May 23, 2017.
10 ここでの「平均」は「中央値」の意。所得階層のちょうど半分にあたる所得者。
11 Tom McCarthy,"Trump Voters See His Flaws but Stand by President Who 'Shakes Things Up,'" *The Guardian*, December 24, 2017.
12 *Business Insider*, 2016 election exit polls,uk.*businessinsider.com*.
13 "Election 2016: Exit Polls," *New York Times*, August 11, 2016.
14 Antoine Gourévitch, Lars Fæste, Elias Baltassis and Julien Marx, "Data-Driven Transformation: Accelerate at Scale Now," Boston Consulting Group blog, May 23, 2017.
15 以下を参照。 Interview with Jesse Graham, a professor of psychology at the University of Southern California in Edsall, "Purity, Disgust and Donald Trump," *New York Times*, June 1, 2016.
16 Lord Ashcroft, "How the United Kingdom voted on Thursday. . . and Why," *lordashcroftpolls. com*. June 24, 2016.
17 Philip Oltermann, "Austria Rejects Far-Right Candidate Norbert Hofer in Presidential Election," *The Guardian*, December 4, 2016.
18 以下を参照。 Christian Dustmann, Barry Eichengreen, Sebastian Otten, André Sapir, Guido Tabellini, and Gylfi Zoega, "Europe's Trust Deficit: Causes and Remedies," *VoxEU.org*, August 23, 2017.
19 Bruce Stokes, "Japanese Back Global Engagement Despite Concern about Domestic Economy," Pew Research Center, October 31, 2016,
20 Elaine Lies, "Tokyo Governor Launches New Party, Won't Run for Election Herself," *Reuters. com*, September 27, 2017.

第4章

1 Khadeeja Safdar, "J.Crew's Mickey Drexler Confesses: I Underestimated How Tech Would Upend Retail," *Wall Street Journal*, May 24, 2017.
2 Alan Rappeport, "Issues of Riches Trip Up Steven Mnuchin and Other Nominees," January 19, 2017, *New York Times*. AI

についての発言は以下を参照。Shannon Vavra, "Mnuchin: Losing Human Jobs to AI 'Not Even on Our Radar Screen,'" *www.axios.com*, March 24, 2017.

3 私は図の着想を以下のブログの投稿から得た。Ro Gupta, "Why We Overestimate the Short Term and Underestimate the Long Term in One Graph", *www.rocrastination.com.*

4 Peter Bright, "Moore's Law Really Is Dead This Time," *ArsTechnica.com*, November 2, 2016.

5 Daniel Robinson, "Moore's Law Is Running Out—But Don't Panic," *ComputerWeekly.com*, November 19, 2017.

6 以下を参照。Leslie Willcocks, Mary Lacity, and Andrew Craig, "Robotic Process Automation at Xchanging," Outsourcing Unit Working Research Paper Series 15/03, London School of Economics and Political Science, June 2015.

7 Willcocks, Lacity, and Craig, "Robotic Process Automation at Xchanging."

8 引用は以下。 Jesse Scardina, "Conversica Cloud AI Software Tackles Sales Leads," *TechTarget. com* (blog), June 1, 2016.

9 機械学習は何十年も前からあるが、コンピューターの演算能力とデータの不足から、機械学習が生み出すアルゴリズムの効力は限られていた。

10 Elizabeth Gibney, "Self-Taught AI Is Best Yet at Strategy Game Go," *Nature*, October 18, 2017.

11 プロセスの魅力的な記述は以下を参照。 Benjamin Moyo, "Apple Speech Team Head Explains How Siri Learns a New Language," *9to5Mac* (blog), March 9, 2017.

12 ｎ×ｎの行列反転に必要な演算処理はｎの３乗の桁にのぼる。

13 Linda Gottfredson, "Mainstream Science on Intelligence: An Editorial with 52 Signatories, History, and Bibliography," *Intelligence* 24, no. 1 (1997).

第5章

1 引用は以下。 Camila Souza, "41 Entrepreneurs Share Their Unusual Hobbies," *Tech.co* (blog), May 21, 2015; also see TJ McCue, "3 Freelance Economy Success Stories," *Forbes.com.*

2 以下を参照。 "2016 Pinoy Freelancer Salary Guide," on *freelancing.ph.*

3 "Another 10 Companies Winning at Remote Work," *CloudPeeps* (blog), May 17, 2016.

4 He Huifeng, "Zhubajie Charges toward Unicorn Status, and Flotation," *South China Morning Post*, July 1, 2016.

5 "The iLabour Project, Investigating the Construction of Labour Markets, Institutions and Movements on the Internet", ilabour.oii.ox.ac.uk. Also see "Digital Labor Markets and Global Talent Flows" by John Horton, William R. Kerr, and Christopher Stanton, NBER Working Paper 23398, April 2017.

6 Melisa Sukman, The Payoneer Freelancer Income Survey 2015.

7 Stuart Russell and Peter Norvig (2003). *Artificial Intelligence: A Modern Approach* (Englewood Cliffs, NJ: Prentice Hall, 2003).

8 Yonghui Wu et al., "Google's Neural Machine Translation System: Bridging the Gap between Human and Machine Translation," *Technical Report*, 2016.

9 Douglas Hofstadter, "The Shallowness of Google Translate," *The Atlantic Monthly*, January 30, 2018.

10 Andy Martin, "Google Translate Will Never Outsmart the Human Mind," *The Independent*, February 22. 2018.

11 Katherine Stapleton, "Inside the World's Largest Higher Education Boom," *The Conversation.com*, April 10, 2017.

12 Gideon Lewis-Kraus, "The Great A.I. Awakening," *New York Times Magazine*, December 4, 2016.

13 Stephane Kasriel, "This Is What Your Future virtual-Reality Office Will Be Like," *FastCompany.com*, July 19, 2016.

14 目立っているが、まだ主流になっていないものの一つがマイクロソフトのホロレンズである。基本的には、ゴーグルのように顔に装着するラップトップで、現実の世界にデジタルのイメージを被せた映像を見ることができる。

15 以下を参照。 Emily Dreyfuss, "My Life As A Robot," *Wired.com*, September 8, 2015.

16 F. Heider and M. Simmel, "An Experimental Study of Apparent Behavior," *American Journal of Psychology* 57, no. 2 (1944): 243.

17 以下を参照。 Steve McNelley and Jeff Machtig, "What is Telepresence?," undated article on *DVETelepresence.com*; visited June 25, 2018.

18 Melanie Feltham, "Spotlight on David Kittle, Top Rated Freelance Product Designer," *Upwork* (blog), July 19, 2017.

19 一例が巨大多国籍企業のGEである。拠点ベースの階層的な意思決定から、スタートアップ企業のようなプロジェクトごとの意思決定へと移行しつつある。GEでは「ファスト・ワークス」という二重の意味を持つ活き活きとした名称までつけている。この意思決定システムのおかげで、新たな環境基準に適合する船舶のディーゼル・エンジンを競合他社に数年先駆けて建設することができたとGEは主張している。

第6章

1 Steve Lohr, "A.I. Is Doing Legal Work. But It Won't Replace Lawyers, Yet," *New York Times*, March 19, 2017.
2 Hal Hodson, "AI Interns: Software Already Taking Jobs From Humans," *NewScientist.com*, March 31, 2015.
3 Bob violino, "Why Robotic Process Automation Adoption Is on the Rise," *ZDNet.com*, November 18, 2016.
4 Harriet Taylor, "Bank of America Launches AI Chatbot Erica — Here's What It Does," MONEY 20/20, *CNBC.com*, October 24, 2016.
5 Gideon Lewis-Kraus, "The Great A.I. Awakening," *New York Times Magazine*, December 4, 2016.
6 Ron Miller, "Artificial Intelligence Is Not as Smart as You (or Elon Musk)," *TechCrunch.com*, July 25, 2017.
7 Disney Research, "Neural Nets Model Audience Reactions to Movies," *Phys.org*, July 21, 2017.
8 McKinsey Global Institute in "A Future That Works: Automation, Employment, and Productivity," January 2017 によると、60%の雇用が存在する職業では、少なくとも30%の雇用が既存の技術を使って自動化できる。
9 Forrester, "Robots, AI Will Replace 7% of US Jobs by 2025," *Forrester.com*, June 22, 2016.
10 World Economic Forum, "The Future of Jobs Employment, Skills and Workforce Strategy for the Fourth Industrial Revolution," January 2016.
11 Masayuki Morikawa, "Who Are Afraid of Losing Their Jobs to Artificial Intelligence and Robots? Evidence from a Survey," RIETI Discussion Paper 17-E-069, 2017.
12 Pew Research Center, "AI, Robotics, and the Future of Jobs," August 2014.
13 Mary C. Lacity and Leslie Willcocks, "What Knowledge Workers Stand to Gain from Automation," *Harvard Business Review*, June 19, 2015.

14 Rita Brunk, "The ABC of RPA, Part 5: What Is the Cost of Automation and How Do I Justify It to the Leadership Team?" *Genfour.com*, July 21, 2016.
15 Patrick Clark and Kim Bhasin, "Amazon's Robot War Is Spreading," *Bloomberg*, April 5, 2017.
16 Bureau of Labor Statistics, "May 2017 National Occupational Employment and Wage Estimates."
17 KPMG, *From Human to Digital: The Future of Global Business Services*, 2016.
18 Ian Lyall, "Small Cap Ideas: Could Blue Prism Be the Next Big British Software Champion with Its Robot Clerks?," *ThisIsMoney.co.uk*, March 21, 2016.
19 Lora Kolodny, "Meet Flippy, a Burger-Grilling Robot from Miso Robotics and CaliBurger," *SingularityHub.com*, March 7, 2017.
20 引用は以下。 Melia Robinson, "This Robot-Powered Burger Restaurant Says It's Paying Employees $16 an Hour to Read Educational Books while the Bot Does the Work," *Business Insider, UK.businessinsider.com*, June 22, 2018.
21 引用は以下。 Julia Limitone, "Former McDonald's USA CEO: $35K Robots Cheaper Than Hiring at $15 Per Hour," *FoxBusiness.com*, May 24, 2016.
22 Sarah Kessler, "An Automated Pizza Company Models How Robot Workers Can Create Jobs for Humans," *QZ.com*, January 10, 2017.
23 David Rotman, "The Relentless Pace of Automation," *MIT Technology Review*, February 13, 2017.
24 Nathan Jolly, "Meet Ellie: The Robot Therapist Treating Soldiers with PTSD," *News.com.au*, October 20, 2016.
25 引用は以下。 Jee van Vasagar, "In Singapore, Service Comes with a Robotic Smile," *Financial Times*, September 19, 2016.
26 Andrew Zaleski, "Behind Pharmacy Counter, Pill-Packing Robots Are on the Rise," *CNBC.com*, November 15, 2016.
27 ワシントン・ポスト紙に関する情報は主として以下による。 Joe Keohane, "What News-Writing Bots Mean for the Future of Journalism," *Wired.com*, February 16, 2017.
28 Damian Radcliffe, "The Upsides (and Downsides) of Automated Robot Journalism," *MediaShift.org*, July 7, 2016.
29 引用は以下。 Joe Keohane, "What News-Writing Bots Mean for the Future of Journalism," *Wired.com*, February 17, 2017.
30 引用は以下。 Casey Sullivan, "Machine Learning Saves JPMorgan Chase 360,000 Hours of Legal Work," *Technologist*

31 (blog), FindLaw.com, March 8, 2017.
デロイトの２０１６年の報告書 *Developing Legal Talent: Stepping into the Future Law Firm* はアメリカの法律関係の職の約5分の2が向こう20年で自動化されると示唆している。別の研究では、アメリカの法律関係の労働時間の８分の１を既存のＡＩで代替できるとしている。(Dana Remus and Frank Levy, "Can Robots Be Lawyers? Computers, Lawyers, and the Practice of Law," *SSRN.com*, December 11, 2015.)

32 Alexander Sehmer, "A Teenager Has Saved Motorists over £2 Million by Creating a Website to Appeal Parking Fines," *Business Insider UK*, December 30, 2015.

33 引用は以下。Megha Mohan, "The 'Robot Lawyer' Giving Free Legal Advice to Refugees," *BBC Trending* (blog), March 9, 2017.

34 引用は以下。Nanette Byrnes "As Goldman Embraces Automation, Even the Masters of the Universe Are Threatened," *TechnologyReview.com*, February 7, 2017.

35 引用は以下。Laura Noonan, "Citi Issues Stark Warning on Automation of Bank Jobs," *Financial Times*, June 12, 2018.

第7章

1 引用は以下。Kevin Delaney, "The Robot That Takes Your Job Should Pay Taxes, Says Bill Gates," *Quartz*, February 17, 2017.

2 引用は以下。Quincy Larson, "A Warning from Bill Gates, Elon Musk, and Stephen Hawking," *freeCodeCamp.org*, February 18, 2017.

3 引用は以下。Walt Mossberg, "Five Things I Learned from Jeff Bezos at Code," *Recode* (blog), June 8, 2016.

4 Stephen Hawking, "This Is the Most Dangerous Time for Our Planet," *The Guardian*, December 1, 2016.

5 引用は以下。Adam Lashinksy, "Yes, AI Will Kill Jobs. Humans Will Dream Up Better Ones," *Fortune*, January 5, 2017.

6 Alastair Bathgate, "Blue Prism's Software Robots on the Rise," *Blueprism* (blog), July 14, 2016.

7 Patricia Leighton and Duncan Brown, "Future Working: The Rise of Europe's Independent Professionals," EFIP Report, *Freelancers.org*, 2013.

8 Linkedin, “How the Freelancing Generation Is Redefining Professional Norms,” *LinkedIn* (blog), February 21, 2017.

9 統計は以下。 *Statisa.com*, www.statista.com/statistics/273744/number-of-full-time-google-employees/f

10 エドガー・フィードラーは１９７０年代、経済政策担当の財務省副長官を務めた。これらの引用は以下。Paul Dickson, *The Official Rules: 5,427 Laws, Principles, and Axioms to Help You Cope with Crises, Deadlines, Bad Luck, Rude Behavior, Red Tape, and Attacks by Inanimate Objects* (Mineola, NY: Dover, 2015).

11 以下を参照。 “Artifcial Intelligence in the Real World: The Business Case Takes Shape,” *EIU Briefing Paper*, *Economist.com*, 2016.

12 推計は以下。 Kate Burgess, “Blue Prism’s Rapid Share Price Rise Needs a Reality Check: Robotic Software Group Will Not Make a Profit or Pay a Dividend for Years,” *Financial Times*, January 28, 2018.

13 Phil Fersht, “Enterprise Automation and AI Will Reach $10 Billion in 2018 to Engineer OneOffice,” *Horses for Sources* (blog), November 4, 2017.

14 Deloitte, *Managing the Digital Workforce*, 2017.

15 Tata Consulting Services, “Getting Smarter by the Day: How AI Is Elevating the Performance of Global Companies: TCS Global Trend Study: Part I,” 2017.

16 Blue Prism website, https:// www.blueprism.com/, accessed February 4, 2018.

17 Workfusion.com blog post, “Intelligent Automation. Digitize Operations with Intelligent Automation for Your Business Processes, with Solutions that Use RPA, Artificial Intelligence, Chatbots and the Crowd”, *welcomeai.com*, March 28, 2018.

18 引用は以下。 Shawn Donnan and Sam Fleming, “America’s Middle-Class Meltdown,” *Financial Times*, May 11, 2016.

19 Anne Case and Angus Deaton, “Mortality and Morbidity in the Twenty-First Century,” BPEA article, March 23, 2017.

20 抜粋は以下を参照。 Robert Alun Jones, *Emile Durkheim: An Introduction to Four Major Works* (Beverly Hills, CA: Sage, 1986), 82–114.

21 Émile Durkheim, *Suicide: A Study in Sociology* (1897; repr., New York: The Free Press, 1951).（邦訳、宮島喬訳『自殺論』、中公文庫、１９８５年）

22 Alana Semuels, “Is Economic Despair What’s Killing Middle-Aged White Americans?” *The Atlantic*, March 23, 2017.

第8章

1 Joel Achenbach "Purple Haze All Over WTO", *Washington Post*, December 1, 1999.

2 引用は以下。 Trip Gabriel, "House Race in Pennsylvania May Turn on Trump voters' Regrets," *New York Times*, March 2, 2018.

3 数値は以下による。 "Income and Poverty in the United States: 2016", by J. Semega, K. Fotenot, and M. Kollar, US Census Bureau, September 2017, and Yale's Environmental Performance Index, http://archive.epi.yale.edu/epi/issue-ranking/water-and-sanitation, and https://www.vox.com/2015/4/7/8364263/us-europe-mass-incarceration

4 引用は以下。 Mike Bygrave, "Where Did All the Protesters Go?" *The Observer*, July 14, 2002.

5 引用は以下。 David Mogan, "Truth About Tech Campaign Takes on Tech Addiction," *CBSNews.com*, February 5, 2018.

6 Jonathan Haidt, "The Key to Trump is Stenner's Authoritarianism", *The Righteous Mind* (blog), January 6, 2016.

7 "Andrew Yang for President" website, www.yang2020.com.

8 Samantha Reis and Brian Martin, "Psychological Dynamics of Outrage against Injustice," *The Canadian Journal of Peace and Conflict Studies*, 2008.

9 Cass R. Sunstein, David Schkade, and Daniel Kahneman, "Deliberating about Dollars: The Severity Shift," Law & Economics Working Papers No. 95, 2000.

10 Cass Sunstein, "Growing Outrage," in *Behavioural Public Policy*, 2018 (in press).

11 Manuel Funke, Moritz Schularick, and Christoph Trebesch, "The Political Aftermath of Financial Crises: Going to Extremes," CEPR policy portal, *VoxEU.org*, November 21, 2015.

12 Alan de Bromhead, Barry Eichengreen and Kevin O'Rourke, "Right-wing Political Extremism in the Great Depression," *VoxEU.org*, February 27, 2012.

13 引用は以下。 Sarah Butler and Gwyn Topham, "Uber Stripped of London Licence Due to Lack of Corporate Responsibility," *The Guardian*, September 23, 2017.

14 以下を参照。 David Shepardson's "Union Cheers as Trucks kept out of U.S. Self-Driving Legislation," *Reuters.com*, July

29, 2017.

15 Keith Laing, "Senators Drop Trucks from Self-Driving Bill," *Detroit News*, September 28, 2017. 本書が印刷に回る時点で、下院法案は成立したが、上院法案は保留中。 Chris Teale, "US Senate Considers 'Different Possibilities' to Pass AV START Act," *SmartCitiesDive.com*, June 14, 2018.

16 "Stick Shift: Autonomous Vehicles, Driving Jobs, and the Future of Work", Center for Global Policy Solution, March 2017.

17 引用は以下。 "Anxiety about Automation and Jobs: Will We See Anti-Tech Laws?" James Pethokoukis, *www.AEI.org* (blog).

18 引用は以下。 Luke Muelhauswer, "What Should We Learn from Past AI Forecasts?," Open Philanthropy Project, September 2016.

19 Jean-Claude Juncker, "A New Start for Europe," Opening Statement in the European Parliament Plenary Session, July 15, 2014.

20 引用は以下。 Liz Alderman, "Italy Wrestles With Rewriting Its Stifling Labor Laws", *New York Times*, August 10, 2012.

第9章

1 引用は以下。 Sarah Kessler, "Inside the Bizarre Human Job of Being the Face for Artificial Intelligence," *Quartz.com*, June 5, 2017.

2 David Autor, "Why Are There Still So Many Jobs? The History and Future of Workplace Automation," *Journal of Economic Perspectives* 29, no. 3 (Summer 2015): 3–30.

3 引用は以下。 Jonah Lehrer, "The Mirror Neuron Revolution: Explaining What Makes Humans Social," *Mind Matters* (blog), ScientificAmerican.com, July 1, 2008.

4 こうした社会心理学の概念の教科書的な記述については以下を参照。 Graham M. Vaughan and Michael A. Hogg, *Social Psychology*, 7th ed. (London: Pearson, 2013).

5 以下を参照。 Brenden M. Lake, Tomer D. Ullman, Joshua B. Tenenbaum, and Samuel J. Gershman, "Building Machines That Learn and Think Like People," *Behavioral and Brain Sciences* 40 (2017).

6 Sean Noah, "Machine Yearning: The Rise of Thoughtful Machines," *Knowing Neurons* (blog), *KnowingNeurons.com*, April 11, 2018.

7 Chris Chatham, "10 Important Differences Between Brains and Computers," *ScienceBlogs*, *ScienceBlogs.com*, March 27, 2007. 最近の議論については以下を参照。 Lance Whitney, "Are Computers Already Smarter Than Humans?" *Time Magazine*, September 29, 2017.

8 Liat Clark, "Vinod Khosla: Machines Will Replace 80 Percent of Doctors," *wired.com*, September 4, 2012.

9 ここに挙げていない自動化可能な三つの業種と割合は以下のとおり。製造業（60％）、鉱業（51％）、農業（57％）。

10 Alan Blinder, "How Many US Jobs Might Be Offshorable," *World Economics*, 2009.

11 Joshua Greene, *Moral Tribes: Emotion, Reason and the Gap Between Us and Them* (London: Atlantic Books, 2014).

12 このエビデンスについては以下を参照。 Benjamin Enke, "Kinship Systems, Cooperation and the Evolution of Culture," NBER Working Paper No. 23499, 2017.

第10章

1 Darrell Rigby, Jeff Sutherland, and Hirotaka Takeuchi, "Embracing Agile," *Harvard Business Review*, May 2016.

2 Pascal Lamy, "Looking Ahead: The New World of Trade," speech at ECIPE conference, Brussels, *ECIPE.com*, March 9, 2015.

3 詳細については以下を参照。 Torben Andersen, Nicole Bosch, Anja Deelen, and Rob Euwals, "The Danish Flexicurity Model in the Great Recession," *VoxEU.org*, April 8, 2011.

【著者】

リチャード・ボールドウィン（Richard Baldwin）

ジュネーブ高等国際問題・開発研究所教授、経済政策研究センター（CEPR）の政策ポータルサイト VoxEU.org ファウンダー
米マサチューセッツ工科大学（MIT）Ph.D.　ブッシュ（父）政権で大統領経済諮問委員会シニア・エコノミストとしてウルグアイ・ラウンド、日米間の貿易交渉を担当。グローバリゼーションに関連して、世界各国の政府、国際機関に助言活動を行う。前著『世界経済　大いなる収斂』は、2016 年エコノミスト誌、フィナンシャル・タイムズ紙のベストブックに選出されている。

【訳者】

高遠裕子（たかとお・ゆうこ）

翻訳者。おもな訳書に、レヴィット他『レヴィット ミクロ経済学（基礎編・発展編）』、ゴードン『アメリカ経済 成長の終焉（上・下）』（共訳）、キンドルバーガー他『熱狂、恐慌、崩壊』、ターナー『債務、さもなくば悪魔』など。

GLOBOTICS（グロボティクス）
グローバル化＋ロボット化がもたらす大激変

2019年11月15日　1版1刷

著　者　リチャード・ボールドウィン
訳　者　高遠裕子
発行者　金子　豊
発行所　日本経済新聞出版社
https://www.nikkeibook.com/
東京都千代田区大手町 1-3-7　〒100-8066
電　話　(03)3270-0251（代）
装　幀　野網雄太
DTP　マーリンクレイン
印刷・製本　中央精版印刷株式会社
ISBN978-4-532-35840-2